中 等 职 业 教 育 国 家 规 划 教 材
全国中等职业教育教材审定委员会审定
全国建设行业中等职业教育推荐教材

安装工程预算与组织管理

（建筑设备安装专业）

主　　编　高文安
责任主审　李德英
审　　稿　李俊奇
　　　　　张宪吉

中国建筑工业出版社

图书在版编目(CIP)数据

安装工程预算与组织管理/高文安主编. —北京：中
国建筑工业出版社，2002
中等职业教育国家规划教材. 建筑设备安装专业
ISBN 978-7-112-05417-6

Ⅰ. 安… Ⅱ. 高… Ⅲ. ①建筑安装工程-建筑预算
定额-专业学校-教材②建筑安装工程-施工管理-专业学
校-教材 Ⅳ. TU7

中国版本图书馆 CIP 数据核字（2002）第 095233 号

本书是根据中等职业学校建筑设备安装专业的教育标准、培育方案和教学大纲，按国家正式颁发的规范、标准、规程进行编写的。较简明地介绍了建筑安装工程预算、施工组织与施工管理。其具体内容有：安装工程定额、安装工程施工图预算、流水施工组织、网络计划技术、安装工程施工组织设计、施工管理、计划管理、质量管理、安全管理、经营管理等。

本书除作教材外，还可供设备、管道、电气安装施工技术人员参考。

中 等 职 业 教 育 国 家 规 划 教 材
全国中等职业教育教材审定委员会审定
全国建设行业中等职业教育推荐教材
安装工程预算与组织管理
（建筑设备安装专业）
主　　编　高文安
责任主审　李德英
审　　稿　李俊奇
　　　　　张宪吉

*

中国建筑工业出版社出版、发行(北京西郊百万庄)
各地新华书店、建筑书店经销
化学工业出版社印刷厂印刷

*

开本：787×1092 毫米　1/16　印张：20½　字数：497 千字
2003 年 6 月第一版　2012 年 2 月第十一次印刷
定价：**29.00** 元
ISBN 978-7-112-05417-6
(17180)

中等职业教育国家规划教材出版说明

为了贯彻《中共中央国务院关于深化教育改革全面推进素质教育的决定》精神，落实《面向21世纪教育振兴行动计划》中提出的职业教育课程改革和教材建设规划，根据教育部关于《中等职业教育国家规划教材申报、立项及管理意见》（教职成［2001］1号）的精神，我们组织力量对实现中等职业教育培养目标和保证基本教学规格起保障作用的德育课程、文化基础课程、专业技术基础课程和80个重点建设专业主干课程的教材进行了规划和编写，从2001年秋季开学起，国家规划教材将陆续提供给各类中等职业学校选用。

国家规划教材是根据教育部最新颁布的德育课程、文化基础课程、专业技术基础课程和80个重点建设专业主干课程的教学大纲（课程教学基本要求）编写，并经全国中等职业教育教材审定委员会审定。新教材全面贯彻素质教育思想，从社会发展对高素质劳动者和中初级专门人才需要的实际出发，注重对学生的创新精神和实践能力的培养。新教材在理论体系、组织结构和阐述方法等方面均作了一些新的尝试。新教材实行一纲多本，努力为教材选用提供比较和选择，满足不同学制、不同专业和不同办学条件的教学需要。

希望各地、各部门积极推广和选用国家规划教材，并在使用过程中，注意总结经验，及时提出修改意见和建议，使之不断完善和提高。

教育部职业教育与成人教育司
2002 年 10 月

前　　言

《安装工程预算与组织管理》是根据中等职业学校建筑设备安装专业教学改革整体方案研究项目组制订的教育标准、培养方案和课程教学大纲要求，按照国家正式颁发的规范、标准和规定进行编写的教材。

《安装工程预算与组织管理》是建筑设备安装专业的主要专业课程，其教学任务是使学生具备从事建筑设备安装的高素质劳动者和中、初级专门人才所必需的预算与组织管理的基本知识和基本技能，初步具有解决工程实际问题的能力，能编制单位工程施工图预算，能编制单位工程施工组织设计或施工方案，能对施工过程管理。

本书是在原中专建筑机电与设备安装专业系列教材《安装工程施工组织与管理》和《安装工程定额与预算》两本书的基础上修订编写而成的，以培养学生职业技能和综合素质为主线，突出实际操作能力和创新能力，紧紧联系生产实际，增加了新技术、新工艺和新方法，降低了原教材理论知识，删减了部分内容，提高了教材的先进性和适应性。

本书由山西建筑职业技术学院高文安主编。高文安编写第一、五、六、七章；山西建筑职业技术学院姚世昌编写第二、三、四章；贾永康编写第三章的第二节、第三节，第四章第三节的二；湖南省建设职业技术学院刘兴才编写第八章的第一、二、三节，第九章，第十章的第三节，第十二章的第一、二节，山西建筑职业技术学院田恒久编写第八章第四节，第十章第一、二、四、五节，第十二章第三、四节。山西建筑职业技术学院梁桐兵对本书进行了编辑，并绘制了大部分插图。

本书由北京建筑工程学院李德英教授担任责任主审，北京建筑工程学院李俊奇副教授、张宪吉副教授和北京新世纪建安公司陈亚平高级工程师审稿。他们对书稿提出了很多宝贵意见，在此表示衷心感谢。

由于编者水平有限，不妥之处在所难免，恳请广大读者批评指正。

目　　录

第一章 绪 论

第一节 基本建设项目的划分

一、业主及基本建设项目的划分

凡是有独立计划（设计）任务书和总体设计，经济上实行独立核算，行政上具有独立组织形式，进行基本建设投资的企业或事业基层单位称为业主——基本建设单位，简称建设单位。

一个建设项目就是一个固定资产投资项目。固定资产投资项目包括基本建设项目（新建、扩建等扩大生产能力的项目）和更新改造项目（以引进技术、增加产品品种、提高质量、治理"三废"、劳动安全、节约资源为主要目的的项目）。

为了加强基本建设项目管理，正确反映基本建设项目的内容，基本建设项目可划分为如下内容。

（一）建设项目

凡按一个总体设计的建设工程并组织施工，在完工后，能形成完整的、系统的、独立的生产能力或使用价值的工程，称为一个建设项目。一般是以一个企业或事业单位作为一个建设项目。例如：一个工厂、一座桥梁、一所医院、一所学校、一条铁路线等。

（二）单项工程

单项工程是建设项目的组成部分。一个建设项目可以由几个单项工程组成，也可以只由一个单项工程组成。

单项工程是指具有独立的设计文件、可以独立组织施工，竣工后可以独立发挥工程效益或生产能力的工程。例如：能独立生产的车间、生产线、办公楼、实验楼、图书馆。

（三）单位工程

单位工程是单项工程的组成部分。

单位工程是指具有独立的设计文件、可以独立组织施工，但竣工后不能独立发挥工程效益或生产能力的工程。例如工厂的车间是一个单项工程，则车间的土建工程和车间的安装工程（包括机械设备、管道、电气、通风、空调等）各是一个单位工程。又如民用建筑中，学校的实验楼是一个单项工程，则实验楼的建筑工程和实验楼的安装工程（包括建筑工程和水、暖、电、卫、通风、空调等）各是一个单位工程。

由于单位工程既有独立的施工图设计，又能独立施工。所以，编制施工图预算、施工预算、安排施工计划、工程竣工结算等多是按单位工程进行的。

（四）分部工程

分部工程是单位工程的组成部分。

（1）建筑工程是按建筑物和构筑物的主要部位划分的。如地基及基础工程、主体工程、地面工程、装饰工程等各是一个分部工程。

（2）安装工程是按安装工程的种类划分的。例如工业建设中车间的设备本体、工艺管道、给排水、采暖、通风、空调、动力、照明等等是一个分部工程。又如民用住宅，一栋宿舍楼的安装工程是一个单位工程,则宿舍楼内的给排水、采暖、照明等各是一个分部工程。

（五）分项工程

分项工程是分部工程的组成部分。

（1）建筑工程是按主要工种工程划分的。例如土石方工程、砌筑工程、钢筋工程、整体式和装配式结构混凝土工程、木屋架制作与安装工程、抹灰工程、屋面防水工程等各是一个分项工程。

（2）安装工程是按用途、种类、输送不同介质与物料以及设备组别划分的。例如室内采暖是一个分部工程,则采暖管道安装、散热器安装、管道保温等各是一个分项工程。又如室内照明是一个分部工程,则照明配管、配线、灯具安装等各是一个分项工程。

二、基本建设程序

一个建设项目从计划建设到建成投产,一般要经过下述三个阶段八个步骤。

（一）基本建设阶段

（1）决策阶段　根据资源条件和发展国民经济长远规划和布局的要求,提出基本建设项目建议,进行可行性研究,编制建设项目的计划任务书,选定建设地点。

（2）准备阶段　计划任务书和选点报告经批准后,根据计划任务书的要求,进一步进行工程地质的勘察工作,落实外部建设条件,进行初步设计,编制建设项目的总概算。初步设计经批准后,建设项目列入国家年度基本建设计划,根据初步设计和施工图,进行设备订货,同时进行工程招标,选择好施工单位组织工程施工。

（3）实施阶段　工程按照设计内容建成,并进行验收,交付生产使用。

基本建设程序三个阶段的主要环节如图1-1所示。

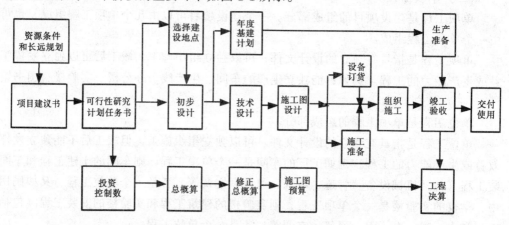

图1-1　基本建设程序三个阶段的主要环节

（二）基本建设步骤

1. 计划任务书和可行性研究

一个建设项目的提出是以国民经济长期规划或五年计划的规划为根据,是在区域规划和资源经过初步勘察情况下拟定的。在正式下达拟建项目的计划任务书之前要进行可行性初步研究,对建设项目进行必要的技术经济论证,用以初步决定这个项目是否值得建设。对建设的目的、依据和规模等主要问题做出较为明确的结论,作为下达设计任务书的依据。

计划任务书是确定建设项目、编制设计文件的主要依据。计划任务书按照项目隶属关系由主管部门组织计划、设计等单位进行编制。计划任务书的内容,各类建设项目不尽相同,新建大中型工业项目的计划任务书一般应包括下列内容:

(1) 建设目的和依据;

(2) 建设规模、产品方案、生产方法或工艺原则;

(3) 矿产资源、水文、地质条件、原材料、燃料、动力、供水和运输等协作配合条件;

(4) 资源的综合利用,环境保护和治理"三废"的要求;

(5) 建设地区或地点,占用土地面积的估算;

(6) 建设工期;

(7) 投资控制额;

(8) 劳动定员控制数;

(9) 要求达到的经济效益。

非工业建设项目的计划任务书,可根据项目的特点,比照上述内容拟定。

计划任务书批准以后,要进行勘察,选定确切的厂(地)址,收集设计资料,进行深入的调查研究和进行技术的、经济的论证。这是一个比上一阶段更深入、更具体的可行性研究阶段,对计划任务书提出的各项内容做出具体的结论意见,推荐建设地点,确定生产和建设规模,确定生产工艺和产品方案,落实生产和建设的其他配合协作条件。

经过研究和论证,如有必要,经过审批可修改计划任务书的内容,直至取消该项目。

2. 建设地点的选择

建设地点的选择(又称选址),是拟建地区、地点范围内具体确定建设项目坐落的位置,它是生产力布局最基本的环节,又是建设项目设计的前提。建设地点的确定,对于生产力的合理布局和城乡经济文化的发展具有深远的影响。它与各部门都有着密切的联系,涉及面广,而且矛盾较多,是一项政策性、经济性、技术性很强的综合性工作。建设地点选择得当,有利于建设,有利于生产和使用,还有利于促进所在地区的经济繁荣和城镇面貌改善;如果选择不当,就会增加建设投资,影响建设速度,给生产和使用留下后患,影响投资的经济效益,甚至会造成严重的损失。在选择地点时,必须从实际出发,认真地进行调查研究,进行多方案选择比较,提出推荐方案,写出建设项目地点选择报告,慎重地确定建设场地。

建设地点的选择主要应解决三个问题:一是工程地质、水文地质等自然条件是否可靠;二是建设时所需要的水、电、运输条件是否落实;三是项目建成后的原材料、燃料等是否具备。当然对于生产人员的生活条件、生产、销售环境等亦需全面考虑。

3. 编制设计文件

建设项目的计划任务书和选点报告按规定程序上报经审查批准之后,主管部门应指定或招标选择设计单位,按计划任务书的要求,编制设计文件。一个建设项目由两个以上设计单位配合设计时,应指定或委托其中一个单位全面负责,组织设计的协调、汇总,使设计保持完整性。

设计是一门涉及科学、技术、经济和方针政策等各方面的综合性的应用技术科学。设计文件是安排建设项目和组织施工的主要依据。

编制设计文件是基本建设程序中不可少的一个重要组成部分。在规划、项目、厂址和计划任务书等已经定下来的情况下，它是建设项目能否实现多、快、好、省的一个决定性环节。

一个建设项目，在资源利用上是否合理，厂区布置是否紧凑、适度，设备选型是否得当，技术、工艺、流程是否先进合理，生产组织是否科学严谨，是否能以较少的投资，取得产量多、质量好、效率高、消耗少、成本低、利润多的综合效果，在很大程度上取决于设计质量标准的好坏和水平的高低。所以，它对建设项目在建设过程中的经济性和建成使用时期能否充分发挥生产能力或效益，起着举足轻重的作用。

设计工作是分阶段进行的，设计阶段如何划分，与可行性研究的深度有关。设计究竟按几个阶段进行，需视可行性研究的阶段和深度而定。

按我国目前的规定，可行性研究按一个阶段进行，其内容相当于国外的初步可行性研究，其深度只需满足计划决策部门确定项目和审批计划任务书的要求即可。

根据这个要求，设计阶段的划分是：一般建设项目，分初步设计和施工图设计两个阶段，重大项目和特殊项目，经主管部门指定，需增加技术设计阶段。设计各阶段是逐步深入和循序渐进的过程。对于一些大型联合企业、矿区和水利水电枢纽，为解决总体部署和开发问题，需要进行总体规划设计和总体设计。

总体设计这个名称是对一个大型联合企业或一个小区内若干建设项目的每一个单项工程的设计而言，是与这些单项工程设计相对应而存在的。它本身并不代表一个单独的设计阶段。它的主要任务是对一个小区、一个大型联合企业或矿区中的每个单项工程根据生产运行上的内在联系，在相互配合、衔接等方面进行统一的规划、部署和安排，使整个工程布置紧凑，流程顺畅，技术可靠，生产方便，经济效益显著。

初步设计是对批准的计划任务书提出的内容，进行概略的计算，做出初步的规定。它的作用在于阐明：指定的地点，控制的投资额或规定期限，拟建工程在技术上的可能性和经济上的合理性，并对设计的项目做出基本的技术决定，同时编制项目的总概算。初步设计的主要内容一般应包括：设计的依据，设计的指导思想，建设规模，产品方案，原材料、燃料、动力的用量和来源，工艺流程，主要设备选型及配置，总体运输，主要建筑物与构筑物，公用、辅助设施，主要材料用量，外协条件，占地面积和场地利用情况，综合利用、"三废"治理、环境保护设施和评价，生活区建设，抗震和人防设施，生活组织和劳动定员，主要经济指标、投资回收预测及其分析，建设顺序和年限，总概算等。

技术设计是为进一步解决重大项目和特殊项目中的某些具体技术问题，或确定某些技术方案而进行的一个设计阶段，是为了研究和决定初步设计所采用的工艺过程、建筑和结构形式等方面的主要技术问题，补充和修正初步设计。与此同时要编制修正总概算。

施工图设计是在初步设计或技术设计的基础上，将设计的工程加以形象化和具体化，绘制出正确、完整和尽可能详尽的建筑、结构、水、电、通风、空调、设备安装图纸。图纸一般包括：施工总平面图，建筑平面、立面和剖面图，结构构件布置图，节点大样图，安装工程施工图，非标准设备加工图，以及设备和材料明细表等。施工图设计一般应全面贯彻初步设计的各项重大决策，其内容的详尽程度，应能满足下列要求：设备、材料的安排，各种非标设备制作，施工预算的编制，土建、安装工程施工的要求等。施工图设计是现场施工的依据。在施工图设计中，还应编制施工图概算，施工图预算一般不得突破初步设计总概算。

设计单位必须严格保证设计质量，每项设计要做多种方案比较，选择最佳设计方案；设计必须具备准确的基础资料；设计所采用的各种数据和技术条件要正确可靠；设计所采用的设备、材料和所要求的施工条件要切合实际；设计文件的深度要符合建设和生产的要求。

设计文件要按规定的程序报告审批。设计文件批准后，就具有一定的严肃性，不能任意修改和变更，如果必须修改，也需由有关部门批准。在施工过程中，设计部门应经常派人到现场配合施工，了解设计文件的执行情况。

4. 做好建设准备

为了保证施工的顺利进行，就必须做好各项建设准备工作。建设项目设计任务书一经批准，建设准备工作就要摆到最主要的位置上来。大中型建设项目，建设主管部门可根据计划要求的建设进度和工作的实际情况，指定一个企业或事业单位，组成精干的班子，负责建设准备工作。一般改、扩建项目，其建设准备工作由原企业兼办，不单独设置筹建机构。新建项目，在有条件的地方和单位，应推广老厂兼办新厂的经验。需要单独设置筹建机构时，要认真贯彻精简节约的原则，按隶属关系报请上级主管部门批准。

建设准备工作的主要内容是：工程水文地质勘察；收集设计施工图基础资料；组织设计文件编审；根据经过批准的基建计划和设计文件，提报资源申请计划，组织大型专用设备预安排和特殊材料预订货（招标），落实地方建筑材料的供应；办理征地手续；落实水、电、路等外部条件和施工力量等。

建设项目的设备预安排必须以批准的计划和设计文件为依据，设备订货必须以设计文件审定的数量、品种、规格型号为准，不得随意变更和乱购。

5. 确定建设计划

根据计划任务书和初步设计拟定的建设期限，经过工程排队，做出分期分批和配套投产的安排。根据需要和可能，确定各单项工程的分年度施工建设计划，做到有计划、连续和均衡的施工。建设所需的资金、材料、设备、劳动力和施工机械都要列入相应的年度基本建设计划，确保供应。

当年的建设任务经过综合平衡，列入年度基建计划，同时落实当年的基建投资、设备、材料等资源安排。

6. 组织施工

建筑安装工程施工，是基本建设程序中的重要阶段，关系着建设项目能否按计划完成，能否迅速发挥投资效益的问题。

建筑安装工程施工，是根据建设计划确定的任务，按照图纸要求，把建设项目中的建筑物和构筑物建造起来，同时把水、电、采暖、通风及设备等安装完好的过程。

建筑安装工程施工是特殊的生产过程，是一项十分复杂的工作。组织施工要取得各方面的协作配合。在年度计划确定后，基本建设主管部门要根据计划的要求，对建设项目进行排队，做到计划、设计、施工三个环节互相衔接，投资、工程内容、施工图纸、设备材料、施工力量五个方面的落实，保证计划的全面完成。采取招标或委托的方式选定建筑安装企业，签订承包合同，明确施工单位和建设单位双方的责任。

施工单位要做好施工准备，严格遵守施工顺序，编制科学合理的施工组织设计和施工方案，加强施工管理，严格按照设计文件和施工验收规范进行施工。要严格履行承包合同，在安排施工计划时，要本着保重点、保竣工、保配套、保投产的原则，确保按期完成施工任务。

7. 生产准备

生产准备工作，是指为建设项目竣工后能及时投产所做的全部生产准备工作。它是使建设阶段能顺利地转入生产经营阶段的必要条件。从批准计划任务书开始，直至项目建成投产，建设单位（业主）在整个建设过程中，都要有计划地一面抓好工程建设，一面做好生产准备工作，保证项目或工程建成后能及时投产。

为了保证项目建成后能及时投产，建设单位要根据建设项目的生产技术特点，组织专门的生产班子，抓好生产准备工作，使项目建成后能够在短期内发挥出最大的经济效益。

8. 竣工验收，交付生产或使用

建设项目的竣工验收是建设全过程的最后一个程序。它是建设投资成果转入生产或使用的标志，是全面考核基本建设工作，检验设计和工程质量标准的重要环节，是建设单位（合同施工单位和设计单位）向国家（主管部门代表）汇报建设项目按批准的设计内容建成后，其生产能力和质量、成本、效益等全面情况及交付新增固定资产的过程。竣工验收对促进建设项目及时投产，发挥投资效益，总结建设经验，都有重要作用。建设单位和主管部门对确已符合竣工验收条件的建设项目都要按照国家有关规定，及时抓紧组织建设项目办理竣工验收，上报竣工投产或使用。

所有建设项目，凡按批准的设计文件规定的内容建成，工业项目经投料试车（即带负荷运转）合格，形成生产能力，并能生产合格产品；非工业项目符合设计要求，能够正常使用，都要及时组织验收。

以上简要阐述了基本建设程序的八个步骤的内容。实践证明，我国现行关于基本建设程序的规定，基本反映了基本建设的客观规律。当然，由于人们在认识上的局限性，使这些规定还不可能完全反映客观规律。随着人们对客观规律的认识将进一步深化，进一步完善，关于基本建设程序的规定也将会不断充实和完善。

第二节　安装工程预算与组织管理概述

一、预算在基本建设中的作用

建安工程预算是建设预算的重要组成部分。它是根据不同阶段的具体内容，国家规定的定额、指标和各项费用的取费标准。预先计算和确定基本建设中建筑安装工程所需要的全部投资额的文件。

建安工程预算是用来确定建安工程造价的，是建设单位委托施工单位施工时双方签订承包合同的基础和主要内容。也是根据工程进度进行拨款和竣工后双方结算的依据。工程预算的质量如何，直接影响到建设单位的支出和施工单位的收入。一个单位工程的施工图纸绘制审订后，要想知道它的造价和耗用人工、主要材料和机械台班数量，只有通过编制工程预算才能解决。预算是确定工程造价和工、料、机消耗的依据文件，通过预算可以考核图纸设计是否经济合理，是否需要修改，设计概算是否需要调整。工程预算是建安企业承担施工任务的额定收入。又是考核企业本身经营管理水平的重要依据，是施工企业贯彻经济核算制，考核工程成本的依据，是统计工作的依据。

二、施工组织与管理的概念

"组织"有两种含义。组织的第一种含义是作名词出现的，指组织机构。组织机构是按一定领导体制、部门设置、层次划分、职责分工、规章制度和信息系统等构成的有机整体，是自然人的结合形式，可以完成一定任务，并为此处理人和人、人和事、人和物的关系。组织的第二种含义是作动词出现的，指组织行为（活动），即通过一定权利和影响力，为达到一定目标，对所需资源进行合理配置，处理人和人、人和事、人和物关系的行为（活动）。

"管理"是人们为有效地达到组织目标，对组织资源和组织活动有意识、有组织、不断地进行的协调活动。这个概念包含以下三个方面的含义：

(1) 管理是一个过程。主要通过计划、组织、指挥、激励、控制等加以实现。

(2) 管理的对象的组织的各项活动及其所使用的资源。

(3) 管理的目的是要达到其既定的组织目标，在于提高组织活动的成效。

一个工程项目可以有不同的施工顺序；每个施工过程可以采用不同的施工方法；每种构件可以采用不同的生产方式；每种运输工作可以采用不同的方式和工具；现场施工机械、各种堆物、临时设施和水电线路等可以有不同的布置方案；开工前的施工准备工作可以用不同的方式进行。这些问题有许多可行的方案供选择。但是不同的方案，其经济效果是不一样的。怎样结合安装工程的性质和规模、工期长短、人员素质、机械装备情况、材料供应程度、构件生产方式、运输条件等，从全局出发，从许多可行的方案中选定最合理的方案，这是开始施工前必须解决的问题。把上述问题通盘考虑，并做出合理的决定之后，就可以对施工的各项活动做出全面部署，编制出规划和指导施工的技术经济文件，即施工组织设计。

三、建筑安装企业管理的基本内容

企业管理是指企业为实现经营目标而对生产经营活动及人、财、物、信息等资源所进行的计划、组织、指挥、激励、控制等一系列活动。

企业管理，是企业经营管理和生产管理的总称。经营管理涉及企业外部，关系到社会经济的流通、分配和消费过程，包括生产的经营方式、材料设备的供应、劳动力的补充与调整、产品的销售和售后服务、与其他企业的协作等。生产管理是指企业内部对生产活动全过程的管理，包括基本生产、辅助生产、生产技术以及生产服务等过程。

企业管理，是经营管理和生产管理的统一，既要有理论指导，又要有具体管理业务。这些管理业务的内容广泛，涉及面广，其主要内容有：经营决策、招投标、合同管理、计划统计、施工组织、质量安全、设备材料、施工过程控制和成本控制等管理。

企业管理的理论及内容涉及企业内部的各个职能部门，当前在深化改革，各企业激烈竞争的社会主义市场条件下，作为一个企业的领导必须全面领会和掌握企业管理的理论和内容，以便提高管理水平，实现企业管理的科学化，保证企业的竞争优势；作为为企业一线培养的施工技术人员和管理人员，则应重点掌握施工组织、工期、成本、质量、安全和现场管理内容，实现企业的科学管理。

企业进一步深化改革要求建立现代企业制度，大力发展施工项目管理。建立以"适应市场要求，产权清晰、责权明确、政企分开、管理科学"为特征的现代企业制度，可以进而使市场经济体制对企业的资源配置发挥基础性作用，这正是企业改革的方向。

施工项目管理是建筑安装施工企业对某项具体建设项目的施工全过程的管理，其范围包括：投标、承包、签订承包合同、施工准备、组织施工、交工验收。其目的是有效地实现施工项目的承包合同目标，使企业取得经济效益。

施工项目现代管理技术的重点集中在合同管理、质量管理、进度管理、成本管理、安全管理和信息管理六个方面。随着现代企业制度的建立，应使施工项目管理中应用现代管理技术方面有一个大的进步，乃至实行一次飞跃。

第三节　安装工程施工特点

一、安装工程的意义

安装工程是构成建筑工程不可缺少的重要组成部分，缺少安装工程，任何一个现代建筑工程项目均不能形成具有使用价值和生产能力的产品。

随着工农业生产的逐步现代化、自动化，建筑物和构筑物功能的扩展和提高，主要体现在安装工程。随着人民生活水平的不断提高，高层和高级民用建筑的大量涌现，采用现代设备不断增多，单方造价越来越高，其中安装工程在整个基建投资中的比重正迅速增长。从过去一般工程中的 10%～15%，提高至目前一般民用建筑（住宅）占 20% 以上；高级民用建筑占 40%；在工业项目中的石油化工等的设备安装中，安装比重有些已超过60%，而且其发展趋势有增无减。在发展生产、繁荣经济，巩固国防，改善人民文化物质生活的每一个基建项目成果中，凝聚着安装企业的领导、施工技术管理人员、工人的辛勤劳动。近年来，我国安装行业已扩展到国外市场承包工程，并做出了成绩，建立了信誉，为国家创收了大量外汇。以上事实有力的说明了我国安装行业是祖国四化建设中的一个重要行业。

二、安装工程与土建工程的关系

安装工程包括工业与民用建筑的给水排水、采暖、通风、空调、电气和设备安装，与土建工程关系十分密切，在施工中土建工程必须为安装工程创造条件，管道、电气和设备安装工程也需紧密配合土建工程施工。协调双方的施工方案和施工进度以达到总工期的要求，这是编制好管道、电气和设备安装工程施工组织与计划时必须保证的问题，也是施工前的一项极为重要的准备工作。

要做好土建与管道、电气和设备安装协调施工，应考虑以下几个问题：

（一）学习了解建设项目性质、特点、质量和工期要求

土建与安装人员都应全面学习了解建设项目性质、特点、质量和工期要求，并彼此明确在土建工程中的重点工序是哪些？安装工程中重点工序是什么？以及双方在施工中配合点在什么地方，用什么样机械、工具、运输设备等。同时还应了解双方技术力量和水平能否适应施工和安装要求，做到知己知彼，心中有数。

（二）协调施工方案，安排施工进度

土建与安装在制定施工方案，安排施工进度和布置施工平面时，更需具体配合协调。在民用建筑室内装修和管道、线路安装之间，管道、线路应先安装，后装修。工业建筑在某些高、重、大、精的设备安装前，承载基础的强度在设备安装时必须达到规定的要求；

预埋的各种螺栓位置的精度必须达到要求，稍有误差，就无法安装，甚至造成严重问题而延误施工进度，这就需要安装与土建技术人员共同制定施工方案，确保预埋螺栓的精度要求；在空间利用上有时也会遇到多种管线交叉作业，更需要共同研究妥善解决；在建筑物和构筑物上预埋各种铁件和预留孔洞必须准确无误无漏，才能保证土建与安装工程顺利进行。为此，必须事前深入了解土建与安装施工中的一些关键问题和解决的方法，才有可能制定出协调合理的施工方案和施工进度，从而编制出可行的施工综合总进度计划。

（三）合理安排施工场地的使用

当大量管道、电气和设备在安装前陆续进入现场，需要一定场地堆放组装或拼装，同时大型吊装机械、运输工具都将涌入现场，而土建尚在继续进行，在空间利用上极易发生矛盾，稍有不当甚至产生安全事故。因此，施工人员对施工场地的使用规划需要精心研究。

（四）综合调度与控制

土建与安装工程施工是变化性的立体的动态过程。土建与安装的各个工序，有的可以同时进行；有的则由于工艺上、质量上、安全上的种种要求，彼此各工序间的施工先后程序、相隔时间，都应严格控制，才能达到连续均衡协调施工。这就必须重视调度与控制工作的组织，并尽可能采用现代化管理手段，指挥现场的施工。

三、安装工程施工特点

土建工程与安装工程是紧密相连的，其施工特点是基本相似的，简述如下：

（一）施工对象是固定的，生产手段和劳动力是流动的，而安装工程更为分散

作为建筑新产品的各种建筑物及构筑物，都是在指定的地点建成后不能移动，只能在建设的地方供长期使用。而管道、电气和设备有的是安装于建筑物和构筑物内部，如高层建筑专门设有技术设备层，专供安装各个功能系统所使用的各种装置和管道、线路等；又如石油化工设备，大都安装在露天的基础上，都是在特定的地点和位置上安装，生产手段和劳动力，只能在一个地点完成安装任务后，又转移到另一个地点从事安装工作。而管道、电气和设备安装工程比土建工程相对更为分散，流动性更大。

（二）安装工程比土建工程施工周期短，专业工种多，工程批量小

安装工程由于施工周期短、流动性大、工人与施工用机具设备转移频繁，必然增加了非生产时间。专业工种更多，工程批量更小，不仅增加施工组织的困难，并导致管理费用的增加。

（三）露天作业多，受气候影响大

室外管道、电气线路安装和某些大、中型设备运到施工现场需要组装检测然后进行吊装，而露天作业极易受到风、雪、雨、雾等气候变化影响。在制定施工方案和安排进度时，必须从工程所在地区的气象站了解准确的气象预报资料，妥善组织施工。

（四）安装工程的标准化和定型化程度低于土建工程

基于以上原因，当前安装工程的标准化和定型化程度远低于土建工程；对安装产品的商品化、工厂化和预制化生产，很为不利；同时施工用设备机具等利用率较低，应进一步研究提高机械化施工水平。

（五）对从事安装工作的技术人员要求高

对从事安装工作的技术人员，必须具备广泛的涉及多种学科的基本知识，需要更多的

精力和时间去研究掌握新技术和新工艺的应用。在组织现代化设备安装工程前，技术培训工作应及早列入施工准备计划中。

本 章 小 结

安装工程预算与施工组织管理包括工程预算、施工组织和施工管理三部分内容。它们是遵循基本建设程序，围绕基本建设项目进行的。

工程预算是确定工程建设项目工程造价和工、料、机消耗的依据，是建安企业确定年度收入的依据，是考核企业本身经营管理水平的依据。

施工组织反过来讲就是如何组织施工。一个建设项目，有许多不同工种的操作工人，有不同类型的施工机具，有不同种类的建筑材料和预制构件，有不同的施工顺序、施工方法、生产方式，即不同的施工方案。从许多可能的方案中选定最佳方案的过程即为施工组织的研究课题。

施工管理是指建设项目施工全过程的管理，包括：合同管理、质量管理、进度管理、成本管理、安全管理和信息管理。是企业经营管理和生产管理的统一。其目的是有效地实现建设项目承包合同目标，取得最佳经济效益。

复 习 思 考 题

1．一个建设项目，由哪些内容组成？

2．基本建设工作应哪些程序进行？它可分为哪三个阶段和八个步骤？

3．组织与管理的概念如何解释？施工企业管理有哪些内容？

4．安装工程有什么意义？安装工程与土建工程的关系如何？施工特点有哪些？

第二章　安装工程预算基本知识

第一节　建筑安装工程定额的概念、性质及分类

一、定额的概念

在安装工程生产过程中，完成某一分项工程的生产，必须消耗一定数量的劳动力、机械台班和材料。所谓定额就是指在正常生产条件下完成某一单位合格产品生产的过程中对包含的各生产因素的消耗所规定的标准额度。不同的产品有不同的质量要求，没有质量要求的规定也就是没有数量的规定，因此，不能把定额看成是单纯的数量关系，而应看成是质和量的统一体，考察个别生产过程中的各生产因素不能形成定额，只有从考察总体生产过程的各生产因素，归结出社会平均必须的数量标准，才能形成定额。同时，定额反映一定时期内的社会生产力水平。

工程定额是根据国家一定时期的管理体制和管理制度，根据不同定额的用途和适用范围，由指定的机构按照一定的程序制定的。并按照一定规定的程序审批和颁发执行，工程定额是主观的产物，但它能正确地反映工程建设和各种资金消耗之间的客观规律。它属于技术经济范畴，具有生产消耗定额的性质。

二、定额的性质

（一）科学性

定额作为一项重要的技术经济法规，它必须是科学的。它必须符合我国施工企业实际的技术水平、管理水平和机械水平。它必须符合我国施工企业的施工工艺、施工方法和施工条件。

（二）法规性

定额是由国家或其授权机关统一组织编制和颁发的一种法令性指标，各地区、各部门都必须认真贯彻执行，不得各行其是。各地区、各基本建设部门、各施工安装企业，都必须按照定额的规定，编制单位估价表和施工图预算。除预算定额中规定有条件的进行换算外，各地区、部门、企业都不得强调自己的特点而对预算定额进行任意的修改、换算。

（三）群众性

定额来自群众，又贯彻于群众。广大群众是测定编制定额的参加者，又是定额的执行者、拥护者。定额水平的高低，主要取决于工人群众的生产能力和技术水平。定额水平的确定，必须符合从实际出发、技术先进、经济合理的要求，必须兼顾国家、企业和个人三者的利益。

三、定额的作用

（一）定额是编制计划的基础

建筑安装企业无论是长期计划、短期计划，综合技术经济或施工进度计划、作业计划

的编制，都是直接或间接地用各种定额作为计算人力、机械和材料等各种资源需要量的依据，所以定额是编制各种计划的重要基础。

（二）定额是确定安装工程成本的依据

安装施工任何一个工程或一台电气设备，所消耗的劳动力、材料、机械台班的数量是决定安装工程施工成本的决定性因素，而它们的消耗量又是根据定额决定的。因此定额是确定安装施工成本的依据。

（三）定额是加强企业经营管理的重要工具

定额标准具有法规性，起着一种严格的经济监督作用，它要求每一个执行定额的人，必须自觉地遵循定额的要求，监督安装工程施工中的人工、材料和施工机械使用不超过定额规定的消耗。从而提高劳动生产率，降低工程成本。此外，安装企业在生产经营管理中要计算，平衡资源需要量，组织材料供应，编制施工作业进度计划，签发施工任务单，实行承包责任制，考核工料消耗等一系列管理都要以定额作为计算依据，所以定额是加强企业经营管理的重要工具。

（四）定额是评价的依据

定额是进行按劳分配、经济核算、厉行节约、提高经济效益的有效工具，是确定工程造价和最终进行技术经济评价的依据。

定额是一把尺子，国家或主管单位既用它来控制工程建设投资、确定工程造价，又用它来衡量施工企业的经济效益。企业可以用定额进行经济核算，评价施工人员的劳动效率，并依此进行分配。

四、定额的分类

定额的种类很多，通常的分类方法有下列几种。

按生产要素的不同、编制程序及用途不同、专业和费用的性质不同、主编单位及适用范围的不同划分为四类。建筑安装工程定额分类框图如图 2-1 所示。

（一）按施工生产因素分为劳动定额、材料消耗定额、机械台班定额。

1. 劳动定额

劳动定额也称人工定额，是指完成一定合格产品所必须消耗的人工工时的数量标准。因表现形式的不同，分为时间定额和产量定额两种。

（1）时间定额：是安装单位工程项目所需消耗的工作时间，它包括准备与结束时间、基本生产时间、辅助生产时间、不可避免的中断时间及工人的休息时间。

时间定额以工日为单位，每一工日按 8 小时计算，计算方法如下：

$$单位产品时间定额（工日）= \frac{1}{每工产量}$$

$$单位产品时间定额（工日）= \frac{小组成员工日数的总和}{台班产量}$$

（2）产量定额：是指某种专业、技术等级的工人小组或个人在合理的劳动组织，合理的使用材料、合理的机械配合的条件下，在单位工日中所完成的合格产品数量。

产量定额以单位时间的产品计量单位表示，其计算方法如下：

$$每工产量 = \frac{1}{单位产品时间定额（工日）}$$

$$台班产量 = \frac{小组成员工日数的总和}{单位产品时间定额（工日）}$$

单位产品时间定额与产量定额互成倒数，即：

$$时间定额 = \frac{1}{产量定额}$$

时间定额与产量定额各有用处，时间定额以工日为单位，便于综合，用于计算比较适宜且方便，故普遍采用，产量定额以产品数量为单位表示，较为形象化，常作分配任务用。

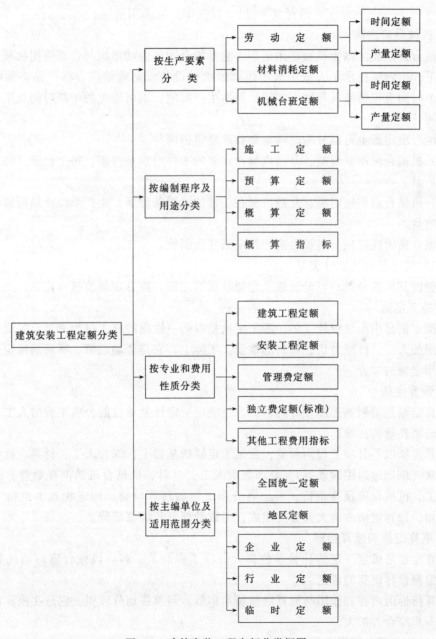

图 2-1　建筑安装工程定额分类框图

2．材料消耗定额

材料消耗定额是指在合理的施工条件及合理使用材料的条件下，生产单位合格产品所必须消耗的一定品种规格的材料数量，它包括直接用于安装工程的安装材料净用量（或称为材料消耗净定额）和不可避免的废料和损耗，如电焊条等的数量（或称材料损耗定额）。

材料损耗定额和材料消耗净定额之和即为材料消耗定额。材料损耗定额与材料消耗定额之比即为材料损耗率。它们之间有如下关系式：

$$损耗量 = 消耗量 - 净用量$$
$$消耗量 = （1 + 损耗率）\times 净用量$$

3．机械台班定额

机械台班定额又称为机械使用定额，它是指合理的劳动组织与合理使用机械的正常施工条件下，由熟练技术工人或工人小组操纵机械设备，完成单位合格产品必须的工作时间，这个时间也包括准备与结束时间、基本生产时间、不可避免的中断时间及工人必要的休息时间。

机械台班定额也可以分为时间定额和产量定额两种。

（1）机械台班产量定额：是指机械在正常的工作组织条件下，每个台班（8h）所完成产品的数量。

（2）机械台班消耗定额：是指机械在正常的组织条件下，生产单位产品所需消耗的机械台班数量。

机械台班消耗定额与机械台班产量定额互为倒数。

（二）按定额的用途分类

定额按其用途分类，可分为施工定额、预算定额、概算定额及概算指标。

1．施工定额

施工定额是用来组织施工的。施工定额是以同一性质的施工过程来规定完成单位安装工程耗用的人工、机械台班、材料的数量。实际上，它是劳动定额、材料消耗定额和机械台班使用定额的综合。

2．预算定额

预算定额是编制施工图预算的依据，是确定一定计量单位的分项工程的人工、材料和机械台班消耗量的标准。

预算定额以各分项工程为对象，在施工定额的基础上，综合人工、材料、机械台班等各种因素（例如超运距因素等），合理取定人工、材料、机械台班的消耗数量，并结合材料、人工、机械台班预算单价，得出各分项工程的预算价格，即定额基本价格（基价）。由此可知，预算定额由两大部分所组成，即数量部分和价值部分。

3．概算定额和概算指标

概算定额是确定一定的计量单位扩大分项工程的工、料、机械台班的消耗数量的标准，是编制设计概算的依据。

概算指标的内容和作用与概算定额基本相似，但项目划分较粗，它是在概算定额基础上的进一步综合与扩大。

（三）按专业和费用性质分类

建筑工程定额、安装工程定额、管理费定额、独立费定额及其他工程费用定额。

（四）按定额的编制部门和使用范围分类

1．全国统一定额　全国统一定额是由国家主管部门制定颁发的定额。

2．行业定额　行业定额是由国家各部根据其行业特点编制的定额。只适用于本行业。

3．地方定额　地方定额由各省、市、自治区组织编制颁发。只适用于本地区范围使用。

4．企业定额　企业定额是由企业内部自行编制，只限于在本企业内部使用的定额。

5．临时定额　临时定额是在上述定额缺项时补充编制的一次性定额。临时定额一般是由施工单位提出，报主管部门审定批准的。

第二节　建筑安装工程预算定额

一、预算定额的概念

预算定额是在正常施工条件下，确定完成一定计量单位分项工程的人工、材料、机械台班消耗的数量标准。它不仅规定了一系列数据，而且还规定了它的工作内容、质量和安装要求。

例如，安装 10 套吊链式单管荧光灯消耗人工 2.17 工日，成套灯具 10.10 套。圆木台 21 块，花线 15.27m，塑料绝缘线 3.05m，伞形螺栓 20.40 套，木螺钉 6.24 个，其他材料费 2.18 元。其工作内容包括：测位、划线、打眼、埋螺栓、上木台、吊链、吊管加工、灯具组装、接线、接焊包头。

二、预算定额的性质

预算定额是国家授权有关部门编制和颁发实施的，它具有明显的法令性；它是根据客观存在的工程，用科学技术方法编制的，所以具有科学性；生产是发展的，科学技术不断进步，定额这个标准应随生产力发展而调整，但为了便于应用它又必须具有相对的稳定性；统一的定额标准还必须具有必要的灵活性，即对那些影响工程造价大的因素，可以调整与换算，使其符合客观实际。

三、预算定额的作用

预算定额是编制工程预算造价的依据；是工程招投标编标底、报价的依据；是工程拨款、贷款、办理工程结算的依据；是设计单位作工程设计方案比较，作技术经济分析的依据；是施工单位编制施工财务计划、进行经济分析考核成本的依据；是投资方编制投资计划、考核投资效果的基础；是编制概算定额的基础资料。

四、安装工程预算定额的种类及适用范围

现行的《全国统一安装工程预算定额》，系 2000 年 3 月 17 日颁发实行的，共分 12 册，其具体分类及适用范围如下：

（一）第一册　《机械设备安装工程》

本部分定额适用于新建、扩建及技术改造项目的机械设备安装工程。本部分定额若用于旧设备安装时，旧设备的拆除费，按相应安装定额的 50％计算。

（二）第二册　《电气设备安装工程》

本部分定额适用于工业与民用新建、扩建工程中 10kV 以下变配电设备及线路安装工程、车间动力电气设备及电气照明器具、防雷及接地装置安装、配管配线、电梯电气装置、电气调整试验等的安装工程。

（三）第三册 《热力设备安装工程》

本部分定额适用于新建、扩建项目中 25MW 以下汽轮发电机组，130t/h 以下锅炉设备的安装工程。

（四）第四册 《炉窑砌筑工程》

本部分定额适用于新建、扩建和技改项目中各种工业炉窑耐火与隔热耐火砌体工程（其中蒸汽锅炉只限于蒸发量每小时在 75t 以内的中、小型蒸汽锅炉工程），不定型耐火材料内衬工程和炉内金属件制作安装工程。

（五）第五册 《静电设备与工艺金属结构制作安装工程》

本部分定额适用于新建、扩建项目的各种静置设备与工艺金属结构（如钢制压力容器、石油化工钢制塔类容器、浮头式换热器和冷凝器、钢制球形储罐、金属焊接结构湿式气柜等）的安装工程。

（六）第六册 《工业管道工程》

本部分定额适用于新建、扩建项目中厂区范围内的车间、装置、站、罐区及其相互之间各种生产用介质输送管道。厂区第一个连接点以内的生产用（包括生产与生活共用）给水、排水、蒸汽、煤气输送管道的安装工程。其中给水以入口水表井为界；排水以厂区围墙外第一个污水井为界；蒸汽和煤气以入口第一个计量表（阀门）为界；锅炉房、水泵房以墙皮为界。

（七）第七册 《消防及安全防范设备安装工程》

本部分定额适用于工业与民用建筑中的新建、扩建和整体更新改造的消防及安全防范设备（如火灾自动报警系统、自动喷水灭火系统、入侵报警系统、保安电视监控系统等）的安装工程。

（八）第八册 《给排水、采暖、燃气工程》

本部分定额适用于新建、扩建项目中的生活用水、排水、燃气、采暖热源管道以及附件配件安装，小型容器制作安装。

（九）第九册 《通风空调工程》

本部分定额适用于工业与民用建筑中的新建、扩建项目中的通风、空调工程。

（十）第十册 《自动化控制仪表安装工程》

本部分定额适用于新建、扩建项目中的自动化控制装置及仪表的安装调试工程。

（十一）第十一册 《刷油、防腐蚀、绝热工程》

本部分定额适用于新建、扩建项目中的设备、管道、金属结构等的刷油、防腐蚀、绝热工程。

（十二）第十二册 《通信设备及线路工程》（另行发布）

同时出版发行的还有《全国统一安装工程预算工程量计算规则》和《全国统一安装工程施工仪器仪表台班费用定额》。前者与《全国统一安装工程预算定额》相配套，作为确定安装工程造价及其消耗量的基础；后者是与《全国统一安装工程预算定额》同时颁发的辅助定额。它作为各省、自治区、直辖市和国务院有关部门编制安装工程建筑概、预算定额，确定施工仪器仪表台班预算价格的依据。

五、安装工程预算定额的内容

《全国统一安装工程预算定额》由下面内容组成：

（一）总说明

总说明是对全套预算定额的共性问题所作的综合说明和规定，包括下列内容：

1．安装预算定额的类型。

2．安装预算定额的概念及作用。

3．安装预算定额编制依据，适应条件。

4．工日、材料、施工机械台班、施工仪器台班消耗量和预算单价的确定依据和计算方法以及有关规定。

5．水平和垂直运输的有关规定。

6．定额的使用方法，使用中应注意的事项和有关问题的说明。

（二）册说明

册说明是对本册定额的共性问题所作的说明与规定，包括下列内容：

1．定额的适用范围。

2．定额主要依据的标准和规定。

3．本册定额与其他册定额交叉部分的分工界限。

4．该册定额包括的工作内容和不包括的工作内容。

5．有关费用（如脚手架搭拆费、高层建筑增加费、超高费等）的计取方法和定额系数的规定。

（三）目录

开列定额组成项目名称和页次，以便查找。

（四）章说明

主要说明下列问题

1．分部工程定额包括的主要工作内容和不包括的工作内容。

2．使用定额的一些基本规定和有关问题的说明，例如：界限划分，适用范围等。

3．分部工程的工程量计算规则及有关规定。

（五）定额项目表

定额项目表是显示定额的基本形式，每一定额表均由工作内容、计量单位、项目、子目、定额编号、工料定额、基价及附注等部分组成。如表 2-1 所示为《全国统一安装工程预算定额》第二册《电气设备安装工程》成套型荧光灯安装定额项目表。

1．工作内容　主要说明定额的工作范围。定额工作内容仅列出主要的工序，对一些次要的工序虽未列出，但已包括在内。

2．计量单位　每一定额项目均列有计量单位，主要从产品的形态特征，简化计算程序和减少项目个数等方面选择合适的计量单位。如管线安装以长度米为单位，设备安装以台为计量单位（当每台重量与价格相差过大时也有以重量为单位的），仪表安装以组或套为单位。为避免定额出现过多的小数位，定额常采用扩大的计量单位。如每 10m 管道，每 10 套灯具，每 100m 线路等。

2. 全国定额成套型荧光灯安装定额项目表
表 2-1

工作内容：测位、划线、打眼、埋螺栓、上木台、吊链、吊管加工、灯具组装、接线、接焊包头

计量单位：10 套

定额编号				2-1588	2-1589	2-1590	2-1591	2-1592	2-1593
项目				吊链式			吊管式		
				单管	双管	三管	单管	双管	三管
名称		单位	单价	数量					
人工	综合工日	工日	23.22	2.170	2.730	3.050	2.170	2.730	3.050
材料	成套灯具	套		(10.100)	(10.100)	(10.100)	(10.100)	(10.100)	(10.100)
	圆木台 63~138×22	块	1.220	21.000	21.000	21.000	21.000	21.000	21.000
	花线 2×23/0.15	m	2.010	15.270	15.270	15.270			
	塑料绝缘线 BLV— 2.5mm^2	m	1.080	3.050	3.050	3.050	27.490	27.490	27.490
	伞型螺栓 M6~8×150	套	0.600	20.400	20.400	20.400	20.400	20.400	20.400
	木螺钉 M2~4×6~65	10个	0.130	6.240	6.240	6.240	6.240	6.240	6.240
	其他材料费	元	1.000	2.180	2.180	2.180	2.051	2.051	2.051
基价（元）				125.23	135.23	145.66	120.80	133.80	141.23
其中	人工费（元）			50.39	63.39	70.82	50.39	63.39	70.82
	材料费（元）			74.84	74.84	74.84	70.41	70.41	70.41
	机械费（元）								

3．项目名称　每一定额项目表均列有项目和子目名称，子目是定额最基本的组成部分。例如：成套型荧光灯安装是项目，不同的安装方式、不同灯管数是定额子目。

4．定额编号　每一定额子目都有相应的编号，定额子目均以册为单位采用连续编号，不列章节号。编号形式为：

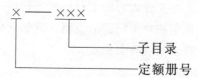

5．人工、材料、机械台班、仪器仪表台班定额。这是每一分项工程所需消耗的人工、材料、机械台班、仪器仪表台班数量的标准，简称定额含量，表现形式如下：

（1）人工定额用综合工日表示，不分列工种和技术等级，内容包括基本用工、超运距用工和人工幅度差。

综合工日单价采用北京 1996 年安装工程人工费单价，每工日 23.22 元。

（2）材料定额包括主材（设备）、一般材料、成品和半成品，对用量很少，影响基价很小的零星材料合并为其他材料费以元表示。

材料定额内带括号的材料为未计价材料，一般均为主材（设备），其价值未包括在基价内，需按下式计算：

某项未计价材料费＝工程量×未计价材料定额消耗量×材料单价

材料定额含量均为总用量，包括净用量和损耗量，即

材料总用量＝材料净用量×（1＋损耗率）。材料损耗率表列在各册附录中，定额中的材料单价采用北京市 1996 年材料预算价格。

（3）定额所列机械台班消耗是按正常合理的机械配备和大多数施工企业的机械化装备化程度综合取定的。实际与定额不一致时，除各章节另有说明外均不作调整。

凡单位价值在 2000 元以内，使用年限在两年以内的不构成固定资产的工具、用具等未进入定额，该项费用在建筑安装工程费用定额中考虑。

施工机械的台班价格，是按 1998 年建设部颁发的《全国统一施工机械台班费用定额》计算的，未包括养路费和车船使用税。

（4）本定额的施工仪器仪表消耗量是按大多数施工企业的现场校验仪器仪表装备情况综合取定的，实际与定额不符时，除各章节另有说明外，均不作调整。

施工仪器仪表台班单价，是按 2000 年建设部颁发的《全国统一安装工程施工仪器仪表台班费用定额》计算。

6．定额基价 定额基价是一个计量单位分项工程的基础价格，由人工费、材料费、机械台班使用费组成。其中人工费＝综合工日×人工单价；材料费＝Σ材料数量×材料单价；机械费＝Σ机械台班数量×台班单价。

7．附注 在项目表的下方，解释一些定额说明中未尽的问题。

8．附录

主要提供一些有关资料，例如主要材料损耗率表；各种材料重量表；接头零件含量表等。

六、《全国统一安装工程预算定额山西省价目表》

《全国统一安装工程预算定额山西省价目表》，简称价目表。它是在《全国统一安装工程预算定额》的基础上，按照山西省有关标准进行编制的。它适用于山西省范围内新建、扩建、改建工程。它是作为确定工程造价、编制工程预算和工程招标、投标编制标底等工作的依据。

（一）价目表的构成

1．人工工资组成及单价

定额规定安装工程的人工包括基本用工、超运距用工和人工幅度差，不分列工种和等级，均以综合工日表示。其日工资内包括基本工资、工资性津贴、辅助工资、职工福利费、劳动保护费等五项，合计为每工日 23.70 元。作为基价的一个组成部分。

2．材料及材料费

定额内和价目表内所列材料分为两类。一类是未注明单价的材料，称之为未计价材料，也称为主材（设备），定额基价内，不包括这部分材料的价值。这部分未计价材料费应在编制预算时，另外计算出来，作为直接费的一部分计入。因而在编制预算时，可依据设计图纸规定的规格和定额项目表中列出的主材数量，按工程所在地区（市）的材料预算价格进行计算。差价部分按有关动态文件规定执行。

另外一类是已经根据定额规定的用量和定额所采用的材料单价计算成材料费，列入基价。价目表编制时，这部分材料费，根据定额的耗用量和 2000 年太原地区材料预算价格计算，作为基价的第二组成部分。但应指出的是，价目表内基价中的材料费仅适用于太原地区，山西省内其他地区（市）的安装工程，应将基价中的材料费（不包括未计价值材料的材料费）总和，按规定的调价系数进行调整。

3. 施工机械台班费

价目表编制时，根据2000年山西省建筑施工机械台班单价，并按定额内每个项目的台班用量计算施工机械费用，作为基价的第三组成部分。

表2-2为《全国统一安装工程预算定额山西省价目表》第二册（电气设备安装工程）成套型荧光灯定额项目表。

2. 山西省定额成套型荧光灯定额项目表 表 2-2

工作内容：测位、划线、打眼、埋螺栓、上木台、吊链、吊管加工、灯具组装、接线、接焊包头

单位：10 套

定 额 编 号			2-1588	2-1589	2-1590	2-1591	2-1592	2-1593
			吊 链 式			吊 管 式		
项 目	单位	单价	单管	双管	三管	单管	双管	三管
预 算 价 格	元		87.53	100.80	108.39	88.89	102.16	109.75
其中 人 工 费	元		51.43	64.70	72.29	51.43	64.70	72.29
材 料 费	元		36.10	36.10	36.10	37.46	37.46	37.46
机 械 费	元							
人工 综 合 工 日	工日	23.70	2.17	2.73	3.05	2.17	2.73	3.05
主材 成 套 灯 具	套		(10.10)	(10.10)	(10.10)	(10.10)	(10.10)	(10.10)
材料 圆木台 63~138×22	块	0.36	21.00	21.00	21.00	21.00	21.00	21.00
花线 2×23/0.15	m	0.43	15.27	15.27	15.27	27.49	27.49	27.49
塑料绝缘线 BLV—2.5mm²	m	0.33	3.05	3.05	3.05			
伞型螺栓 M6~8×150	套	0.74	20.40	20.40	20.40	20.40	20.40	20.40
木螺钉 M2~4×6~65	10个	0.59	6.24	6.24	6.24	6.24	6.24	6.24
其他材料费	元		2.18	2.18	2.18	2.05	2.05	2.05

（二）应用价目表的若干综合规则

根据全国统一安装工程预算定额解释汇编，以及山西省安装工程预算价目表编制说明中的有关规定，对有关安装工程预算价目表中的共性问题加以说明。价目表中的特殊规定，由各专业有关章节明确，这里不再详述。

1. 定额的消耗水平

由于价目表所依据的定额，其中绝大多数综合性项目所耗用的人工、材料和施工机械的取定，都是经过大量的测算、调研和高度综合而成的。因此，不可避免地任何一个项目的人工、材料、施工机械的实际耗用量有一定程度的差异，这是它的必然性，是综合的结果，所以在使用定额时作了如下规定：

（1）个别定额子目人工、机械水平可能有些偏高或偏低，都不得调整，一律按定额标准执行。

（2）安装工程价目表中的含量，是经过对多个有代表性工程进行实际测算，加权平均综合确定的。在符合施工验收规范和质量标准的前提下，某些工程材料的含量，实际使用时可能会出现对某项工程有出入，而对另一项工程又是符合的。为了维护定额的严肃性，除定额说明外，未经定额管理部门批准，不准调整定额含量。

2．安装工程定额规定的各种系数

（1）第一类为定额子目系数：包括定额各部分规定的高层建筑系数、超高系数、各种换算系数。

（2）第二类为综合系数：包括脚手架搭拆系数、安装与生产同时进行的施工增加系数、有害身体健康环境中的施工增加系数等。

第一类子目系数构成第二类综合系数的计算基础。二类计算系数费用的计算，应按各部分定额规定的方法进行，二类系数计算所得增加部分构成直接费部分。

3．编制价目表时有关问题的处理办法

新定额存在一些问题，如垂直运输的机械台班费，新定额未包括，列入了《全国统一建筑工程基础定额》中。为了便于工程概预结算工作，编制价目表时，对第二册《电气设备安装工程》、第七册《消防及安全防范设备安装工程》、第八册《给排水、采暖、燃气工程》、第九册《通风空调工程》共四册中的高层建筑增加费作了适当的调整，调整后的高层建筑增加费包括了垂直运输的机械台班费用。

七、安装工程预算定额的使用方法

为了熟练正确的运用预算定额编制施工图预算，进行设计分析，办理竣工结算，编制招标工程标底等，有关预算工作人员都应当很好地学习预算定额。

（一）要认真学习预算定额的总说明、册说明以及各章说明。对说明中指出的编制原则、编制依据、适用范围、已经考虑和没有考虑的因素以及其他有关问题的说明和使用方法都能通晓和掌握。

（二）定额的工作内容、计量单位，要通过日常工作实践逐步加深理解，达到运用自如的程度。

（三）各分部分项工程量计算规则。

（四）各分项工程定额的计量单位。

只有在正确理解和熟练掌握预算定额的基础上，才能根据施工图纸，迅速准确确定工程计算项目，正确计算工程量，选用或换算定额单价，防止错套、重套和漏套，真正做到正确使用预算定额。

第三节　安装材料和设备的预算价格

一、材料和设备的划分

在基本建设过程中，为了便于国家统计部门对建设项目各项费用的统计，必须对设备和材料进行划分。同时，设备与材料的划分，直接关系到投资构成的合理划分，预算的编制以及施工产值的计算，并对施工企业的管理等都有影响，也是调整安装材料差价和正确执行定额的基础。可见，正确划分材料和设备的范围，在工程建设上具有重要的意义。其划分原则如下：

（一）设备

凡是经过加工制造，由多种材料和部件按各自用途组成独特结构，具有功能性、容量及能量传递或转换性能的机器、容器和其他机械、成套装置等均为设备。

设备分为需要安装与不需要安装的设备、定型设备和非标准设备。

（二）材料

为完成建筑安装工程所需的经过工业加工的原料和在工艺生产过程中不起单元工艺生产作用的设备本体以外的零配件、附件、成品、半成品等，均为材料。

设备与材料的划分，可从《全国统一安装工程预算定额》第一册至第十二册中的计价材料这一项里去掌握，下面的实例也可帮助对其划分的理解。

（三）设备与材料划分举例

1. 电气工程

（1）各种电力变压器、互感器、调压器、感应移相器、高压断路器、高压熔断器、稳压器、电源调整器、高压隔离开关、装置式空气开关、电力电容器、蓄电池、磁力启动器、交直流报警器、成套供应的箱、盘、柜、屏及其随设备带来的母线和支持瓷瓶，均为设备。

（2）各种电缆、电线、管材、型钢、桥架、梯架、槽盆、立柱、托臂、灯具及开关插座、按钮等均为材料。

（3）小型开关、保险器、杆上避雷器、各种避雷针、各种绝缘子、金具、电线杆、铁塔、各种支架等均为材料。

（4）各种装在墙上的小型照明配电箱、0.5kW 照明变压器、电扇、铁壳开关、电铃等小型电器均为材料。

2. 管道工程

（1）公称直径 300mm 以上的阀门和电动阀门为设备。

（2）各种管道，公称直径 300mm 以内的阀门、管件、配件及金属结构件等均为材料。

（3）各种栓类、低压器具、卫生器具、供暖器具、现场自制的钢板水箱，及民用燃气管道和附件、器具、灶具等均为材料。

3. 通风空调工程

（1）空气加热器、离心式通风机、轴流式通风机、屋顶式通风机、除尘设备、空调器、风机盘管及组合式空调器，均为设备。

（2）各种材质的通风管道、管件、常用型钢、通风空调的调节阀、风管法兰及其他紧固件等均为材料。

二、材料的预算价格

材料的预算价格，是指材料由来源地（或交货地）起，运到施工工地指定材料堆放地点或仓库的全部费用（包括入库费用）。由材料原价、供销部门手续费、包装费、运杂费、场外运输损耗及采购保管费等六部分组成，其计算公式为：

材料预算价格 ＝（材料原价 ＋ 供销部门手续费 ＋ 包装费 ＋ 场外运输损耗）×（1 ＋ 采

购保管费率）-包装品回收值

《全国安装工程预算定额》中的材料预算价格采用的就是1996年北京地区材料预算价格。而《全国统一安装工程预算定额山西省价目表》中的预算价格则是以2000年太原地区建设工程材料预算价格计算的。

三、材料差价的调整（动态调整）

（一）材料差价的形成

材料差价是指预算定额基价所依据的材料预算价格与安装工程所在地的现行材料预算价格的差异。主要包括地区差价和时间差价。由于预算定额基价中的材料费，是按省会所在地区的材料预算价格计算的，而各工程所在地的材料预算价格各不相同，因此就产生了预算价格的地区差价。

即使是省会所在地，也会由于时间的推移发生材料预算价格的变化，这样就产生了材料预算价格的时间差价。

（二）差价的调整和处理方法

在计算安装工程造价的过程中，为了合理地确定工程造价，就需要结合当地实际情况，适时有效地调整材料的价格，并要正确处理，予以抵消。为此在确定安装工程的材料费时，要严格执行当地材料预算价格表的规定价格进行计算，同时要按主管部门不同时期规定的材料调整方法进行调整。常用的调整方法有以下三种：

（1）单项计差法

材料的单位差价与工程定额耗用量的乘积即为该项材料的差价。工程上普遍使用的主要材料均采用这种方法计算差价，其计算公式为：

材料差价=Σ［单位工程某种材料用量×（地区现行材料价格-原定额材料预算价格）］

单项计差法在执行中应注意的两个问题

1）调整范围　只有在调整范围的材料才允许调整，不允许调整的材料，无论实际是否发生价差，均不得调整。

2）材料指导价　可按"造价信息"提供的价格信息确定。

例题2-1　某工程共用DN50镀锌钢管100m，已知：钢管的预算价格为21.26元/m，本地区现行的指导价为23.50元/m，试计算该钢管的材料差价。

解：钢管是允许调整价差的材料

钢管的材料差价=100×（23.50-21.26）=224.00元

（2）按实计差法

按购进材料的发货票的价格加合理的费用，就是实际价格，实际价格与定额取定价的差价即为按实际找差的差价。工程使用的特殊材料和质量档次较高的材料均按这种办法计算差价。

但是，按实际计差的材料需经当地工程造价管理部门审定备案才可计差。一般审定备案程序及要求是：

1）建设施工双方共同出具申请审定报告并附有效的购货凭证（发货票），经当地工程造价管理部门审查后出具材料价格审定书。

2）按实计差的材料多为建设单位选定或指定的材料，因此建设单位在选定或指定材料的同时，必须对购货价格参与和议定，并在申请审定报告中述明，以示对采购进货价格的真实性负责。

（3）按系数计差法

价格与定额耗用量均能确定的辅助材料（即除去按单项计差和按实计差的材料品种以外的材料），实行系数计算差价的办法。材料差价系数的计算公式为：

$$材料差价系数 = \frac{调整后的材料费 - 定额材料费}{定额材料费} \times 100\%$$

安装辅助材料差价的计算公式为：

$$安装辅助材料差价 = 单位工程定额辅助材料费 \times 材料差价系数。$$

例题 2-2 某住宅工程电气照明施工图预算的定额辅材费为 15637.58 元，按规定应以定额材料费为基础，调整材料费差价（材料差价系数为 5%）。

解： 安装辅助材料差价 = 15637.58 × 5% = 781.88 元

四、设备的预算价格

设备的预算价格是指设备由其来源地，运到施工现场仓库后的出库价格。设备预算价格由原价、供销部门手续费、包装费、运输费、采购及保管费组成。

设备预算价格包括的各项费用比较复杂，难以详细计算，尤其是在设计前期编制投资估算和初步设计阶段编制工程概算时，因为还不清楚设备的具体供应渠道和生产厂家，就更难以详细计算。因此一般都采用简单的方法计算，即将原价以外的其他费用统称为运杂费，按一定的费率计算，这样设备预算价格的计算公式可简写为：

$$设备的预算价格 = 设备原价（出厂价） + 运杂费$$

设备分为国产标准设备、国产非标准设备和引进设备三大类。国产标准设备的原价，按国家各部委或各省、市、自治区规定的现行统配价格进行计算；国产非标准设备的原价，按各主管部门批准的制造厂报价或参考有关类似资料进行估算；引进设备的原价，为引进设备货价、国外运费、运输保险费、外贸手续费、关税、增值费之和。

设备的运杂费是按设备原价乘以运杂费率进行计算，公式为：

$$设备运杂费 = 设备原价 \times 运杂费率$$

式中，国内购置的设备运杂费率一般为设备统配价格的 3% ～5%。国外购置的设备运杂费率一般为 10% ～15%，因供应国远近不同，各地标准略有出入。

值得指出：按上述计算出的设备预算价格，只起确定设备投资额的作用，不做为建设单位的设备实际购置费。

第四节 建筑安装工程费用与取费方法

一、建筑安装工程费用项目的组成

建筑安装工程费用项目是由直接工程费、间接费、利润、税金四部分组成。

（一）直接工程费

直接工程费由直接费、其他直接费、现场经费组成。

1. 直接费

直接费是指施工过程中耗费的构成工程实体和有助于工程形成的各项费用，包括人工费、材料费、施工机械使用费。

(1) 人工费　是指直接从事建筑安装工程施工的生产工人开支的各项费用，内容包括如下几项。

1) 基本工资　指发放生产工人的基本工资。

2) 生产工人辅助工资　指生产工人年有效施工天数的工资，包括职工学习、培训期间的工资，调动工作、探亲、休假期间的工资，因气候影响的停工工资，女工哺乳时间的工资，病假在6个月以内的工资及产、婚、丧假期的工资。

3) 工资性补贴　是指按规定标准发放的物价补贴，煤、燃气补贴，交通费补贴，住房补贴，流动施工津贴及地区津贴等。

4) 职工福利费　指按规定标准计提的职工福利费。

5) 生产工人劳动保护费　指按规定标准发放的劳动保护用品的购置费及修理费，徒工服装补贴，防暑降温费，在有碍身体健康环境中施工的保健费用等。

(2) 材料费　是指施工过程中耗用的构成工程实体的原材料、辅助材料、构配件、零件、半成品的费用和周转使用材料的摊销费用，内容包括：

1) 材料原价（或供应价）。

2) 供销部门手续费。

3) 包装费。

4) 材料自来源地运至工地仓库或指定堆放地点的装卸费、运输费及途耗。

5) 采购及保管费。

(3) 施工机械使用费，是指使用施工机械作业所发生的机械使用费及机械安拆和出场费用，内容包括：

1) 折旧费。

2) 大修费。

3) 经常维修保养费。

4) 安、拆费及场外运输费。

5) 燃料动力费。

6) 人工费。

7) 运输机械养路费、车船使用税及保险费。

2. 其他直接费

其他直接费是指直接费以外施工过程中发生的其他费用，内容包括：

(1) 冬雨季施工增加费。

(2) 夜间施工增加费。

(3) 二次搬运费。

(4) 仪器仪表使用费，指通信、电子等设备安装工程所需安装测试仪器仪表摊销及维修费用。

(5) 生产工具、用具使用费，指施工生产所需不属于固定资产的生产工具及检验用具等的购置、摊销和维修费，以及支付给工人自备工具补贴费。

(6) 检验试验费，指对建筑材料、构件和建筑安装物进行一般鉴定、检查所发生的费用，包括自设试验室进行试验所耗用的材料和化学药品等费用，以及技术革新和研究试制费。

（7）特殊工种培训费。

（8）工程定位复测、工程清点交接及场地清理费。

（9）特殊地区施工增加费，指铁路、公路、通信、输电、长距离输送管道等工程，在原始森林、高原、沙漠等特殊地区施工增加的费用。

3．现场经费

指为施工准备、组织施工生产和管理所需费用，包括以下几项：

（1）临时设施费　指施工企业为进行建筑安装施工所必需的生活和生产用的临时建筑物和构筑物以及其他临时设施费用等。

临时设施费包括：临时宿舍、文化福利及公用事业房屋及构筑物，仓库、办公室、加工厂以及规定范围内道路、水、电、管线等临时设施和小型临时设施。

临时设施费用包括：临时设施的搭设、维修、拆除费或摊销费。

（2）现场管理费　共包括九项内容：

1）现场管理人员的基本工资、工资性补贴、职工福利费、劳动保护费等。

2）办公费，指现场管理办公用的文具、纸张、账表、书报、印刷、邮电、会议及水、电、烧水和集体取暖（包括现场临时宿舍取暖）用煤等费用。

3）差旅交通费，指职工因公出差期间的差旅费，住勤补助费，市内交通费和误餐补助费，职工探亲路费，劳动力招募费，职工离退休费、退职一次性路费，工伤人员就医费，工地转移费以及现场管理使用的交通工具的油料、燃料、养路费及牌照费。

4）固定资产使用费，指现场管理及试验部门使用的属于固定资产的设备、仪器等的折旧、大修理、维修或租赁费等。

5）工具用具使用费，指现场管理使用的不属于固定资产的工具、器具、家具、交通工具和检验、试验、测绘、消防用具等的购置、维修和摊销费。

6）保险费，指施工管理用财产、车辆保险、高空、井下、海上作业等特殊工种安全保险费等。

7）工程保修费，指工程竣工交付使用后，在规定保修期以内的修理费用。

8）工程排污费，指施工现场按规定交纳的排污费用。

9）其他费用。

（二）间接费

间接费，是指企业经营层为组织施工生产经营活动所发生的各项费用，由企业管理费、财务费用和其他费用组成。

1．企业管理费，是指施工企业为组织施工生产经营活动所发生的管理费用，内容包括：

（1）工资及补贴　指管理人员的基本工资、工资性补贴及按规定标准计提的职工福利费。

（2）差旅交通费　指企业职工因工出差、工作调动的差旅费，住勤补助费，市内交通费及误餐补助费，职工探亲路费，劳动力招募费，离退休职工一次性路费及交通工具用油料、燃料、牌照、养路费等。

（3）办公费　指企业办公用文具、纸张、账表、书报、印刷、邮电、会议、水、电、燃煤（气）等费用。

（4）固定资产折旧费、修理费　指企业属于固定资产的房屋、设备、仪器等折旧及维修等费用。

（5）工具用具使用费　指企业管理使用不属于固定资产的工具、用具、家具、交通工具、检验、试验、消防等的摊销及维修费用。

（6）工会经费　指企业按职工工资总额的2%计提的工会经费。

（7）职工教育经费　指企业为职工学习先进技术和提高文化水平按职工工资总额的1.5%计提的费用。

（8）劳动保险费　指企业支付给离退休职工的退休金、价格补贴、医疗费、异地安家补助费、职工退休金、6个月以上的病假人员工资、职工死亡丧葬补助费、抚恤金、按规定支付给离休干部的各项经费。

（9）职工养老保险费及待业保险费　指职工退休养老金的积累及按规定标准计提的职工待业保险费。

（10）保险费　指企业财产保险、管理用车辆等保险费用。

（11）税金　指企业按规定交纳的房产税、土地使用税、印花税及土地使用费等。

（12）其他　包括技术转让费、技术开发费、业务招待费、排污费、绿化费、广告费、公证费、法律顾问费、审计及咨询费等。

2．财务费用，是指企业为筹集资金而发生的各项费用，包括企业经营期间发生的短期贷款利息净支出、汇总净损失、调剂外汇手续费、金融机构手续费，以及企业筹集资金发生的其他财务费用。

3．其他费用

指按规定支付工程造价（定额）管理部门的定额编制管理费及劳动定额管理部门的定额测定费，以及按有关部门规定支付的上级管理费。

（三）利润

是按规定应计入建筑安装工程造价内的利润。依据不同投资来源或工程类别实施差别利率。

（四）税金

指国家税法规定的应计入建筑安装工程造价内的营业税、城乡维护建设税和教育费附加。

以上我们所述的是国家关于工程费用项目组成的规定。要落实这一规定，还有许多基础工作要作，落实到基层要有一个过程。目前各省、市、自治区都在积极贯彻落实，但还没有完全到位，且各地情况也不一致。下面以山西省的现行规定为例，介绍施工图预算费用的组成、取费标准及计算程序。

二、建筑安装工程的取费标准及计算程序

（一）建筑安装费用的构成

根据国家关于建筑安装工程费用项目组成的统一规定和山西省的具体情况，山西省建筑安装工程费由直接工程费、间接费、利润、定编费及税金五部分组成。建筑安装工程费用构成见图2-2。

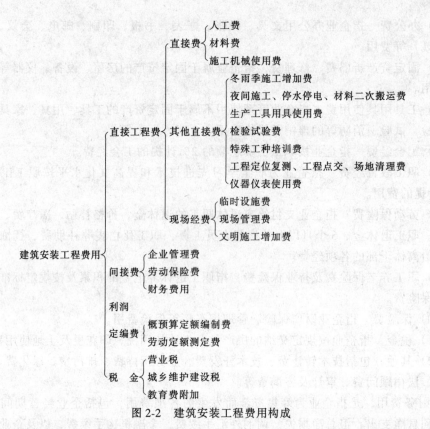

图 2-2　建筑安装工程费用构成

（二）建筑安装工程费用的取费标准

安装工程，在计算工程量，套用定额，汇总出直接费后，就可以根据安装工程的取费标准确定直接费以外的各项费用，即其他直接费、现场经费、间接费、利润、定编费和税金等费用。下面列出适用于 2000 年《全国统一安装工程预算定额山西省价目表》的工程的《费用定额》取费标准。

1．其他直接费费率表

表 2-3 是山西省 2000 年颁发的安装工程其他直接费费率表。

2．现场经费费率表

表 2-4 是山西省 2000 年颁发的安装工程现场经费费率表。

安装工程其他直接费费率表　　　　　　　　　　　　　　表 2-3

工程类别	取费基础	费率（%）	其　　　中								
			冬雨季施工增加费（%）	夜间施工增加费（%）	停水停电增加费（%）	材料二次搬运费（%）	生产工具用具使用费（%）	检验试验费（%）	工程定位工程点交场地清理（%）	特殊工种培训费（%）	仪器仪表使用费（%）
一类	人工费	12	1.97	1.36	0.13	0.52	3.68	3.05	0.30	0.66	0.33
二类		10	1.65	1.13	0.11	0.44	3.05	2.54	0.25	0.56	0.27
三类		6	0.99	0.68	0.06	0.26	1.84	1.53	0.15	0.33	0.16

安装工程现场经费费率表　　　　　表 2-4

工程类别	取费基础	费率(%)	其中	
			临时设施费(%)	现场管理费(%)
一类		49	9.00	40
二类	人工费	38.8	6.80	32
三类		26	5.00	21

注：临时设施费不包括建设部《建设工程施工现场管理规定》及山西省建委《山西省建筑施工安全文明工地标准》所规定的文明施工增加费。如发生时，以直接费为基础按 0.5% 记取，以人工费为基础按 2.5% 计取，可列入现场经费内并参与计取各项费用。

3.间接费费率

表 2-5 是山西省 2000 年颁发的安装工程间接费费率表。

安装工程间接费费率表　　　　　表 2-5

施工企业取费类别	取费基础	费率（%）	其中		
			企业管理费（%）	劳动保险费（%）	财务费用（%）
甲类		54.00	30		4.00
乙类		49.40	26		3.40
丙上类	人工费	43.80	21	20	2.80
丙类		40.40	18		2.40
丁上类		35.80	14		1.80
丁类		30.20	9		1.20

4.利润表

表 2-6 是山西省 2000 年颁发的安装工程利润表。

安装工程利润率表　　　　　表 2-6

施工企业取费类别	取费基础	费率（%）	施工企业取费类别	取费基础	费率（%）
甲类		85	丙类		51
乙类	人工费	85	丁上类	人工费	38
丙上类		64	丁类		26

5.概预算定额编制费与劳动定额测定费表

表 2-7 是山西省 2000 年颁发的概预算定额编制费与劳动定额测定费的费率表。

概预算定额编制费与劳动定额测定费的费率表　　　　　表 2-7

计费基础	直接工程费 + 间接费 + 利润 + 动态调整
费率	1.14‰

6.税率表

表 2-8 是山西省 2000 年颁发的税率表。

税率表　　　　　表 2-8

纳税人工程所在地	在市区的	在县城、镇的	不在市区、县城镇的
计费基础	直接工程费 + 间接费 + 动态调整 + 定编费		
税率（%）	3.41	3.36	3.22

7. 建筑安装工程类别划分标准

（1）建筑安装工程类别划分的原则。

建筑安装工程类别是根据所依附的建筑工程的类别来划分的。如果建筑工程是一类的工程，则建筑工程的附属设备、照明、采暖、通风、给排水、煤气管道等均为一类工程；同样的原则，附属于二类建筑工程的设备、照明、采暖、给排水、煤气管道安装工程则为二类工程；三类工程也按上述原则划分。值得注意的问题是，安装工程没有四类工程，四类建筑工程的附属安装工程也是三类工程。

由此看来，要确定建筑安装工程的类别，必须确定建筑工程的类别。

（2）建筑工程类别划分的标准。

建筑工程类别划分标准见表 2-9（引自《山西省建筑安装工程费用定额》）。

建筑工程类别划分标准   表 2-9

工程类别		分类指标	单位	类 别			
				一	二	三	四
工业建筑	单层厂房	建筑面积	m²	>5000	>3000	>1500	≤1500
		檐口高度	m	>21	>15	>9	≤9
		跨度	m	>24	>18	>12	≤12
	多层厂房	建筑面积	m²	>6000	>4000	>1500	≤1500
		檐口高度	m	>24	>15	>9	≤9
民用建筑	公共建筑	建筑面积	m²	>7000	>4500	>1500	≤1500
		檐口高度	m	>27	>21	>15	≤15
		跨度	m	>30	>24	>18	≤18
	一般民用建筑	建筑面积	m²	>10000	>6000	>3000	≤3000
		檐口高度	m	>30	>24	>18	≤18
		层数	层	>12	>9	>6	≤6

建筑工程类别划分应注意的一些问题：

1）檐高是指设计室外地坪至檐口的高度。

2）跨度是指桁架，梁，拱等跨越空间的结构相邻两支点（中一中）之间的距离。

3）层数是指建筑物的分层数，层高超过 2.2m 的地下室，也应算作层数。

4）建筑面积系指按"建筑面积计算规则"计算的面积。

5）公共建筑是指为满足人们物质文化生活需要和进行社会活动而设置的非生产性建筑物，如办公楼、教学楼、实验楼、图书馆、医院、商店（商场）、车站、影剧院、礼堂、体育馆、纪念馆、美术馆等，以及与其相似的工程。

6）由不同类型的单位工程组成的建设项目，分别按单位工程对应类别划分确定工程类别；由不同结构或用途组成的同一单位工程，按建筑面积占较大比例的结构或用途确定类别。

7）同一类别中有几个指标时，以符合其中一个指标为准，但一般民用建筑工程须同时符合两个指标，如只符合其中一个的，按低一类标准执行，其他指标如果仍达不到降类后的类别标准的，也不再降低类别。

8）多跨单层工业建筑的车间部分以最高檐口、最大跨度为准。

9）冷库工程如建筑物有声、光、超净、恒温、无菌等特殊要求者，按一类工程取费。

10）三类及其以上工程的室外配套工程均按三类工程取费，单独承担一般井、池、沟、围墙等时，按四类工程乘以系数0.8。

11）单层或多层工业厂房相连的附属生活用房按工业厂房类别执行。

12）地下停车场、单独地下商场按一类工程取费。

13）排框架结构厂房不够三类按三类取费。

14）职工单身宿舍及学生宿舍可按一般民用建筑套用。

15）工业厂房内的独立设备基础，随同主厂房类型取费。

16）单层住宅及传达室等工程按四类工程乘以系数0.8。

17）带两层（或两层以上）地下室的单位工程类别按一类执行。

18）简易维护结构的贸易市场按四类工程乘以系数0.8。

19）特殊建筑工程的类别，由省工程建设标准定额站按有关技术参数确定。

8．施工企业取费类别的审定标准．

安装施工企业取费类别的审定应根据企业资质等级、完成产值、人员素质、预结算工作状况、税费缴纳情况、工程质量、安全施工等综合评定，共分为四类六档：即甲类、乙类、丙上类、丙类、丁上类、丁类。

（1）甲类

1）施工企业具有一级资质证书。

2）企业年完成建筑业总产值10000万元以上。

3）建筑业增加值3000万元以上。

4）企业资本金3000万元以上。

5）概预结算工作主管由造价工程师或一级资格人员担任，造价工程师不少于3人，概预算一、二级资格人员不少于40人，能利用微机编制概预算，有独立健全的概预算机构，概算编审准确、完善。

6）未出现重大质量安全事故，通过年度安全资格认证。

7）能按规定进行取费类别年检，并交纳规定的费用。

（2）乙类

1）施工企业具有二级以上资质证书。

2）企业年完成建筑业总产值4000万元以上。

3）建筑业增加值1000万元以上。

4）企业资本金1500万元以上。

5）概预结算工作主管由造价工程师或一级资格人员担任，造价工程师不少于2人，概预算一、二级资格人员不少于20人，能利用微机编制概预算，有独立健全的概预算机构，概算编审准确、完善。

6）未出现重大质量安全事故，通过年度安全资格认证。

7）能按规定进行取费类别年检，并交纳规定的费用。

（3）丙上类

1）施工企业具有三级以上资质证书。

2）企业年完成建筑业总产值1500万元以上。

3）建筑业增加值500万元以上。

4）企业资本金500万元以上。

5）概预结算工作主管由造价工程师或概预算二级资格及以上人员担任，具有概预算二级资格以上人员不少于10人，概预算机构基本健全，能利用微机编制概预算。

6）未出现重大质量安全事故，通过年度安全资格认证。

7）能按规定进行取费类别年检，并交纳规定的费用。

（4）丙类

1）企业具有暂定三级以上资质证书。

2）企业年完成建筑业总产值800万元以上。

3）建筑业增加值200万元以上。

4）企业资本金300万元以上。

5）概预结算工作主管由造价工程师或概预算二级资格及以上人员担任，具有概预算二级资格以上人员不少于8人，概预算机构基本健全，能利用微机编制概预算。

6）未出现重大质量安全事故，通过年度安全资格认证。

7）能按规定进行取费类别年检，并交纳规定的费用。

（5）丁上类

1）企业具有四级以上资质证书。

2）企业年完成建筑业总产值200万元以上。

3）建筑业增加值50万元以上。

4）企业资本金100万元以上。

5）概预结算工作主管由概预算二级资格及以上人员担任，具有二级资格以上概预算人员不少于5人，概预算机构基本健全。

6）未出现重大质量安全事故，通过年度安全资格认证。

7）能按规定进行取费类别年检，并交纳规定的费用

（6）丁类

1）企业具有暂定四级以上资质证书。

2）企业年完成建筑业总产值100万元以上。

3）建筑业增加值30万元以上。

4）企业资本金50万元以上。

5）概预结算工作主管由概预算二级资格及以上人员担任，概预算一、二级资格人员不少于3人，概预算机构基本健全。

6）未出现重大质量安全事故，通过年度安全资格认证。

7）能按规定进行取费类别年检，并交纳规定的费用。

（三）安装工程费用计算程序

建筑安装工程费用计算程序如表2-10。

序号	费用项目	计算公式	序号	费用项目	计算公式
1	直接费		9	企业管理费	2×定额费率
2	其中人工费		10	劳动保险费	2×定额费率
3	主材费		11	财务费用	2×定额费率
4	其他直接费	2×定额费率	12	间接费小计	9＋10＋11
5	临时设施费	2×定额费率	13	利润	2×定额费率
6	现场管理费	2×定额费率	14	动态调整	发生时按规定计取
7	文明施工增加费	2×定额费率（发生时计取）	15	定编费	（8＋12＋13＋14）×定额费率
8	直接工程费小计	1＋3＋4＋5＋6＋7	16	税金	（8＋12＋13＋14＋15）×税率
			17	工程造价	8＋12＋13＋14＋15＋16

注：动态调整是指当单位工程预算价格中使用的人工费标准、材料预算价格、机械台班单价与市场价格有差异时，按当期的规定进行动态调整。

第五节　施 工 图 预 算

一、施工图预算的概念及作用

（一）施工图预算的概念

施工图预算，是在施工图设计完成后，工程开工之前，根据已批准的施工图纸和已确定的施工组织设计，按国家和地区现行的统一预算定额、费用标准、材料预算价格等有关规定，对各分项工程逐项计算并加以汇总的工程造价的技术经济文件。安装工程施工图预算是用来确定具体建筑设备安装工程预计造价的预算文件。

（二）施工图预算的作用

1. 施工图预算是落实和调整年度基建计划的依据。

2. 施工图预算是建设单位招标、编制标底的依据；是施工企业投标，编制投标文件，确定工程报价的依据；是甲、乙双方签订工程承包合同，确定承包价款的依据。

3. 施工图预算是办理财务拨款、工程贷款、工程结算的依据。

4. 施工图预算是施工企业组织施工、编制各种资源（人工、材料、成品、半成品、机具设备等）供应计划的依据。

5. 施工图预算是施工企业进行经济核算、考核工程成本的依据。

6. 施工图预算是进行两算对比的前提条件。

二、施工图预算的组成

（一）封面

封面应写明建设单位、工程名称、工程造价、施工单位、编制人、审核人、送审单位以及编制的年、月、日。

（二）编制说明

编制说明是编制人向使用单位交代编制情况的文件。编制说明的主要内容有以下几项：

1. 编制依据

（1）采用的图纸的名称及编号。

（2）采用的预算定额。

（3）采用的费用定额。

（4）施工组织设计或施工方案。

2．有关设计变更或图纸会审记录。

3．遗留项目或暂估项目统计数及其原因说明。

4．存在的问题及处理办法。

5．其他事项。

（三）工程量计算表和工程量汇总表

内容包括分项工程名称、规格型号、单位、数量。必要时，写出计算式及所在部位等。工程量计算表和工程量汇总表，一般不进行复制，由编制人自己保存，留作审查核对。

（四）施工图预算表

施工图预算表一般应写明各分部分项工程的名称、套用预算定额的编号、工程量、计量单位、预算单价、合价及其中的人工费、材料费、机械费等。此外，施工图预算表中还应列出在汇总上述各分部分项工程预算价格基础上的直接费。

（五）安装工程预算总值表

按费用定额和有关造价管理文件的要求，计取其他直接费、现场经费、利润、税金等，然后，将以上各项费用汇总或求和，便可求出工程造价的数额，并将他们列入工程预算表中。值得指出的是，由于目前对工程项目的造价实行动态管理，故直接费中的人工费、材料费、机械费应根据各地当时的物价水平、人工工资水平及机械使用水平等价格变化因素作相应调整，所以应随时注意使用调价文件和调价系数等。

三、施工图预算编制的程序

（一）编制前的准备工作

准备工作主要包括两大方面：其一是资料的收集；其二是现场情况的调查。

（1）资料的收集

1）施工图的收集：包括文字说明、设计更改通知书和修改图、设计采用的标准图和通用图。

2）施工组织设计和施工方案：施工组织设计和施工方案是确定工程进度、施工方法、施工机械、技术措施、现场平面布置等内容的文件，直接关系到定额的套用。

3）有关定额和规定：预算定额、间接费定额、其他一些关于计价的规定（材料调整系数等）。

4）有关工具书：如预算手册等。

5）有关合同：收集施工合同等。

（2）施工现场勘察

核实施工现场的水文地质资料、自然地面标高、交通运输道路条件、地理环境、已建建筑等情况。凡属建设单位责任范围的应解决而未解决的问题，应确定责任和期限，若由建设单位委任施工企业完成，则应及时办理签证，并依此收费。

（二）熟悉图纸和预算定额

图纸是编制施工图预算的主要依据之一，必须充分熟悉图纸，才能编制好预算。熟悉图纸，不但要弄清楚图纸的内容，而且要对图纸进行审核；图纸相关尺寸是否有误；设备与材料表上的规格、数量是否与图示相符；详图、说明、尺寸及其他符号是否正确等。若发现错误应及时纠正。

预算定额是编制施工图预算的计价标准，对其适用范围、工程量计算规则及定额系数等都要充分了解，做到心中有数，这样才能使预算编制的准确、迅速。

（三）划分工程项目、计算工程量

1. 划分工程项目

划分工程项目，必须和定额规定的项目一致。这样才能正确地套用定额。不能重复列项计算，也不能漏项少算。例如：给排水工程，管件联结工程量已包括到管道安装工程项目内，就不能在列管道安装项目的同时，再列管件联结项目套工艺管道管件联结定额；再如，木制配电箱的制作，定额规定不包括箱内配电板的制作，而配电板的制作，也不包括配电板上电气元件的安装，因此在划分工程项目的同时，不但要列出配电箱的制作项目，而且还要列出配电板和电气元件安装等项目，分别套相应的定额。

2. 计算工程量

计算工程量时，必须按照定额规定的工程量计算规则进行计算，该扣除的部分要扣除，不应扣除的部分不能扣除。例如，给排水管道，均以施工图所示中心长度，以"m"为计量单位，不扣除阀门、管件所占的长度；电气配管的工程量，定额规定不扣除管路中间的接线箱（盒）、灯头盒、开关盒所占的长度等等。

计算工程量时，工程量的单位要与定额一致。例如，给水管道安装工程量定额计量单位是10m，电线穿管工程量定额计量单位是100m。在计算工程量时，必须和定额计量单位化为一致的单位。例如，100m 给水管道安装工程量应是 10（10m），100m 电线穿管工程量应是 1（100m）。

计算工程量时，必须准确无误。例如在电气照明工程中，计算某一灯具的工程量，可以先从平面图上查清数量，再以设备材料表校对，以确保其工程量的准确无误。

（四）整理工程项目和工程量

当按照工程项目将工程量全部计算完以后，要对工程项目和工程量进行整理，即合并同类项和按序排列，给套定额、计算直接费打下基础。

1. 合并同类项

合并同类项即将套用相同定额子目的工程量合并在一起，变为一个项目。例如，室内给排水管道安装，凡是材质、规格连接方式相同的，均将其工程量汇总在一起。成套配电箱的安装，凡是在一个步距，套用同一个定额子目，不管规格是否相同都应汇总在一起。如某工程半周长为 600mm 和 960mm 两台成套配电箱安装项目，同在一个步距内，都应套用 2-264 定额子目（半周长在 1.0m 以内子目），所以应将二者工程量相加，合并为一个项目。

2. 按序排列

按序排列即按定额编排顺序排列工程项目。首先按定额分部工程进行归类，然后再按定额编号的顺序（可从小到大，也可从大到小进行排列）。并将整理的结果填入工程预算表中。表 2-11 是工程预算表。

项目名称：_____　　　　　　　　　　　　第___页　共___页

序号	定额编号	项目名称	工程量		价值（元）		其　中（元）					
			单位	数量	单价	合价	人工费	人工费合计	材料费	材料费合计	机械费	机械费合计

（五）执行定额套用单位估价表

在工程量审查无误的基础上，执行预算定额套用单位估价表。对于"量价合一"的定额，如 2000 年《全国统一安装工程预算定额山西省价目表》可直接套用定额中的相应子目和有关规定；对于"量价分离"既无价定额，可配合地区人工、材料和机械的预算价格进行编制。

（六）计算定额工、料、机及定额直接费

汇总各分项工程的合价金额，即为定额直接费。

（七）计算主材费（未计价材料费）

因为许多定额项目基价为不完全价格，即未包括主材费在内。所以计算定额基价费（基价合计）之后，还应计算出主材费，以便计算工程造价。

（八）按费用定额取费

即按当地费用定额的取费规定，计取其他直接费、现场经费、间接费、利润、税金及其他费用。

（九）进行动态调整

当单位工程预算价格中使用的人工费标准、材料预算价格、机械台班与市场价格有差异时，按当期的规定进行动态调整。

（十）计算工程造价

将直接工程费、间接费、利润、定编费、税金等进行汇总，即为工程预算造价。

（十一）编写施工图预算的编制说明

具体编制说明详见第三章。

本 章 小 结

1．本章学习安装工程定额的概念、作用、性质，定额的分类及预算定额的组成和作用，要求对现行的《全国统一安装工程预算定额》有基本的了解。

2．熟悉《全国统一安装工程预算定额》的种类和适用范围，了解各册定额之间的关系。熟练掌握安装工程预算定额的使用方法。

3．正确理解安装工程中材料与设备的划分原则，了解材料预算价格的组成，掌握材料差价调整的三种方法。

4．正确理解和掌握安装工程费用的组成及工程造价的计算，按工程类别、施工企业取费类别、承包方式正确地选取费用定额，计算各类费用，汇总工程造价。

5．了解施工图预算的作用及组成，掌握施工图预算编制的依据和程序。

复 习 思 考 题

1．什么是定额？它有什么作用？什么是劳动定额、材料消耗定额、机械台班使用定额？

2．定额是如何分类的？

3．什么是预算定额？预算定额有什么作用？

4．《全国统一安装工程预算定额》是由哪几册组成的？了解每册的适用范围。

5．如何正确使用安装工程预算定额？

6．材料的预算价格是由哪些费用构成？其计算方法如何？

7．常用的材料差价调整的方法有哪几种，各自适用的范围是什么？

8．安装工程费用的组成有哪几部分？

9．现场经费是指哪些费用？

10．间接费包括哪些费用？

11．什么是临时设施费？它包括哪些内容？

12．什么是企业管理费？它包括哪些内容？

13．某办公楼建筑面积为 $6000m^2$，跨度为 25m，应属于哪类工程？

14．简述施工图预算的编制程序。

第三章　安装工程施工图预算的编制

第一节　室内电气安装工程预算的编制

一、概述

(一) 电气设备工程的组成

电气设备工程是指施工企业依照施工图设计的内容，将规定的线路材料、电气设备及装置性材料等，按照规程规范的要求安装到各用电点，并经调试验收的全部工作。它包括：内线工程、外线工程、变配电工程、动力及照明工程、防雷接地工程等。

1. 内线工程：室内动力、照明线路及其他电气线路。

2. 外线工程：室外电源供电线路，包括架空电力线路和电力电缆线路。

内线和外线工程中的主要施工内容叫做敷设。敷设指电线电缆的展放、连接与固定。其施工方法有许多是相同的，只是线路的位置不同，一个在室内，另一个在室外。

3. 动力及照明工程：动力工程包括各种动力设备的安装。照明工程包括照明灯具、电扇、空调器、电热设备、插座、配电箱及其他电气设备的安装。动力工程的主要施工内容是设备安装，对电气设备进行就位、调平、找正、固定与接线、接地等。

4. 变配电工程：由变压器、高低压配电装置、继电保护与电气计算等二次设备和二次接线构成的室内室外变电所（站、室）。

5. 防雷工程：建筑物和电气装置的防雷设施。

6. 电气接地工程：各种电气装置的保护接地、工作接地、防静电接地装置等。

(二) 电气设备安装工程简介

1. 变配电工程

变配电工程是对变、配电系统中的变配电设备进行检查、安装的施工过程。

变配电设备是变电设备和配电设备的总称。主要作用是变换电压和分配电能，由变压器、断路器、开关、互感器、电抗器、电容器、高、低压配电柜等组成。变配电设备安装分室内、室外和杆上三种，一般均安装在室内（变电所或变电站）。

(1) 变压器安装

1) 变压器搬运方式：单件重量在 10t 以内的变压器一般采用汽车和吊车进行搬运。

2) 变压器检查：一般采用汽车吊或链式起重机做吊芯、吊罩检查。

3) 变压器干燥：变压器干燥时间的长短，取决于变压器受潮程度以及选择的干燥工艺。变压器的干燥方法有短路干燥和涡流干燥等。

(2) 断路器、隔离开关、负荷开关、电抗器、电容器、高压配电柜等的搬运、安装，一般采用机械施工。

2. 母线、绝缘子

(1) 母线：在电流较大的场所采用，分为硬母线和软母线两种。硬母线又称为汇流排，软母线又包括组合母线。

母线按照材质可分为铜母线、铝母线、钢母线三种。

母线按形状分可分为带形、槽形、封闭插接及重型几种。

安装方式有一片、二片、三片和四片，组合软母线分为 2～26 根不等。

（2）绝缘子：主要作用是绝缘和固定母线和导线。可以分为户内和户外两种，以及悬串式绝缘子。户内绝缘子有 1～4 孔，户外绝缘子为 1 孔、2 孔和 4 孔。

绝缘子一般安装在高、低压开关柜上、母线桥上、墙或支架上。

3．控制设备与低压电器

电气控制设备主要是低压盘（屏）、柜、箱的安装，以及各式开关、低压电气器具、盘柜配线、接线端子等动力和照明工程常用的控制设备与低压电器的安装。

4．电机

电机是发电机和电动机的统称，建设工程中所称的电机是指电动机。电机种类较多，按照所供电源不同可分为直流电机和交流电机两类。

直流电机主要用于调速要求较高或需要较大启动转矩的生产机械上。

交流电机用途广泛，按照所供电源不同分为单相电机和三相电机。

同步电机主要用于拖动功率较大或转速恒定的机械上。异步电机按其构造又分为鼠笼型和绕线型两种。

按照规范的要求，电机安装后必须进行检查，测试绝缘，如绝缘较低或不合格的电机，必须进行干燥。

5．电缆敷设

按照功能和用途，电缆可分为电力电缆、控制电缆、通讯电缆等，电缆分类见表3-1。按电压可分为 500V、1000V、6000V、10000V 以及更高电压的电力电缆。

电 缆 分 类 表 3-1

分 类 方 法	类 别	分 类 方 法	类 别
按用途分类	电力电缆、控制电缆、通讯电缆	按导线材质分类	铜芯、铝芯
按绝缘分类	油浸纸绝缘、橡皮绝缘、塑料绝缘	按敷设方式分类	直埋敷设、非直埋敷设
按芯数分类	单芯、三芯、五芯等		

电力电缆是用来输送和分配大功率电能的。控制电缆是在配电装置中传递操作电流、连接电气仪表、继电保护和控制自动回路用的。

电缆敷设方法有以下几种：

（1）埋地敷设

将电缆直接埋设在地下的敷设方法称为埋地敷设。埋地敷设的电缆必须使用铠装及防腐层保护的电缆，裸钢带铠装电缆不允许埋地敷设。一般电缆沟深度不超过 900mm，埋地敷设还需要铺砂及在电缆上面盖砖或保护板。

埋地敷设电缆的程序如下：

测量划线──→开挖电缆沟──→铺砂──→敷设电缆──→盖砂──→盖砖或保护板──→

回填土──→设置标桩

（2）电缆沿支架敷设

电缆沿支架敷设一般在车间、厂房和电缆沟内，在安装的支架上用卡子将电缆固定。电力电缆支架之间的水平距离为 1m，控制电缆为 0.8m；电力电缆和控制电缆一般可以同沟敷设，电缆垂直敷设一般为卡设，电力电缆的卡距为 1.5m，控制电缆的卡距为 1m。

（3）电缆穿保护管敷设

将保护管预先敷设好，再将电缆穿入管内，管道内径不应小于电缆外径的 1.5 倍。一般用钢管作为保护管，单芯电缆不允许穿钢管敷设。

（4）电缆桥架上敷设

电缆桥架是架设电缆的一种构架，通过电缆桥架把电缆从配电室或控制室送到用电设备。

桥架敷设电缆，已被广泛应用。电缆桥架布线敷设适用于电缆数量较多或较集中的室内及电气竖井内等场所架空敷设电力电缆、照明电缆，还可以用于敷设自动控制系统的控制电缆。

电缆桥架的优点是制作工厂化、系列化，质量容易控制，安装方便，安装后的电缆桥架整齐美观。

电缆桥架的形式是多种多样的。电缆桥架是由托盘、梯架的直线段、弯通、附件以及支吊架等构成，用以支承电缆的连续性的刚性结构系统的总称。

6. 防雷及接地装置

雷电容易损坏建筑物和击穿电气设备的绝缘，造成对人体的伤害。为预防雷电的破坏和伤害，在建筑物或构筑物上须安装防雷设施。

防雷接地装置由接地极、接地母线、接地跨接线、避雷针、避雷引下线、避雷网组成。

（1）接地极

接地极是由钢管、角钢、圆钢、铜板或钢板制作而成。一般长度为 2.5m，每组 3～6 根不等，直接打入地下与室外接地母线连接。

（2）接地母线

接地母线敷设分为户内和户外，户内接地母线一般沿墙用卡子固定敷设。户外接地母线一般埋设在地下，沟的挖填土方按上口宽 0.5m，下底宽 0.4m，深 0.75m，每米沟长 0.34m³ 计算土方量。

接地母线多采用扁钢或圆钢作为接地材料。

（3）接地跨接线

接地跨接线是指接地母线遇有障碍物（如建筑物伸缩缝、沉降缝）需跨越时的连接线，或是利用金属构件做接地线时需要焊接的连接线。

高层建筑多采用铝合金窗，为防止侧面雷击，损坏建筑物或伤人，按照规范要求，需要安装接地线，与墙或柱主筋连接。

（4）避雷针

避雷针是接收雷电的装置，安装在建筑物和构筑物的最高点，一些重要场所如变电站等则安装独立避雷针。避雷针由钢管或圆钢制成。

（5）避雷引下线

避雷引下线是从避雷针或屋顶避雷网向下沿建筑物、构筑物和金属构件引下的导线。

一般采用扁钢或圆钢作为引下线。

目前大多数建筑物引下线是利用构造柱内两根主筋作为引下线，与基础钢筋网焊接形成一个大的接地网。

（6）避雷网

避雷网设置于建筑物顶部，一般采用圆钢做避雷网。也有一些建筑采用不锈钢做避雷网，但造价较高。根据规范要求，高层建筑物中每隔3层需设置均压环，均压环可利用圈梁钢筋或另设一根扁钢或圆钢于圈梁内做均压环，主要防止侧击雷电对建筑造成破坏。

7．配管配线

配管配线是指由配电屏（箱）接到各用电器具的供电和控制线路的安装，一般有明配管和暗配管两种方式。

明配管用固定卡子将管子固定在墙、柱、梁、顶板和钢结构上。

暗配管需要配合土建施工，将管子预敷设在墙、顶板、梁、柱内。暗配管有不影响外表美观、使用寿命长等优点。目前常用的电气配管的管材有焊接钢管、电线管和PVC塑料管三种。

电气暗配管宜沿最近线路敷设，并应减少弯曲，埋于地下的管道不能对接焊接，宜穿套管焊接。明配管不允许焊接，只能采用丝接。

塑料电线管必须是阻燃管，不能敷设在高温易受机械损伤的场所。易受损伤的部位，应采取保护措施，在砌体上开槽暗敷设时，砂浆抹面保护层厚度不应小于15mm。塑料管一般采用插入连接法连接，管与管、管与箱（盒）处的结合面应涂胶合剂。管与管之间采用套管连接，套管长度为管径的1.5～3倍，管与管的对口处应位于套管中心。

为了便于穿线，配管前应选择线管规格。多根导线穿管时，导线截面积（包括绝缘层）的总和应不超过管内面积的40％。管子内径不小于导线束直径的1.4～1.5倍。

8．照明器具

照明器具按照用途可分为一般照明，如住宅楼户内照明；装饰照明，如酒店、宾馆大厅照明；局部照明，如卫生间镜前灯照明和楼梯间照明以及事故照明。

照明采用的电源电压为220V，事故照明一般采用的电压为36V。

照明按电光源可分为两种类型，一种是热辐射光源，包括白炽灯、碘钨灯等；另一种是气体光源，包括日光灯、钠灯、氙气灯等。

按照灯具的结构形式分为封闭式灯具、敞开式灯具、艺术灯具。

灯具按照安装方式可分为吸顶式、吊灯（吊链式和吊管式）、壁灯、弯脖灯、水下灯、路灯、高空标志灯等。

二、工程量计算规则

（一）变配电设备

1．干式变压器如果有保护罩时，其定额人工和机械乘以系数2.0。

2．变压器通过试验，判定绝缘受潮时才需要进行干燥，所以只有需要干燥的变压器才能计算干燥费用（编制施工图预算时可列此项，工程结算时根据实际情况再作处理）。

3．消弧线圈的干燥按同容量电力变压器干燥定额执行，以"台"为计量单位。

4．变压器过滤不论过滤多少次，直到过滤合格为止，以"t"为计量单位，其具体计算方法如下：

（1）变压器安装定额未包括绝缘油的过滤，需要过滤时，可按制造厂提供的油量计算。

（2）油断路器及其他充油设备的绝缘油过滤，可按制造厂规定的充油量计算。

计算公式：

$$油过滤数量（t）=设备油重×（1+损耗率）$$

5．断路器、电流互感器、电压互感器、电抗器、电容器及电容器柜的安装以台（个）为计量单位。

6．隔离开关、负荷开关、熔断器、避雷器、干式电抗器的安装以组为计量单位，每组按三相计算。

7．交流滤波器装置的安装以"台"为计量单位，每套滤波装置包括三台组架安装，不包括设备本身及铜母线的安装，其工程量应按相应定额另行计算。

8．高压设备安装定额内均不包括绝缘台的安装，其工程量应按施工图设计执行相应子目。

9．高压成套配电柜和箱式变电站的安装系综合考虑的，不分容量大小以"台"为计量单位，均未包括基础槽钢、母线及引下线的配置安装。

10．配电设备安装的支架、抱箍及延长轴、轴套、间隔板等，按施工图设计的需要计算，执行第四章的构件制作、安装子目（或按成品价）。

11．六氟化硫气体、液压油等均按设备带有考虑；电气设备以外的加压设备和附属管道的安装应另行计算。

12．配电设备的端子板的外部接线，应执行第四章端子板外部接线有关子目。

13．设备安装所需要的地脚螺栓，是按土建预埋考虑的，设备基础二次灌浆套用第一册（机械设备安装工程）相应子目。

14．互感器安装是按单相考虑的，不包括抽芯及绝缘油的过滤。

（二）母线、绝缘子

母线分软母线和硬母线敷设。

绝缘子分悬垂绝缘子串和支持绝缘子安装两类。

1．软母线引下线，指由 T 形线夹或并沟线夹从软母线引向设备的连接线，以组为计量单位，每三相为一组；软母线以终端耐张线夹引下（不经 T 形线夹至并沟线夹引下）与设备连接的部分均执行引下线定额，不得换算。

2．两跨软母线间的跳线安装，每三相为一组。不论两端的耐张线夹是螺栓式或压接式，均执行软母线跳线子目，不得换算。

3．设备连接线安装，指两设备间的连接部分。不论引下线、跳线、设备连接线，均应分别按导线截面、三相为一组计算工程量。

4．组合软母线安装，按三相为一组计算。跨距（包括水平悬挂部分和两端引下部分之和）系以 45m 以内考虑，跨度的长与短不得调整。导线、绝缘子、线夹金具按施工图设计用量加定额规定的损耗率计算。软母线安装预留长度见表 3-2。

软母线安装预留长度（m/根）   表 3-2

项　目	耐　张	跳　线	引下线、设备连接线
预留长度	2.5	0.8	0.6*

5．带形母线安装及带形母线引下线安装包括铜排、铝排，分别以不同截面和片数以米/单相为计量单位。母线和固定母线的金具均按设计量加损耗量计算。

6．钢带形母线安装，按同规格的铜母线定额执行，不得换算。

7．槽形母线安装以米/单相为计量单位。槽形母线与设备连接分别以连接不同的设备以"台"为计量单位。槽形母线及固定槽形母线的金具按设计用量加损耗量计算。壳的大小尺寸以"m"为计量单位，长度按设计共箱母线的轴线长度计算。

8．低压封闭插接母线槽（指380V以下）安装，不分铜导体或铝导体，一律按母线每相电流A划分项目，以"m"为计量单位。插接式母线槽属于未计价材料，需另行计算。封闭插接母线槽进出线箱按分线箱电流A以下划分子目，以"台"为计量单位。母线槽现场搬运是按人工、卷扬机和手动葫芦配合吊装，实际施工与此不同时，也不能调整。每段母线槽之间的接地跨接线已包括在定额中，不应再计算。

9．重型母线安装包括铜母线、铝母线，分别按截面大小以母线的成品重量计算工程量。

10．重型铝母线接触面加工，指铸造件需加工接触面时，可以按其接触面大小，分别以片/单相为计量单位。硬母线配置安装预留长度见表3-3。

硬母线配置安装预留长度（单位：m/根）　　　　　　　表 3-3

序　　号	项　　目	预留长度	说　　明
1	带形、槽形母线终端	0.3	从最后一个支持点算起
2	带形、槽形母线与分支线连接	0.5	分支线预留
3	带形母线与设备连接	0.5	从设备端子接口算起
4	多片重型母线与设备连接	1.0	从设备端子接口算起
5	槽形母线与设备连接	0.5	从设备端子接口算起

11．带形母线、槽形母线安装均不包括支持瓷瓶安装和钢构件配置安装，其工程量应分别按设计成品数量另行计算。

（三）控制设备及低压电器

控制设备及低压电器包括各种柜、屏（盘）、自动开关，端子板外部接线、盘柜配线、接线端子、一般铁构件制作和安装。

控制设备及低压电器安装除限位开关和水位电气信号装置外，其他项目均未包括支架或基础槽钢、角钢的制作、安装。

控制设备安装定额未包括：一是二次喷漆；二是电器及设备干燥；三是焊、压接线端子；四是端子板外部接线等，实际发生时需另行计算。

1．各种柜、屏（盘），按照功能、容量划分项目。

2．各种动力、照明成套配电箱均以箱体半周长划分项目。

3．盘、箱、柜外部进出线预留长度，按表3-4计算。

盘、箱、柜外部进出线预留长度（单位：m/根）　　　　　　　表 3-4

序　号	项　　目	预留长度	说　　明
1	各种箱、柜、盘、板、盒	高+宽	盘面尺寸
2	单独安装的铁壳开关、自动开关、刀开关、启动器、箱式电阻器、变阻器	0.5	从安装对象中心算起

序　号	项　　　目	预留长度	说　　　明
3	继电器、控制开关、信号灯、按钮、熔断器等小电器	0.3	从安装对象中心算起
4	分支接头	0.2	分支线预留

4．焊（压）接线端子定额只适用于导线，电缆终端头制作安装定额中已包括压接线端子，不得重复计算。

5．端子板外部接线按设备盘、箱、柜、台的外部接线图计算。计算工程量时，按实际施工有无端子划分项目。

6．盘、柜配线仅适用于盘上小设备元件的少量现场配线，不适用于工厂的设备修、配、改工程。按导线截面不同分别计算工程量，导线和接线端子价格另计。

7．电气照明工程所需的各种支架或构架，应执行"一般铁构件制作安装"项目，主材价格按照规定的数量品种另行计算。

8．配电板制作、安装及包铁皮，按配电板图示外形尺寸计算，以"m²"为计量单位。

（四）蓄电池

1．铅酸蓄电池和碱性蓄电池安装定额内已包括了电解液的材料消耗，执行时不得调整。

2．免维护蓄电池安装以组件为计量单位，其具体计算如下：

某项工程设计一组蓄电池为200V/500A·h，由12V的组件18个组成，那么，就应该套用12V/500A·h的定额18组件。

（五）电机及滑触线安装

1．在特别潮湿的地方，电机需要进行多次干燥，应按实际干燥次数计算。在气候干燥、电机绝缘性能良好、符合技术标准而不需要干燥时，则不计算干燥费用。实行包干的工程，可参照以下比例，由有关各方协商而定。

（1）低压小型电机3kW以下按25％的比例考虑干燥。

（2）低压小型电机3kW以上至220kW按30％～50％考虑干燥。

（3）大中型电机按100％考虑一次干燥。

2．电机解体检查项目，应根据需要选用。如不需要解体时，可只执行电机检查接线项目。

3．小型电机按电机类别和功率大小执行相应定额，大、中型电机不分类别一律按电机重量执行相应项目。

4．与机械同底座的电机和装在机械设备上的电机安装执行第一册《机械设备安装工程》的电机安装项目；独立安装的电机执行本册的电机安装定额。

5．小型电机检查接线定额，适用于同功率的小型发电机和小型电动机的检查接线，电机功率系指电机的额定功率。

6．电机的重量和容量换算（综合平均）见表3-5。

7．电机的干燥根据施工验收规范要求进行，可采用短路干燥或烘房和红外线灯泡烘烤等多种方法，定额系综合考虑的。

8. 滑触线安装附加预留长度见表3-6。

电机重量与电机容量换算   表3-5

定额分类		小 型 电 机						中 型 电 机			
电机重量（t/台以下）		0.1	0.2	0.5	0.8	1.2	2	3	5	10	20	30
功率 （kW以下）	直流电机	2.2	11	22	55	75	100	200	300	500	700	1200
	交流电机	3.0	13	30	75	100	160	220	500	800	1000	2500

滑触线安装附加预留长度（单位：m/根）   表3-6

序 号	项　　目	预留长度	说　　明
1	圆钢、铜母线与设备连接	0.2	从设备接线端子接口算起
2	圆钢、铜滑触线终端	0.5	从最后一个固定点算起
3	角钢滑触线终端	1.0	从最后一个支持点算起
4	扁钢滑触线终端	1.3	从最后一个固定点算起
5	扁钢母线分支	0.5	分支线预留
6	扁钢母线与设备连接	0.5	从设备接线端子接口算起
7	轻轨滑触线终端	0.8	从最后一个支持点算起
8	安全节能及其他滑触线终端	0.5	从最后一个固定点算起

（六）电缆

1. 直埋电缆挖、填土（石）方量，见表3-7，是按 1～2 根电缆考虑的，每增加一根电缆，土石方量也随着增加。

直埋电缆挖、填土（石）方量   表3-7

项　　目	电 缆 根 数	
	1～2	每增一根
每米沟挖方量（m³/m）	0.45	0.153

注：1. 两根以内的电缆沟，上口宽度按 600mm，下口宽度按 400mm，深度按 900mm 计算；

    2. 每增加一根电缆，其宽度增加 170mm；

    3. 以上土方量系按埋深从自然地坪起算，如设计埋深超过 900mm 时，多挖的土方量另行计算。

电缆沟挖填土方是按"一般土沟、含建筑垃圾土、泥水土冻土、石方"列子目。"含建筑垃圾土"是指建筑物及施工道路区的土质中含有建筑碎块或含有建筑留下的砂浆等。

2. 人工开挖路面按混凝土路面、沥青面、砂石路面三种，以路面面积"m²"为计量单位。

3. 电缆沟盖板揭、盖定额，按每揭或每盖一次以延长米计算，如又揭又盖，则按两次计算。

4. 电缆保护管长度，除按设计规定长度计算外，遇有下列情况，应按以下规定增加保护管长度：

1）横穿道路，按路基宽度两端各增加 2m；

2）垂直敷设时，管口距地面增加 2m；

3）穿过建筑物外墙时，按基础外缘以外增加 1m；

4）穿过排水沟时，按沟壁外缘以外增加 1m。

电缆保护管埋地敷设，其土方量凡有施工图注明的，按施工图计算；无施工图的，一般按沟深 0.9m、沟宽按最外边的保护管两侧边缘外各增加 0.3m 工作面计算。

直径 DN100 以下的电缆保护管敷设执行配管配线章相应项目。主材电缆保护管价格另计。

5．电缆敷设按单根以延长米计算。一个沟内（或架上），敷设三根各长 100m 的电缆，应按 300m 计算，以此类推。

电缆敷设长度应根据敷设路径的水平和垂直敷设长度，电缆敷设附加长度按表 3-8 执行。

6．电缆敷设长度的计算

每条电缆由始端到终端视为一根电缆，将每根电缆的水平长度和垂直长度，再加上预留长度即为该电缆的全长。若为室外直埋电缆，其长度还应乘以 2.5% 曲折弯余量。同时，还要计算出入建筑物或电杆引上及引下的备用长度。其计算方法可用公式表示为：

$$L = (L_1 + L_2 + L_3) \times (1 + 2.5\%)$$

式中　　　L——电缆总长，m 或 km；

　　　　　L_1——电缆水平长度，m；

　　　　　L_2——电缆垂直长度，m；

　　　　　L_3——电缆余留长度，m；

（1＋2.5%）——曲折弯余系数。

电缆敷设的附加长度　　　　　　　　　　　　　　　　　　表 3-8

序号	项　目	预留长度（附加）	说　明
1	电缆敷设弛度、波形弯度、交叉	2.5%	按电缆全长计算
2	电缆进入建筑物	2.0m	规范规定最小值
3	电缆进入沟内或吊架时引上（下）预留	1.5m	规范规定最小值
4	变电所进线、出线	1.5m	规范规定最小值
5	电力电缆终端头	1.5m	检修余量最小值
6	电缆中间接头盒	两端各留 2.0m	检修余量最小值
7	电缆进控制、保护屏及模拟盘等	高＋宽	按盘面尺寸
8	高压开关柜及低压配电盘、箱	2.0m	盘下进出线
9	电缆至电动机	0.5m	从电机接线盒起算
10	厂用变压器	3.0m	从地坪起算
11	电缆绕过梁柱等增加长度	按实计算	按被绕物的断面情况计算增加长度
12	电梯电缆与电缆架固定点	0.5m	规范最小值

7．电力电缆和控制电缆均按一根电缆有两个终端头考虑。中间电缆头设计有图示的，按设计确定；设计有规定的，按实际情况计算（或按平均 250m 一个中间头考虑）。

8．控制电缆敷设，按芯数以"米"为计量单位。控制电缆在厂外敷设（包括进厂部分），需另行计算工地运输。

9．电缆桥架安装分为钢制、玻璃钢制、铝合金制桥架和组合桥架，按桥架宽＋高之和列项，以 10m 为计量单位；组合桥架按 100 片为计量单位；桥架支撑按 100kg 为计量单位。

利用型钢做支撑架，而不用托臂的电缆桥架、支撑架的重量按设计计算，但整套桥架仍按总重量执行电缆桥架安装项目。定额中已综合了各种连接方式，与实际不同也不允许调整换算。

几组电缆桥架在同一高度平行敷设时，各相邻电缆桥架间为了便于管理维护，应事先考虑好维护、检修距离，一般不宜小于0.6mm。

电缆桥架与各种管道平行或交叉敷设时，为了避免其他管道对电缆线路的影响，电缆桥架与各种管道的最小净距应符合表3-9的规定。

电缆桥架与各种管道的最小净距　　　　　　　　　　　　表3-9

管道类别		平行净距（m）	交叉净距（m）
一般工艺管道		0.4	0.3
具有腐蚀性液体（或气体）管道		0.5	0.5
热力管道	有保温层	0.5	0.5
	无保温层	1.0	1.0

电缆桥架不宜敷设在腐蚀性气体管道和热力管道的上方及腐蚀性液体管道的下方，否则应采取防腐、隔热措施。

（七）防雷及接地装置

1. 接地极制作安装，按材质和品种分钢管、角钢、圆钢、铜板；按土质分普通土和坚土。每根接地极长度按2.5m计算，若设计有管帽时，管帽按加工件计算。

2. 避雷针制作、安装分钢管和圆钢，按针长以"根"为单位来计算工程量。独立避雷针安装以基为计量单位，长度、高度、数量均按设计规定。其制作应执行"一般铁构件"制作项目或按成品件计算。半导体少长针消雷装置按安装高度，以套为计算单位，未包括引下线，需另行计算。

3. 接地母线、避雷线敷设，其长度按施工图设计水平和垂直规定长度另加3.9%的附加长度（包括转弯、上下波动、避绕障碍物、搭接头所占长度）计算。计算主材费时应另增加规定的损耗率。

4. 接地跨接线以处为计量单位，按规程规定凡需做接地跨接线的工程内容，每跨接一次按一处计算。户外配电装置构架均需接地，每副构架按一处计算。

5. 利用建筑物内主筋做引下线时，主筋数超过两根时，可按比例调整。

6. 断接卡子制作、安装按设计规定装设数量计算，接地检查井内的断接卡子安装按每井一套计算。

7. 高层建筑物屋顶的防雷接地装置应执行"避雷网安装"项目。电缆支架的接地线安装应执行"户内接地母线敷设"项目。

8. 均压环敷设以"m"为单位计算，主要考虑利用圈梁内主筋做均压环接地连线，焊接按两根主筋考虑，超过两根时，可按比例调整。长度按设计需要做均压接地的圈梁中心线长度计算。如果采用明敷设圆钢或扁钢作建筑物均压环时，应执行"户内接地母线敷设"项目。

9. 钢、铝窗接地线按设计规定接地的金属窗数进行计算。

10. 柱子主筋与圈梁连接以处为计算单位，每处按两根主筋与两根圈梁钢筋分别焊接连接考虑。如果焊接主筋和圈梁钢筋超过两根时，可按比例调整，需要连接的柱子主筋和圈梁钢筋处数按设计规定计算。

11. 电气设备的接地线已包括在设备安装项目中，不应重复计算。

(八) 配管配线

配管配线工程量计算，除按工程量计算规定计算外，还需要熟悉电气施工图管路和线路走向布置；同时要了解土建施工图立面和剖面图，按图纸标高关系推算垂直敷设长度。

1. 各种配管应区别不同敷设方式、敷设位置、管材材质、规格，以延长米计算工程量，不扣除管路中间的接线箱、灯头盒、开关盒所占长度，但应扣除柜箱、板所占长度。

配管工程量计算时，应熟悉各层之间的供电关系，注意引上和引下管；可以按照回路编号依次计算，也可以按管径大小排列顺序计算。

2. 管内穿线的工程量，应区别线路性质，导线材质、导线截面，以单线延长米为计量单位计算。线路分支接头线的长度已综合考虑在定额中，不得另行计算。

照明线路中的导线截面大于或等于 $6mm^2$ 以上时，应执行动力线路穿线相应项目。

计算管内穿线工程量，可以按配管的长度乘以穿线根数，再将配线进入开关箱、柜、屏等的预留线长度一并相加计算。

3. 线夹配线工程量，应区别线夹材质 (塑料、瓷质)、线式 (两线、三线)、敷设位置 (在木、砖、墙、混凝土) 以及导线规格，以线路延长米来计算工程量。

4. 绝缘子配线工程量，应区别绝缘子形式 (针式、鼓式、碟式)、绝缘子配线位置 (沿屋架、梁、柱、墙、跨屋架、梁柱木结构，顶棚内、砖、混凝土结构，沿钢支架及钢索)、导线截面积，以延长米为计量单位计算。

绝缘子暗配，引下线按线路支持点至顶棚下缘距离的长度计算。

5. 槽板配线工程量，应区别槽板材质 (木质、塑质)、配线位置 (木结构、砖、混凝土)、导线截面、线式 (两线、三线)，以线路延长米为计量单位计算。

6. 塑料护套线明敷设工程量，应区别导线截面、导线芯数 (两芯、三芯)、敷设位置 (木结构、砖混凝土结构、沿钢索) 以单根线路延长米为计量单位计算。

7. 线槽配线工程量，应区别导线截面，以单根线路按延长米计算工程量。

8. 钢索架设工程量，应区别圆钢、钢索直径 ($\phi6$、$\phi9$)，按图示墙 (柱) 内缘距离计算工程量，不扣除拉紧装置所占长度。

9. 母线拉紧装置及钢索拉紧装置安装工程量，应区别母线截面、花篮螺栓直径 (12、16、18)、以套为计量单位计算。

10. 车间带形母线安装工程量，应区别母线材质 (铝、钢)、母线截面、安装位置 (沿屋架、梁、柱、墙、跨屋架、梁、柱)，以延长米为计量单位计算。

11. 动力配管混凝土地面刨沟工程量，应区别管子直径，以延长米为计量单位计算。

12. 接线箱安装工程量，应区别安装形式 (明装、暗装)、接线箱半周长，以"个"为计量单位计算。

13. 接线盒安装工程量，应区别安装形式 (明装、暗装、钢索上) 以及接线盒类型，以"个"为计量单位计算工程量。

接线盒安装工程量计算时，当管长超过 30m 无弯；20m 有一个弯；12m 有两个弯；8m 有三个弯。其管子中间必须增设接线盒，以利穿线。

14. 灯具，明、暗开关，插座，按钮等的预留线，已分别综合在相应定额内，不得另行计算。

15. 配线进入开关箱、柜、板的预留线，按表 3-10 规定的长度，分别计入相应的工程量。

配线进入开关箱、柜、板的预留线（每一根线）　　　　　表 3-10

序号	项　　　目	预留长度	说　　　明
1	各种开关、柜、板	高 + 宽	盘面尺寸
2	单独安装（无箱、盘）的铁壳开关、闸刀开关、启动器、线槽进出线盒	0.3m	从安装对象中心算起
3	由地面管子出口引至动力接线箱	1.0m	从管口算起
4	电源与管的导线连接（管内穿线与软、硬母线接点）	1.5m	从管口算起
5	出户线	1.5m	从管口算起

（九）照明器具

1. 普通灯具安装工程量，应区别灯具的种类、型号、规格，以"套"为单位计算工程量。

2. 吊式艺术装饰灯具的工程量，应根据装饰灯具示意图集所示，区别不同装饰物以及灯体直径和灯体垂吊长度，以套为单位计算。灯体直径为装饰物的最大外缘直径，灯体垂吊长度为灯座底部到灯梢之间的总长度。

3. 吸顶式艺术装饰灯具安装的工程量，应根据装饰灯具示意图集所示，区别不同装饰物、吸盘的几何形状、灯体直径、灯体周长和灯体垂吊长度，分别计算工程量。灯体直径为吸盘最大外缘直径；灯体半周长为矩形吸盘的半周长；吸顶式艺术装饰灯具的灯体垂吊长度为吸盘到灯梢之间的总长度。

4. 荧光艺术装饰灯具安装的工程量，应根据装饰灯具示意图集所示，区别不同安装形式和计量单位计算。

（1）组合荧光灯带安装的工程量，应根据装饰灯具示意图集所示，区别安装形式、灯管数量，以延长米计算。灯具的设计数量与定额不符时可以按设计量加损耗量调整主材。

（2）内藏组合式灯安装的工程量，应根据装饰灯具示意图集所示，区别灯具组合形式、以延长米计算。灯具的设计数量与定额不符时，可根据设计数量加损耗量调整主材。

（3）发光棚安装的工程量，应根据装饰灯具示意图集所示，以"m^2"为计量单位。发光棚灯具按设计用量加损耗量计算。

（4）立体广告灯箱、荧光灯光沿的工程量，应根据装饰灯具示意图集所示，以延长米为计量单位。灯具设计用量与定额表不符时，可根据设计数量加损耗量调整主材。

5. 几何形状组合艺术灯具安装的工程量，应根据装饰灯具示意图集所示，区别不同安装形式及灯具的不同形式计算工程量。

6. 标志、诱导装饰灯具安装的工程量，应根据装饰灯具示意图集所示，区别不同安装形式，以套为单位计算工程量。

7. 水下艺术装饰灯具安装的工程量，应根据装饰灯具示意图集所示，区别不同安装形式、不同灯具直径，以套为计量单位计算。

8. 点光源艺术装饰灯具安装的工程量，应根据装饰灯具示意图集所示，区别不同安装形式、不同灯具直径，以套为单位分别进行计算。

9. 草坪灯具安装的工程量，应根据装饰灯具示意图集所示，区别不同安装形式，以套为单位分别进行计算工程量。

10. 歌舞厅灯具安装的工程量，应根据装饰灯具示意图集所示，区别不同灯具形式，分别以套、延长米、台、为计量单位计算。

11. 荧光灯具安装的工程量，应区别灯具的安装形式、灯具种类、灯管数量，以套为计量单位计算。

12. 工厂灯及防水防尘灯安装工程量，应区别不同安装形式，以套为单位计算；工厂其他灯具的工程量，应区别不同灯具类型、安装形式、安装高度，以套、个、延长米为计量单位计算。

13. 医院灯具安装的工程量，应区别灯具种类，以套为计量单位计算。

14. 路灯安装工程，应区别不同臂长、不同灯数、以套为计量单位计算。

工厂厂区内、住宅小区内路灯安装执行本定额相应项目，城市道路的路灯安装执行《市政工程预算定额》。

15. 开关、按钮安装的工程量，应区别开关、按钮安装形式，开关、按钮种类，开关极数以及单控与双控，以套为计量单位计算。

16. 插座安装工程量，应区别电源相数、额定电流、插座安装形式、插座插孔个数，以套为计量单位计算。

17. 安全变压器安装的工程量，应区别安全变压器的容量，以台为计量单位计算。

18. 电铃、电铃号码牌箱安装的工程量，应区别电铃直径、电铃号码牌箱规格（号），以套为计量单位计算。

19. 门铃安装工程量计算，应区别门铃安装形式，以个为计量单位计算。

20. 风扇安装的工程量，应区别风扇种类，以台为计量单位计算。

21. 风机盘管三速开关、请勿打扰灯，须刨插座安装的工程量，以套为计量单位计算。

22. 卫生间吹风、自动干手装置不分型号，以台为计量单位计算。

（十）电气调整试验

1. 电气调试系统的划分以电气原理系统图为依据。电气设备元件的本体试验均包括在相应项目的系统调试之内，不得重复计算。绝缘子和电缆等单体试验，只在单独试验时使用，电气调试系统各工序的调试费用如需单独计算时，可按表 3-11 所列比例计算。

电气调试系统各工序的调试费用比例表 表 3-11

比率（%） 项目 工序	发电机调相机系统	变压器系统	送配电设备系统	发电机系统
一次设备本体试验	30	30	40	30
附属高压二次设备试验	20	30	20	30
一次电流及二次回路检查	20	20	20	20
继电器及仪器仪表试验	30	20	20	20

2．电气调试所需的电力消耗已包括在各项目内，一般不另行计算。但10kW以上电机及发电机的启动调试用的蒸汽、电力和其他动力能源消耗及变压器空载试运转的电力消耗，另行计算。

3．供电桥回路断路器、母线分段断路器，均按独立的送配电设备系统计算调试费。

4．送配电设备系统调试，按每系统一侧有一台断路器考虑的；若两侧均有断路器时，则应按两个系统计算。

5．送配电设备系统调试，适用于各种供电回路（包括照明供电回路）的系统调试。凡供电回路中带有仪表、继电器、电磁开关等调试元件的（不包括闸刀开关、保险器），均按调试系统计算。移动式电器和以插座连接的家电设备及经厂家调试合格、不需要用户自调的设备均不应计算调试费用。

6．变压器系统调试，以每个电压侧有一台断路器为准。多于一个断路器的按相应电压等级送配电设备系统调试的相应项目另行计算。

7．干式变压器、油浸电抗器调试，执行相应容量变压器调试项目乘以系数0.8。

8．特殊保护装置，均以构成一个保护回路为一套，其工程量计算规定如下（特殊保护装置未包括在各系统调试定额之内，应另行计算）：

（1）发电机转子接地保护，按全厂发电机共用一套考虑。

（2）距离保护，按设计规定所保护的送电线路断路器台数计算。

（3）高频保护，按设计规定所保护的送电线路断路器台数计算。

（4）零序保护，按发电机、变压器、电动机的台数或送电线路断路器的台数计算。

（5）故障录波器的调试，以一块屏为一套系统计算。

（6）失灵保护，按设置该保护的断路器台数计算。

（7）失磁保护，按所保护的电机台数计算。

（8）变流器的断路保护，按变流器台数计算。

（9）小电流接地保护，按装设该保护的供电回路断路器台数计算。

（10）保护检查及打印机调试，按构成该系统的完整回路为一套计算。

9．自动装置及信号系统调试，均包括继电器、仪表等元件本身和二次回路的调整试验，具体规定如下：

（1）备用电源自动投入装置，按连锁机构的个数确定备用电源自投装置系统数。一个备用厂用变压器，作为三段厂用工作母线备用的厂用电源，计算备用电源自动投入装置调试时，应为三个系统。装设自动投入装置的两条互为备用的线路或两台变压器，计算备用电源自动投入装置调试时，应为两个系统。备用电动机自动投入装置亦按此计算。

（2）线路自动重合闸调试系统，按采用自动重合闸装置的线路中自动断路器的台数计算系统数。

（3）自动调频装置的调试，以一台发电机为一个系统。

（4）同期装置调试，按设计构成一套能完成同期并车行为的装置为一个系统计算。

（5）蓄电池及直流监视系统调试，一组蓄电池按一个系统计算。

（6）事故照明切换装置调试，按设计能完成交直流切换的一套装置为一个调试系统计算。

（7）周波减负荷装置调试，凡有一个周率继电器，不论带几个回路均按一个调试系统计算。

（8）变送器屏以屏的个数计算。

（9）中央信号装置调试，按每一个变电所或配电室为一个调试系统计算工程量。

10．接地网的调试规定如下：

（1）接地网接地电阻的测定。一般的发电厂或变电站连为一体的母网，按一个系统计算；自成母网不与厂区母网相连的独立接地网，另按一个系统计算。大型建筑群各有自己的接地网。虽然在最后也将各接地网联在一起，但应按各自的接地网计算，不能作为一个网，具体应按接地网的试验情况而定。

（2）避雷针接地电阻的测定。每一避雷针均有单独接地网时，均按一组计算。

（3）独立的接地装置按组计算。如一台柱上变压器有一个独立的接地装置，则按一组计算。

11．避雷器、电容器的调试，按每三相为一组计算；单个装设的也按一组计算。上述设备如设置在发电机、变压器、输、配电线路的系统或回路内，仍应按相应定额另外计算调试费用。

12．高压电气除尘系统调试，按一台升压变压器、一台机械整流器及附属设备为一个系统计算，分别按除尘器平方米范围执行。

13．硅整流装置调试，按一套整流装置为一个系统计算。

14．普通电动机的调试，分别按电机的控制方式、功率、电压等级，以台为计量单位。

15．可控硅调速直流电机调试以系统为计量单位，其调试内容包括可控硅整流装置系统和直流电动机控制回路系统两个部分的调试。

16．交流变频调速电动机调试以系统为计量单位，其调试内容包括变频装置系统和交流电动机控制回路系统两部分的调试。

17．微型电机系指功率在 0.75kW 以下的电机，不分类别，一律执行微电机综合调试项目，以台为计量单位。电机功率在 0.75kW 以上的电机调试应按电机和功率分别执行相应的调试项目。

18．一般的住宅、学校、办公楼、旅馆、商店等民用电气工程的供电调试应按下列规定：

（1）配电室内带有调试元件的盘、箱、柜和带有调试元件的照明主配电箱，应按供电方式执行相应的"送配电设备系统调试"项目。

（2）每个用户房间的配电箱上虽装有电磁开关等调试元件，但如果生产厂家已按固定的常规参数调整好，不需要安装单位进行调试就可直接投入使用的，不得记取调试费用。

（3）民用电度表的高速校验属于供电部门的专业管理，一般皆由用户向供电局订购调试完毕的电度表，不得另为计算调试费用。

三、室内电气照明工程预算综合实例

下面以太原市某公司办公楼为例，介绍室内电气照明工程施工图预算编制的方法。

（一）工程概况

本工程为二层砖混结构，砖石条形基础，楼板为现浇结构，建筑面积为 560m²，层高为 3.6m，除卫生间、楼道之外，其余均为钙塑板吊顶，吊顶的高度为 0.7m（客房、会议室为局部吊顶，中间凹，四周凸）。主要尺寸详见图 3-1 电气照明一层平面图、图 3-2 电气照明二层平面图、图 3-3 电气系统图及设备材料表。

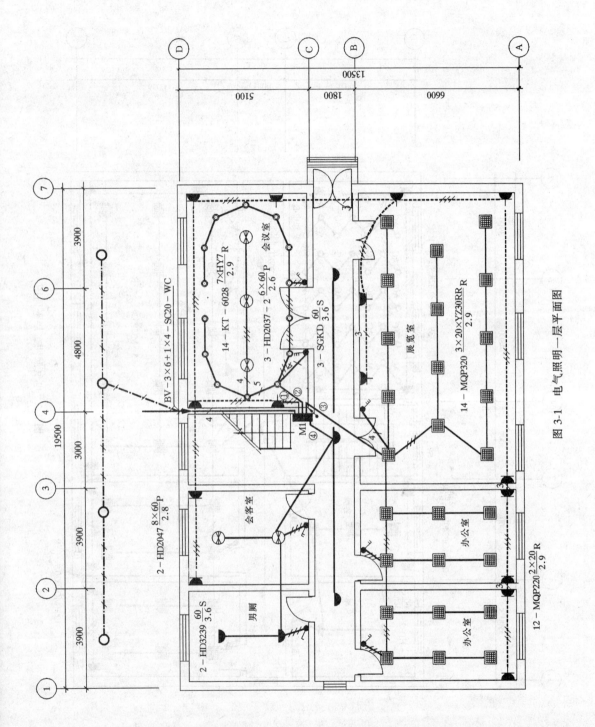

图 3-1 电气照明一层平面图

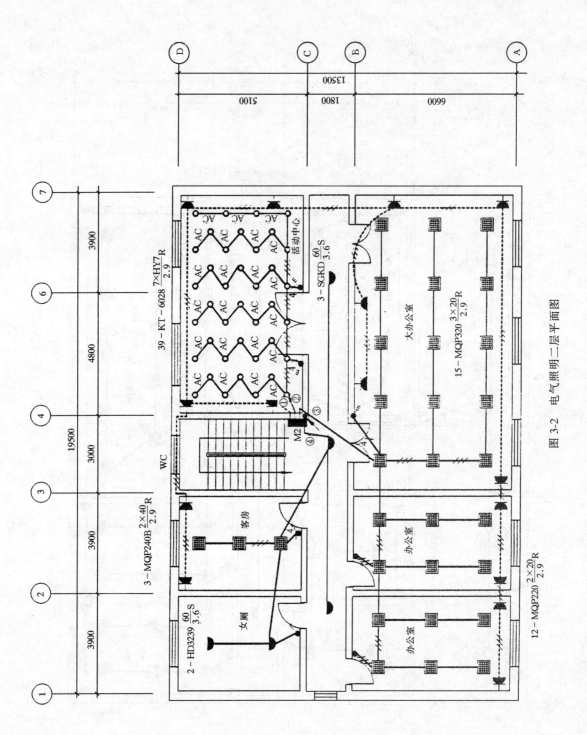

图3-2 电气照明二层平面图

54

主要设备材料表

序号	图例	名称	规格	单位	数量	备注
1		花灯	BD2037-26×60W	套	3	北京灯具厂
2		花灯	HD2047 8×60W	套	2	北京灯具厂
3		筒灯	KT-6028 1×7W	套	53	广东科泰灯具照明厂
4		嵌入式方格栅顶灯	MQP220 2×20W	套	24	杭州鸿雁电气公司
5		嵌入式方格栅顶灯	MQP2408 2×40W	套	3	杭州鸿雁电气公司
6		嵌入式方格栅顶灯	MQP320 3×20W	套	29	杭州鸿雁电气公司
7		顶棚灯	RD3239 1×60W	套	4	北京灯具厂
8		顶棚灯	SGKD 1×60W	套	6	太原亚明电子照明厂
9		照明配电箱		台	2	邢台亚明电气有限公司
10		暗装单板开关	RL86K21-100	个	2	杭州鸿雁电气公司
11		暗装双板开关	RL86K21-100	个	6	杭州鸿雁电气公司
12		插座	RL862223A10	个	30	杭州鸿雁电气公司
13		暗装三板开关	RL86K31-10	个	6	杭州鸿雁电气公司
14		导线	BV2.5	m		
15		导线	BV4.0	m		
16		导线	BV6.0	m		
17		管	SC20	m		
18		管	PVC 20	m		
19	○	接地体				
20		接地线				

图 3-3 电气系统图及设备材料表

XMR23-2-006
300×220×105

L1 DPNvigi10 BV-3×4PVC20 ① P=1500W
L2 C45N3A-1P BV-2×2.5PVC20 ② P=273W
L3 C45N10-1P BV-2×2.5PVC20 ③ P=1380W
L2 C45N6-1P BV-2×2.5PVC20 ④ P=540W
M2

L1 DPNvigi10 BV-3×4PVC20 ① P=1500W
L2 C45N10-1P BV-2×2.5PVC20 ② P=1538W
L3 C45N10-1P BV-2×2.5PVC20 ③ P=1320W
L3 C45N10-1P BV-2×2.5PVC20 ④ P=1260W

BV-3×6+1×4-SC20-WC

XCR23-S 改
480×480×165

DT-20 Wh NC100L-4P
M1
$R<10\Omega$

（二）施工说明

1．本工程采用 TN-C-S 供电系统供电，供电的电压为 380V/220V。

2．本建筑物电源由建筑物正北侧④轴线处引入，进户线高度距室外地面 4.2m，具体做法详见 98D5-10-一式。

3．配电箱嵌墙安装，底边距地 1.4m；插座安装距地 0.3m；开关安装距地 1.3m。

4．图中未标注的照明线路沿墙、沿顶暗敷，导线型号为 BV-2.5mm^2；插座沿地、沿墙暗敷，导线型号为 BV-4mm^2。

（三）划分与排列分项工程项目

在计算工程量之前，应列出照明工程的安装项目，所列安装项目应与预算定额

（《全国统一安装工程预算定额》山西省价目表·第二册电气设备安装工程）项目一致，并按预算定额顺序排列分项工程项目。本例分项工程项目排列如下：

1．成套配电箱安装；

2．端子板的外部接线；

3．钢管接地极制作安装；

4．户外接地母线敷设；

5．接地跨接线安装；

6．重复接地引下线敷设；

7．进户横担安装；

8．接地装置调试；

9．砖混结构钢管暗配；

10．硬质聚氯乙烯管明配；

11．硬质聚氯乙烯管暗配；

12．金属软管的敷设；

13．照明线路管内穿线；

14．接线盒安装；

15．开关盒安装；

16．普通吸顶灯具安装；

17．吊式艺术装饰灯安装；

18．嵌入式荧光灯安装；

19．点光源装饰艺术灯具安装；

20．板式暗开关安装；

21．单相插座安装。

（四）工程量的计算

1．工程量计算的基本要求

计算工程量时，应严格遵循下列各项基本要求：

（1）应严格按工程量计算规则进行计算。

（2）要按一定的顺序进行计算，计算过的工程项目应做出标记。

（3）线路各端长度的计算均以符号中心为准，力求计算准确，禁止估算。

（4）要实事求是，有一是一，有二是二，不容许甩数，也不容许凑数。

2．逐项计算工程量

（1）照明配电箱安装

照明配电箱工程量按供电系统图计算。照明箱为甲方供应材料，材料费不计。因此工程量如下：

成套照明配电箱　2台

（2）端子板的外部接线

根据电气系统图统计计算，本例涉及无端子板外部接线的工程量如下：

无端子外部接线（2.5mm^2）　12个

无端子外部接线（6mm^2）　20个

（3）钢管接地极制作与安装

重复接地极制作与安装，工程量按图中图例符号统计计算，一层平面图中圆圈表示为钢管接地极。以根为计量单位。

接地极制作与安装　4根

接地极制作与安装不包括钢管主材费。

ϕ50镀锌钢管＝钢管总长×（1＋损耗率）＝（2.5×4）+（1＋3%）＝10.3m

（4）户外接地母线敷设

计算式为：

（接地母线埋深＋接地极距墙的水平距离＋接地极之间连接线的长度）×（1＋3.9%）＝接地母线的长度。

接地母线长度＝（0.75＋3.4＋15）×（1＋3.9%）＝20m

户外接地母线敷设，不包括镀锌扁钢材料费。

40×4镀锌扁钢＝接地线长度×（1＋损耗率）＝20×（1＋5%）＝21m

换算成重量为＝21m×1.26kg/m＝26.5kg

（5）接地跨接线的安装

接地跨接线以"处"为单位计算。为了保证钢管与接地母线连接可靠，成为一个良好的接地导体，应在钢管与扁钢焊接处用Ω型铁件包住钢管，并牢固地焊接。

接地跨接线安装　4处

（6）重复接地引下线敷设

由设计说明知，本工程重复接地引下线采用40×4的镀锌扁钢。其工程量可按下式计算：

引下线长度＝电源进户室外标高×（1＋3.9%）＝4.21×1.039＝4.36m

引下线敷设不包括镀锌扁钢材料费。

40×4镀锌扁钢＝引下线的长度×（1＋损耗率）＝4.36×（1＋5%）＝4.58m

换算成重量为＝4.58m×1.26kg/m＝5.8kg

（7）进户横担安装

架空进户还应计算进户横担安装这个项目。进户横担安装在平面图及系统图中均反映不出进户横担的作用是用来固定引致建筑物绝缘导线的。进户横担安装分两类，一类是一端固定，另一类是两端固定；进户横担的规格又分为二线、四线、六线3种。根据设计说明，查阅标准图集98D5—10——式知，本施工图的进户横担为两端埋设四线式横担，规格为镀锌角钢∠70×7×1700。进户横担安装不包括横担、绝缘子、防水弯头等材料费。工程量如下：

两端埋设式四线进户横担安装	1 根
四线角钢横担	1×（1+损耗率）=1×（1+5%）=1.05 根
低压茶台	4.08 个
防水弯头 φ20	1 个

（8）接地极接地装置调试

接地装置调试分为独立装置调试（6 跟接地极以内）和接地网接地装置调试。本工程重复接地执行独立装置调试定额，以"系统"为单位计算工程量。

独立装置调试　　　　　　　　1 系统

（9）砖、混凝土结构钢管暗配

1）电源进线管的工程量计算

由一层电气照明平面图（图 3-2）知，电源进线管（SC20）在④轴线处沿一层屋顶暗敷。电源进线管从配电箱 M1 上方引入。电源进线管的长度可按下式计算：

电源进线管的长度=平面长度+立面长度+预留长度。

电源进线管的平面长度是从平面图上配电箱符号的中心，至建筑物的外墙面按比例量取。电源进线管在配电箱处引下的长度（即立面长度）=房屋的高度-配电箱距地高度（按底边距地高度计算）-配电箱的本身高度。管子进配电箱的预留长度为 0.1m，电源进线管在墙外（指外墙面）预留 0.2m，这样即可得出：

电源进线管（SC20）的长度=平面长度+立面长度+预留长度=5+（3.6-1.4-0.48）+0.1+0.2=7.02m

2）一、二层间照明干线钢管工程量的计算

干线钢管工程量的计算公式为：

照明干线钢管的长度（SC20）=楼层高-底层配电箱距地高度-底配电箱高度+上层配电箱的距地高度+管子进箱预留长度（0.1×2）=3.6-1.4-0.48+1.4+0.2=3.32m

砖、混结构钢管暗配不包括钢管的材料费。

钢管 SC20=（7.02+3.32）×（1+损耗率）=10.34×（1+3%）=10.65m

（10）硬质聚氯乙烯管（PVC20）的明配

下面我们以办公楼二层活动中心回路（二层二回路）为例，详细介绍分支回路明配管的工程量计算过程。

首先量取各线段的平面长度，量取的规定：以两个符号中心为一段，以符号中心至线路转角顶端为一段，逐段量取。

由图 3-4 知，二层活动中心部分穿 PVC 管敷设的照明线路，标有文字代号"AC"，其含义是：表示这部分线路在吊顶内敷设。《全国统一安装工程预算定额解释汇编》指出：在吊顶内的配管属于明配管。

这张平面图所表达的明配管线的平面长度有两大类型，我们把他们分别标以明平 1、明平 2，如图 3-4 所示。其中明平 1 共有 30 段，每段长度为 0.93m，明平 2 共有 3 段，每段长为 1.25m。

明配 PVC20 的平面长度=每段明平 1 的长度×段数+每段明平 2 的长度×段数=

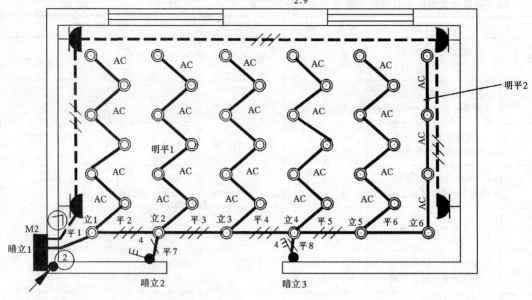

$$39-KT-6028\frac{7\times HY7}{2.9}R$$

图 3-4　二层活动中心照明平面图

$0.93\times30+1.25\times3=27.9+3.75=31.65m$

我们再计算明配 PVC20 管的立面长度，立面长度分别用立 1~立 6 来表示，如图 3-4 为二层活动中心照明平面图，每段立管的长度均为 0.7m（吊顶的高度）。

明配 PVC20 管的长度 = 立 1 + 立 2 + 立 3 + 立 4 + 立 5 + 立 6 = $0.7\times6=4.2m$

综观图 3-1、图 3-2、图 3-3，本例只有二层活动中心的照明线路有明配管，其余线路均为暗配。

明配 PVC 管的总长度 = $31.65+4.2=35.85m$

硬质塑料管明配不包括塑料管的材料费。

PVC20 管的主材量 = $35.85/100\times106.7=38.25m$

（11）硬质塑料管的暗配

同样，以二层活动中心回路（二层二回路）为例，详细介绍分支回路暗配管的工程量计算过程。

这张平面图所表达的暗配管线的平面长度有 8 段，我们分别把他们标以平 1~平 8，立管长度有三段，我们用暗立 1、暗立 2、暗立 3 来表示，由系统图知，管子的规格为 PVC20。

暗配 PVC20 管的总长度 = 平 1 + 平 2 + 平 3 + 平 4 + 平 5 + 平 6 + 平 7 + 平 8 + 暗立 1 + 暗立 2 + 暗立 3 = $1.2+1.4+1.4+1.4+1.4+1.4+0.7+0.6+$ [3.6（层高）-1.4（配电箱距地高度）- 0.22（配电箱箱高）+ 0.1（管进箱的预留长度）] + 2.3（层高 - 开关距地高度）+ 2.3（层高 - 开关距地高度）= $16.18m$

照此方法，我们可分别求出其余各分支回路暗配管的工程量，具体计算过程见工程量计算表3-12。

表 3-12

项目名称：太原市某公司办公楼电气设备安装工程

序号	工程项目名称	单位	数量	部位提要	计 算 式
1	成套配电箱安装 （半周长 1m 以内）	台	2	④轴线处	
2	无端子外部接线 BV-2.5mm²	个	12		
	无端子外部接线 BV-6mm²	个	20		
3	接地极制作与安装	根	4	进户④轴线处	
	φ50 镀锌钢管主材	m	10.3		4×2.5×（1+3%）
4	户外接地母线敷设	m	20		（0.75+3.4+15）×（1+3.9%）
	40×4 镀锌扁钢主材	m	21		20×（1+5%）
5	接地跨接处安装	处	4		
6	重复接地引下线敷设	m	4.36		4.2×（1+3.9%）
	40×4 镀锌扁钢主材	m	4.58		4.36×（1+5%）
7	进户横担安装	根	1	进户④轴线处	
	横担主材	根	1.05		1×（1+5%）
	绝缘子主材	个	4.08		4×（1+2%）
	防水弯头主材	个	1		
8	接地装置调试	系统	1		
9	暗配钢管	m	7.02	进户线管	5+3.6-1.4-0.48+0.2+0.1
	暗配钢管	m	3.32	竖直干线	3.6-1.4-0.48+1.4+0.2
	SC20 管主材	m	10.65		10.34×（1+3%）
10	PVC20 管明配	m	35.85	二层第二支路	0.93×30+1.25×3+0.7×6
	PVC20 主材	m	38.25	（吊顶内）	35.85/100×106.7
11	PVC20 管暗配	m	70.3	一层第一支路	4.3+15.6+13.5+19.5+7.3+25×0.4+0.1
	PVC20 管暗配	m	33.62	一层第二支路	1.7+1.7+1.3×11+2.7+0.6+6.2+2.3×2+3.6-1.4-0.48+0.1
	PVC20 管暗配	m	71.22	一层第三支路	3.8+9+6.8+17+4.2×4+1.2×2+2.1+2.3+2.3+3×（3.6-1.3）+3.6-1.4-0.48+0.1
	PVC20 管暗配	m	35.92	一层第四支路	1.5+12.6+4.5+1.1×2+2.3×2+3.9+2.4×2+3.6-1.4-0.48+0.1
	PVC20 管暗配	m	71.2	二层第一支路	4.5+15.6+13.5+19.5+0.4×2+7.2+25×0.4+0.1
	PVC20 管暗配	m	16.18	二层第二支路	1.2+1.4×5+0.7+0.6+2×（3.6-1.3）+3.6-1.4-0.22+0.1
	PVC20 管暗配	m	73.38	二层第三支路	3.6+17.3+9.2×2+4.2×5+2.1+2+（3.6-1.3）×3+3.6-1.4-0.22+0.1
	PVC20 管暗配	m	36.58	二层第四支路	1.5+4.3+12.8+3.9+3.2+2.4+1.1+2×2.3+0.7+3.6-1.4-0.22+0.1
	暗 PVC20 管主材	m	433.19		408.4/100×106.07

序号	工程项目名称	单位	数量	部位提要	计 算 式
12	金属软管敷设	m	9.8	一层第二支路	$14\times(3.6-2.9)$
	金属软管敷设	m	18.2	一层第三支路	$26\times(3.6-2.9)$
	金属软管敷设	m	18.9	二层第三支路	$27\times(3.6-2.9)$
	金属软管敷设	m	2.7	二层第四支路	$3\times(3.6-2.9)$
	CP20 管主材	m	50.47		$49/10\times10.3$
13	管内穿线 BV-4mm²	m	14.28	钢管内配线	$7.02+0.96+1.5+3.32+0.96+0.52$
	管内穿线 BV-6mm²	m	42.84	钢管内配线	$(7.02+0.96+1.5+3.32+0.96+0.52)\times3$
	管内穿线 BV-4mm²	m	213.78	一层第一支路	$(70.3+0.96预留)\times3$ 根线
	管内穿 BV-2.5mm	m	93.26	一层第二支路	$(9\times1.3+2.5+1.72+0.1+0.96+1.7)\times2$ 根线 $+(1.3+2.7+0.6+2.5+2.3)\times3$ 根线 $+(1.7+2.3+1.3)\times4$ 根线 $+1.3\times5$ 根线
	管内穿 BV-2.5mm²	m	166.06	一层第三支路	$(3.8+11.3+6.8+9+2.3+2.1+4.2\times4+1.72+0.1+0.96)\times2$ 根线 $+(1.2\times2+1.8\times2+2.3\times3)\times3$ 根线 $+(2.1+2.3)\times4$ 根线
	管内穿 BV-2.5mm²	m	80.56	一层第四支路	$(1.5+12.6+4.5+3.9+2.4\times2+1.72+0.1+0.96)\times2$ 根线 $+(1.1\times2+2.3\times2)\times3$ 根线
	管内穿线 BV-4mm²	m	215.16	二层第一支路	$(71.2+预留0.52)\times3$ 根线
	管内穿 BV-2.5mm²	m	124.1	二层第二支路	$(1.2+1.4+0.93\times30+1.25\times3+1.98+0.1+0.52)\times2$ 根线 $+5.6\times3$ 根线 $+(0.7+0.6+2.3\times2)\times4$ 根线
	管内穿 BV-2.5mm²	m	169.64	二层第三支路	$(3.6+11.5+2+4.2\times4+9.2\times2+1.98+0.1+0.52)\times2$ 根线 $+(4.2+1.64+1.64+1+1+2.3\times2)\times3$ 根线 $+(2.1+2.3)\times4$ 根线
	管内穿 BV-2.5mm²	m	81.8	二层第四支路	$(1.5+12.8+4.3+3.9+1.1+2.4+1.6+2.3+1.98+0.1+0.52)\times2$ 根线 $+1.6\times3$ 根线 $+(0.7+2.3)\times4$ 根线
	BV-2.5mm² 主材	m	829.89		$715.42/100\times116.00$
	BV-4mm² 主材	m	487.54		$443.22/100\times110.00$
	BV-6mm² 主材	m	44.98		$42.84/100\times105.00$
14	接线盒暗装	个	154		$12+14+19+3+12+39+20+4+3+7+4+6+7+4$
	接线盒主材	个	157.08		$154/10\times10.2$
15	开关盒暗装	个	20		$2+3+2+2+3+2+3+3$
	开关盒主材	个	20.4		$20/10\times10.2$
16	天棚灯安装	套	10	楼道及厕所	
17	花灯安装 HD2037	套	2	会议室及	
	花灯安装 HD2037	套	3	会客室	
18	两管方格栅灯安装	套	27	办公室及	
	三管方格栅灯安装	套	29	展览室	
19	筒灯安装 KT-6028	套	53	会议室及活动中心	
20	单联开关安装	套	6	展览室、	
	双联开关安装	套	6	会议室	
	三联开关安装	套	2	客房等	

各分支回路暗配管的工程量汇总如下：

一层一回路（PVC20）：70.3m

一层二回路（PVC20）：33.62m

一层三回路（PVC20）：71.22m

一层四回路（PVC20）：35.92m

二层一回路（PVC20）：71.2m

二层二回路（PVC20）：16.18m

二层三回路（PVC20）：73.38m

二层四回路（PVC20）：36.58m

暗配 PVC20 管的总长 = 70.3 + 33.62 + 71.22 + 35.92 + 71.2 + 16.18 + 73.38 + 36.58 = 408.4m

硬质塑料管暗配不包括塑料管的材料费。

PVC20 管的主材量 = 408.4/100 × 106.7 = 433.19m

（12）金属软管的敷设

本工程除二层活动中心的嵌入式灯具外，其余所有嵌入式安装的灯具与其对应的楼板内接线盒之间，都敷设有金属软管。每处金属软管敷设的长度为 0.7m，金属软管的规格为 CP20。由图 3-1、图 3-2 得知，金属软管敷设的工程量为：

金属软管 CP20 的长度 = 0.7 × 70 = 49m

金属软管 CP20 的主材 = 49/10 × 10.3 = 50.47m

（13）照明线路的管内穿线

采用图纸标注比例计算法管内穿线工程量时，应将线管的长度乘以导线根数，管径相同导线根数不同应分别计算；不同管径应分别计算；管径相同、管内导线截面不同，应按导线截面分别计算出导线工程量。除总配电箱、分配电箱内每根导线预留箱的半周长外，其他处均不预留。

1）电源进线管内穿线工程量

电源进线管内穿线工程量 =（电源进线管长度 + 配电箱内导线预留长度 + 出户预留长度）× 导线根数。管内穿线是按单根导线延长米计算。

其中配电箱内预留长度为配电箱的半周长，即配电箱的高 + 宽。出户线（是指与架空进户线连接的那端）预留长度，定额规定为 1.5m。

由图 3-1 知，电源进户线的规格为 BV 有两种：一种是 BV-6mm^2，一种是 BV-4mm^2。其中 BV-6mm^2 有三根，BV-4mm^2 一根。工程量计算如下：

BV-6mm^2 = ［7.02（电源进线管的长度）+ 0.96（配电箱半周长）+ 1.5（出户线的预留长度）］× 3 = 28.44（m）

BV-4mm^2 穿线工程量 = ［7.02（电源进线管的长度）+ 0.96（配电箱半周查长）+ 1.5（出户线的预留长度）］= 9.48m

2）照明干线管内穿线的工程量

照明干线管内有 BV-6mm^2 线三根、BV-4mm^2 线一根。工程量计算如下：

BV-6mm^2 管内穿线的工程量 = ［照明干线管的长度 + 进入两个配电箱的预留量］× 根数 = ［3.32 + 0.96（箱 M1 预留量）+ 0.52（箱 M2 的预留量）］× 3 = 4.8 × 3 = 14.4m

BV-4mm^2 管内穿线的工程量 = 3.32（照明干线管长）+ 0.96（箱 M1 的预留量）+ 0.52（箱 M2 的预留量）= 4.8m

3）各分支回路管内穿线的工程量

下面我们仍以二层二回路为例，详细介绍其分支回路管内穿线工程量的计算过程。

由前所述，二层二回路的配管有两大类型：其一是明配管，其二是暗配管。不论是明配管，还是暗配管，管内导线的规格均为 BV-2.5mm^2。由图 3-4 知，各段明配管管内导线的根数全部相同（2 根），但各段暗配管内导线根数各不相同。因此应分别计算明配管内、暗配管内穿线的工程量。

BV-2.5mm^2（明配管内穿线的工程量）= 31.65（明配管管长）×2（根数）= 63.3m

BV-2.5mm^2（暗配管内穿线的工程量）=（平 1 管长 + 暗立 1 管长 + 箱 M2 内导线的预留长度）×导线根数 + 平 2 管长×导线根数 + 平 3 管长×导线根数 + 平 4 管长×导线根数 + 平 5 管长×导线根数 + 平 6 管长×导线根数 +（平 7 管长 + 暗立 2 管长）×导线根数 +（平 8 管长 + 暗立 3 管长）×导线根数 =（1.2 + 2.08 + 0.52）×2 + 1.4×3 + 1.4×3 + 1.4×3 + 1.4×3 + 1.4×2 +（0.7 + 2.3）×4 +（0.6 + 2.3）×4 = 60.8m

BV-2.5mm^2（二层二回路总的穿线工程量）= 明配管内穿线的工程量 + 暗配管内穿线的工程量 = 63.3 + 60.8 = 124.1m

其余各分支回路管内穿线工程量的计算过程，详见表 3-12。

各分支回路管内穿线的工程量汇总如下：

一层一回路（BV-4mm^2）：213.78m

一层二回路（BV-2.5mm^2）：93.26m

一层三回路（BV-2.5mm^2）：166.06m

一层四回路（BV-2.5mm^2）：80.56m

二层一回路（BV-4mm^2）：215.16m

二层二回路（BV-2.5mm^2）：124.1m

二层三回路（BV-2.5mm^2）：169.64m

二层四回路（BV-2.5mm^2）：81.8m

本工程管内穿线工程量的合计：

BV-6mm^2 管内穿线总长度 = 28.84 + 14.4 = 42.84m

BV-4mm^2 管内穿线总长度 = 9.48 + 4.8 + 213.78 + 215.16 = 443.22m

BV-2.5mm^2 管内穿线总长度 = 93.26 + 166.06 + 80.56 + 124.1 + 169.64 + 81.8 = 715.42m

管内穿线不包括导线的材料费。

BV-6mm^2 的主材量 = 42.84/100×105.00 = 44.98m

BV-4mm^2 的主材量 = 443.22/100×110.00 = 487.54m

BV-2.5mm^2 的主材量 = 715.42/100×116.00 = 829.89m

（14）接线盒的安装

接线盒是电线分支时用的铁盒或塑料盒，在照明工程中的用量很大，其计算方法是按平面图线路中所绘制的接线盒符号逐回路，逐层累计计算。如平面图中未标出或表示不清时，可按下述原则计算：凡是线路分支、十字形连接处、T 字形连接处、明设管线的灯位处均应装设接线盒。计算工程量时，应区分明装接线盒、暗装接线盒、明装防爆接线盒和钢索上接线盒。在计算材料费用时，应区分接线盒的种类、型号和规格。

本施工图接线盒为暗装塑料接线盒，工程量如下：

接线盒共计　　123 个

灯头盒共计　　31 个

（15）开关盒的安装

常用的开关、插座盒也分为钢盒和塑料盒两种。开关盒又分为单联、双联、三联和四联盒。开关盒数量的计算，只需计算出开关数，就可以计算出开关盒的数量，插座盒的数量按下式计算。

插座盒的数量＝插座的总数－有分支线路的插座个数

在计算工程量时，开关盒与插座盒合并在一起计算，定额中无插座盒安装项目，计算后的工程量套定额开关盒安装子目。在计算材料费用时，同样应区分开关盒、插座盒的种类、型号和规格。本例平面图中单联开关盒 2 个，双联开关盒 6 个，三联开关盒 6 个，插座盒＝30－24＝6 个，总计 20 个。

（16）普通吸顶灯具的安装

普通吸顶灯具的安装应区分圆球吸顶灯、半圆球吸顶灯、方形吸顶灯。球形吸顶灯应区分灯罩直径，方形吸顶灯应区分灯罩形式正确套定额。本施工图中采用的扁半圆球吸顶灯直径 250mm，工程量为 10 套。（本例所有灯具为甲方供应材料，材料费不计）

（17）花吊式艺术灯安装

花吊式艺术装饰灯具安装，应根据装饰灯具示意图集所示，区别不同的装饰物以及灯体直径和灯体的垂吊长度，以"套"为计量单位计算。本施工图中采用玻璃灯罩花吊灯，灯具示意图号为 40 号，HD2047 型花吊灯，外形尺寸为 φ820×800，HD2037 型花吊灯的外形尺寸为 φ940×1000，工程量为：

HD2047 型花吊灯　　2 套

HD2037 型花吊灯　　3 套

（18）点光源艺术装饰灯具安装

点光源艺术装饰灯具的安装，应根据装饰灯具示意图集所示，区分不同的安装形式，不同灯具直径，以"套"为计量单位计算。本例采用筒灯为天花灯系列，嵌入式安装，装饰灯具示意图号为 180 号，直径为 75mm，工程量为 53 套。

（19）荧光灯安装

荧光灯安装应区分组装型还是成套型，成套型还要区分吊链式、吊管式、吸顶式以及灯管的数量后，再套相应定额子目。本施工图中两管格栅、三管格栅成套型荧光灯具，安装方式为嵌入式，而定额中没有对应的定额子目，故套成套荧光灯安装相近似的定额子目：成套荧光灯吸顶式安装 2-1586，2-1587。工程量如下：

双管吸顶式荧光灯安装　　27 套

三管吸顶式荧光灯安装　　29 套

（20）板式暗开关安装

工程量计算方法：按平面图中开关符号、按回路、按层累计计算。

计算工程量时，应区分明装、暗装开关，开关应分清拉线、扳把式板式开关。板式开

64

关应区分单联、双联、三联、四联，同时还应区分单控和双控。在计算材料费用时，还应分清开关的种类、型号和规格。工程量如下：

板式单联单控暗开关安装　　　　2套

板式单联单控暗开关　　　　　　2.04套

板式双联单控暗开关安装　　　　6套

板式双联单控暗开关　　　　　　6.12套

板式三联单控暗开关安装　　　　6套

板式三联单控暗开关　　　　　　6.12套

(21) 单相五孔暗插座的安装

工程量计算方法同开关。计算工程量按插座符号累计计算，区分插座的种类、型号和规格，区分明装插座和暗装插座，还要区分单相插座的孔数。插座安装不包括材料费。工程量如下：

单相五孔暗插座安装　　　　30套

单相五孔暗插座　　　　　　30.6套。

至此，本例的工程量计算过程已完毕。实际工作中，一般不需像本例用许多的文字说明来解释计算过程，而是直接在工程量计算表上进行计算，如表3-12所示，并将最后的工程量计算结果，按定额中分项工程子目编号及工程量单位填入工程量汇总表3-13中，为套定额、编制工程预算表做好准备。

工程汇总表

表3-13

定额序号	单位	数量	分部分项名称	定额序号	单位	数量	分部分项名称
2-264	台	2	成套配电箱嵌入式安装（半径1m以内）	2-1173	100m单线	443.22	管内穿线 BV-4mm²
2-327	10个	1.2	无端子外部接线 BV-2.5mm²	2-1200	100m单线	42.84	管内穿线 BV-6mm²
2-328	10个	2	无端子外部接线 BV-4mm²	2-1377	10个	15.4	暗装接线盒
2-688	根	4	钢管接地极（普通土）	2-1378	10个	2	暗装开关盒
2-697	10m	2	户外接地母线敷设	2-1384	10套	1	半圆球吸顶灯安装
2-701	10处	0.4	接地跨接线	2-1413	10套	0.2	40号花吊灯安装（φ1500×850）
2-745	10m	0.44	重复接地引下线敷设	2-1435	10套	0.3	40号花吊灯安装（φ2000×1100）
2-802	根	1	两端埋设式横担安装	2-1549	10套	5.3	筒灯灯具安装（φ150）
2-885	段	1	独立接地装置6根接地极以内调试	2-1595	10套	2.7	吸顶式双管成套荧光灯安装
2-1009	100m	0.10	砖混结构暗配（SC20）钢管	2-1596	10套	2.9	吸顶式三管成套荧光灯安装
2-1154	10m	49	金属软管CP20敷设	2-1639	10套	0.6	板式暗开关（单控）三联安装
2-1172	100m单线	71.54	管内穿线 BV-2.5mm²	2-1670	10套	3	单相暗插座安装（15A、5孔）

（五）套定额、编制单位工程预算表

1．所用定额和材料预算价格

（1）本例所用定额为《全国统一安装工程预算定额》山西省价目表（第二册电气设备安装工程）。

（2）材料预算价格采用2000年太原地区建设工程材料预算价格。

2．套定额的方法

套定额时首先应知道所计算的工程项目，属于定额的哪一章、哪一节、哪一子目。同时工程项目的名称、规格、安装条件和计算单位也必须和定额所列的内容完全一致，个别项目的规格定额中不全时，可套用项目相同条件的相邻的上一级规格。如无端子外部接线 $4mm^2$，定额中没有此规格，就可套用 $6mm^2$ 的有关栏目。套定额时必须严肃地维护定额的法令性，除定额说明中有规定外一律不得调整和换算。

套定额时要特别注意总说明中第七条第二款的内容，即：凡定额内未注明单价的材料均为主材，基价中不包括其价格，应根据"（）"内所列的用量，按地区公布的材料预算价格计算（单位工程主材汇总表见表3-17）。发生价差时，应以各地、市公布的指导价进行调差。

表 3-14

建筑安装工程预（）算书

建筑安装名称＿＿＿＿＿＿＿＿　　　　　施工单位名称＿＿＿＿＿＿＿＿＿

单位工程名称＿＿＿＿＿＿＿＿　　　　　工　程　量＿＿＿＿＿＿＿＿＿

预（结）算总造价12004.60元　　　　　单位工程造价21.44元/米²

建设单位（公章）　　　主管　　　　　施工单位（公章）　　　　　　主管

　　　　　　　　　　　编制　　　　　　　　　　　　　　　　　　　编制

　　　　　　　　　　　　　　　　　　　　　　　200　年　　月　　日

编　制　说　明

一、编制依据

1．《全国统一安装工程预算定额》山西省价目表（第二册　电气设备安装工程）。

2．《山西省建设工程费用定额》。

3．《太原地区建设工程材料预算价格》。

4．《98系列建筑标准设计图集》98D5、98D6、98D13。

5．施工图纸及工程合同。

6．图纸会审纪要及相关成品样本。

7．《全国统一安装工程预算定额》装饰灯具安装工程示意图集（第二节　电气安装工程补充定额）

二、有关说明

1．本预算未计电源进户装置，未考虑材料差价的调整。

2．本工程类别为三类，施工企业取费为乙类。

3．有关规定费用的计算

本例所涉及的规定费用仅有脚手架搭拆费。第二册《电气设备安装工程》预算定额规定脚手架搭拆费（10kV 以下架空线路除外）；按人工费的 4％计算，其中人工工资占25％，因此本工程的脚手架搭拆费为：

脚手架搭拆费 ＝2898.4×4％＝115.94 元

其中：人工工资＝115.94×25％＝28.98 元

4．编制单位工程预算表

本例单位工程预算表见表 3-16。

（六）计算安装工程费用，编制单位工程费用汇总表

室内照明工程的费用计算方法，参见单位工程费用汇总表表 3-15。

（七）工程预算书见表 3-14。

见编制说明。

（八）封面设计

式样见表 3-14。

单位工程费用汇总表

表 3-15

项目名称：太原市某公司办公楼电气照明工程

第 1 页　共 1 页

行号	序号	费用名称	取费基数	费率（％）	费用金额（元）
1	1	直接费	基价		4683.52
2	2	其中人工费	人工费		2927.38
3	3	主材费	预算价主材费		3697.21
4	4	其他直接费	{2}	6	175.64
5	5	临时设施费	{2}	5	146.37
6	6	现场管理费	{2}	21	614.75
7	7	文明施工增加费	{2}	0	
8	8	直接工程费小计	{1}＋{3~7}		9317.49
9	9	企业管理费	{2}	14	409.83
10	10	劳动保险费	{2}	20	585.48
11	11	财务费用	{2}	1.8	52.69
12	12	间接费小计	{9~11}		1048.00
13	13	利润	{2}	38	1112.40
14	14	动态调整		0	
15	15	定编费	{8}＋{12~14}	1.14	130.66
16	16	税金	{8}＋{12~15}	3.41	395.30
17	17	工程造价	{8}＋{12~16}		12004.60

序号	定额编号	子目名称	单位	数量	单价	合价	人工费	人工费合计	材料费	材料费合计	机械费	机械费合计
1	2-264	悬挂嵌入式（半周长 m）1.0	台	2.00	69.61	139.22	42.66	85.32	26.95	53.90		
2	2-327	无端子外部接线（2.5mm²）	10个	1.20	13.69	16.43	5.21	6.25	8.48	10.18		
3	2-328	无端子外部接线（6mm²）	10个	2.00	15.59	31.18	7.11	14.22	8.48	16.96		
4	2-688	钢管接地极 制作安装	根	4.00	29.72	118.88	14.69	58.76	2.06	8.24	12.97	51.88
		主材：镀锌钢管 φ50	m	10.30	15.17	156.25						
5	2-696	重复接地引下线敷设	10m	0.44	49.24	21.47	32.47	14.16	11.49	6.01	5.28	2.30
		主材：镀锌钢板 -40×4	公斤	5.80	2.79	16.18						
6	2-697	户外接地母线敷设截面（以内）200	10mm	2.00	75.34	150.68	72.29	144.58	1.13	2.26	1.92	3.84
		主材：镀锌钢板 -40×4	公斤	26.50	2.79	73.94						
7	2-701	接地跨接线安装	10处	0.40	74.26	29.70	26.31	10.52	38.34	16.34	9.61	3.84
8	2-802	两端埋设式 四线	根	1.00	90.11	90.11	8.77	8.77	81.34	81.34		
		主材：绝缘子	个	4.08	0.83	3.39						
		主材：L70×7 镀锌角钢	根	1.05	62.52	65.65						
		主材：φ20 防水弯头	个	1.00	6.97	6.97						
9	2-885	独立接地装置调试（系统）	段（组）	1.00	197.46	197.46	94.80	94.80	1.86	1.86	100.80	100.80
10	2-1009	砖混结构钢管暗配（SC20）	100m	0.10	222.06	22.96	170.64	17.64	34.61	3.58	16.81	1.74
		主材：钢管（SC20）	m	10.65	4.21	44.84						

68

序号	定额编号	子目名称	工程量		价值（元）		其中（元）					
			单位	数量	单价	合价	人工费	人工费合计	材料费	材料费合计	机械费	机械费合计
11	2-1089	硬质聚氯乙烯管（PVC20）明配	100m	0.36	296.08	106.05	208.32	74.68	55.08	19.75	32.68	11.72
		主材：塑料管PVC20	m	38.25	2.92	111.70						
12	2-1089	砖混结构 PVC20管暗配	100m	4.08	149.59	610.93	113.05	461.70	3.86	15.76	32.68	133.47
		主材：塑料管PVC20	m	433.19	2.92	1264.91						
13	2-1154	金属软管敷设（CP20）	10m	4.90	127.62	625.34	75.13	368.14	52.49	257.20		
		主材：金属软管CP20	m	50.47	1.25	63.09						
14	2-1172	照明线路 管内穿线 BV-2.5mm²	100m单线	7.15	38.81	277.05	23.70	169.55	15.11	108.10		
		主材：绝缘导线 BV-2.5mm²	m	829.89	0.86	713.70						
15	2-1173	照明线路 管内穿线 BV-4mm²	100m单线	4.43	31.88	141.30	16.59	73.53	15.29	67.77		
		主材：绝缘导线 BV-4mm²	m	487.54	1.33	648.43						
16	2-1200	动力线路管内穿线 BV-6mm²	100m单线	0.43	32.10	13.75	18.96	8.12	13.14	5.63		
		主材：铜芯绝缘导线 BV-6mm²	m	44.98	1.90	85.47						
17	2-1377	暗装 接盒线	10个	15.40	18.64	287.06	10.67	164.32	7.97	122.74		
		主材：接盒线	个	157.08	1.05	164.93						
18	2-1378	暗装开关盒	10个	2.00	15.07	30.14	11.38	22.76	3.69	7.38		
		主材：开关盒	个	20.40	1.05	21.42						
19	2-1384	半圆球吸顶灯安装	10套	1.00	86.45	86.45	51.19	51.19	35.26	35.26		

序号	定额编号	子目名称	工程量		价值（元）		其中（元）					
			单位	数量	单价	合价	人工费	人工费合计	材料费	材料费合计	机械费	机械费合计
		主材：成套灯具	套	10.10								
20	2-1434	（φ1500×850）40号花吊灯安装	10套	0.20	576.14	115.23	426.84	85.37	149.30	29.86		
		主材：成套灯具	套	2.02								
21	2-1435	（φ2000×1100）40号花吊灯安装	10套	0.30	690.90	207.27	533.49	160.05	157.41	47.22		
		主材：成套灯具	套	3.03								
22	2-1549	筒灯灯具安装（φ160）	10套	5.30	110.49	585.59	58.78	311.53	51.71	274.06		
		主材：成套灯具	套	53.53								
23	2-1595	吸顶式双管成套荧光灯安装	10套	2.70	91.08	245.92	64.70	174.69	26.38	71.23		
		主材：成套灯具	套	27.27								
24	2-1596	吸顶式双管成套荧光灯安装	10套	2.90	98.67	286.14	72.29	209.64	26.38	76.50		
		主材：成套灯具	套	29.29								
25	2-1637	扳式暗开关（单控）单联	10套	0.20	22.88	4.58	20.15	4.03	2.73	0.55		
		主材：照明开关（单联）	只	2.04	3.26	6.65						
26	2-1638	扳式暗开关（单控）双联	10套	0.60	24.38	14.62	21.09	12.65	3.29	1.97		
		主材：照明开关（双联）	只	6.12	4.65	28.46						
27	2-1639	扳式暗开关（单控）三联	10套	0.60	25.88	15.52	22.04	13.22	3.84	2.30		
		主材：照明开关（三联）	只	6.12	6.00	36.72						
28	2-1670	单相暗插座15A5孔	10套	3.00	31.95	95.85	26.07	78.21	5.88	17.64		
		主材：RL86Z223A10	套	30.60	6.03	184.52						
29	费用	电气脚手架搭拆费	元	2898.4	0.04	115.94	0.01	28.98				

项目名称：太原市某公司办公楼电气照明工程　　　　

序号	材料名称	单位	数量	预算价	合计
1	钢管（SC20）	m	10.65	4.210	44.84
2	绝缘导线 BV-2.5mm²	m	829.89	0.860	713.70
3	绝缘导线 BV-4mm²	m	487.54	1.330	648.43
4	塑料管 PVC20	m	433.19	2.920	1264.92
5	塑料管 PVC20	m	38.25	2.920	111.70
6	照明开关（单联）	只	2.04	3.260	6.65
7	照明开关（双联）	只	6.12	4.650	28.46
8	照明开关（三联）	只	6.12	6.000	36.72
9	金属软管 CP20	m	50.47	1.250	63.09
10	RL86Z223A10	套	30.60	6.030	184.52
11	成套灯具	套	125.24		
12	铜芯绝缘导线 BV-6mm²	m	44.08	1.900	85.47
13	接线盒	个	157.08	1.050	164.93
14	开关盒	个	20.40	1.050	21.42
15	镀锌钢板 40×4	公斤	26.50	2.970	90.12
16	绝缘子	个	4.08	0.830	3.39
17	镀锌钢管 ϕ50	m	10.30	15.170	156.25
18	L70×70 镀锌角钢	根	1.05	62.520	65.65
19	ϕ20 防水弯头	个	1.00	6.970	6.97
	合计				3697.21

编制人：　　　　校核人：　　　　审核人：　　　　2002 年 10 月 15 日

第二节　室内给排水工程施工图预算的编制

一、概述

室内给排水工程施工图预算的编制大致按以下程序进行：

1．汇集文件资料，主要包括以下内容：

1）《全国统一安装工程预算定额》地方价目表。

2）地方工程材料预算价格表。

3）地方费用定额。

4）《工程量计算规则》。

5）《全国统一安装工程预算定额解释汇编》。

6）相关的施工验收规范、技术规程。

7）相关标准图集、设备本体安装图纸、产品样本、设备材料手册。

8）相关的施工方法及技术措施。

9）相关的施工合同条款、图纸会审纪要或答疑纪要。

2．熟悉施工图纸（包括相关标准图及设计变更文件、会审纪要等）。

3．熟悉所用《预算定额》。

室内采暖工程、室内生活给水、排水工程涉及的现行《全国统一安装工程预算定额》主要是第八册《给排水、采暖、燃气工程》、第十一册《刷油、防腐蚀、绝热工程》。不论是哪一册定额，其基本内容一般均包括以下内容：

1）总（册）说明。主要说明定额适用范围，编制依据，施工条件，人工、材料、机械标准的确定，按系数计算定额直接费的规定及其他有关问题的说明。

2）章节说明。主要是说明本章适用范围、界线划分、工作内容、工程量计算规则等。

3）定额单价表。是预算定额的主要内容，以表格形式列出，如表 3-18 所示，是山西省的预算定额价目表之一页，由表头和表格两部分组成。表头反映分项工程名称、工作内容及工程量单位。表格又分上、中、下三部分，表的上部列出定额子目编号及对应的项目规格，表的中部列出定额基价和相应的工、料、机单价（即对定额基价的分解）。编制施工图预算就只套用以上的内容。表的下部列出人工、材料、机械台班耗量及单价（其中主材为未计价材料、单价需从预算价格表中查取）。表中给出的材料数量均已包括了损耗率。表的下部作用很大，如编制施工预算时可作为材料消耗定额借套，即使在编制施工图预算时，也可帮助我们分析定额基价包含的内容，正确计算工程量。如表 3-18 为室内管道，$DN \leqslant 32$mm 的管道安装已包含了管道支架的制作安装，故在计算管道支架工程量时，室内丝接 $DN32$ 以下管道支架不再计算其工程量。

室 内 管 道

表 3-18

1．镀锌钢管（螺纹连接）

工作内容：打堵洞眼、切管、套丝、上零件、调直、裁钩卡及管件安装、水压试验。单位：10m

定 额 编 号				8-87	8-88	8-89	8-90	8-91	8-92
项　目		单位	单价	公称直径（mm 以内）					
				15	20	25	32	40	50
预算价格		元		59.67	60.86	75.59	78.83	86.59	102.46
其中	人工费	元		43.37	43.37	52.14	52.14	62.09	63.52
	材料费	元		16.30	17.49	22.38	25.62	23.43	35.96
	机械费	元				1.07	1.07	1.07	2.98
人工	综合工日	工日	23.70	1.83	1.83	2.20	2.20	2.62	2.68
主材	镀锌钢管 $DN15$	m		(10.20)					
	镀锌钢管 $DN20$	m			(10.20)				
	镀锌钢管 $DN25$	m				(10.20)			
	镀锌钢管 $DN32$	m					(10.20)		
	镀锌钢管 $DN40$	m						(10.20)	
	镀锌钢管 $DN50$	m							(10.20)

定 额 编 号			8-87	8-88	8-89	8-90	8-91	8-92
项 目	单位	单价	公称直径（mm 以内）					
			15	20	25	32	40	50
室内镀锌钢管接头零件 DN15	个	0.62	16.37					
室内镀锌钢管接头零件 DN20	个	0.91		11.52				
室内镀锌钢管接头零件 DN25	个	1.49			9.78			
室内镀锌钢管接头零件 DN32	个	2.20				8.03		
室内镀锌钢管接头零件 DN40	个	2.68					7.16	
室内镀锌钢管接头零件 DN50	个	4.73						6.51
锯条	根	0.32	3.79	3.41	2.55	2.41	2.67	1.33
尼龙砂轮片 φ400	片	10.48			0.05	0.05	0.05	0.15
机油	kg	3.55	0.23	0.17	0.17	0.16	0.17	0.20
厚漆	kg	5.94	0.14	0.12	0.13	0.12	0.14	0.14
线麻	kg	6.80	0.01	0.01	0.01	0.01	0.01	0.01
管子托钩 DN15	个	0.69	1.46					
管子托钩 DN20	个	0.69		1.44				
管子托钩 DN25	个	0.69			1.16	1.16		
管卡子 DN25	个	0.42	1.64	1.29	2.06			
管卡子 DN32	个	0.98				2.06		
普通硅酸盐水泥 425 号	kg	0.26	1.34	3.71	4.20	4.50	0.69	0.39
沙子	m³	20.56	0.01	0.01	0.01	0.01	0.002	0.001
镀锌铁丝 8 号～12 号	kg	3.38	0.14	0.39	0.44	0.15	0.01	0.14
破布	kg	3.45	0.10	0.10	0.10	0.10	0.22	0.25
水	T	2.75	0.05	0.06	0.08	0.09	0.13	0.16
管子切断机 φ60～150	台班	19.27			0.02	0.02	0.02	0.06
管子切断套丝机 φ159	台班	22.71			0.03	0.03	0.03	0.08

（材料为"材料"的纵排标识；机械为"机械"的纵排标识）

4）附录。通常，在预算定额后面编有一些附录，如保温工程量计算表，管子刷油面积计算表，管件综合单价取定表等，以便使用者查用。表中数值是按《工程量计算规则》中公式计算的。

4．划分和排列分项工程项目（列项）。

划分和排列分项工程项目应按施工图实际内容及所套定额分项工程子目进行。有些工作内容实际发生但定额中并未单独列项,而是包含在其他项中。如管道试压,已包含在管道安装项目中,故不可另外列项。下面是室内生活给排水工程的分项工程划分,供参考(穿外墙或基础的防水套管制作安装未列)。

1)镀锌钢管安装(或其他给水管材安装)。

2)阀门、水表安装。

3)管道穿墙用镀锌铁皮套管制作(热水管道才用)。

4)管道穿楼板用钢套管制作安装(热水管道才用)。

5)给水管道消毒、冲洗。

6)钢管支架制作与安装。

7)排水铸铁管安装(或其他排水管材安装)。

8)卫生器具安装。

9)地漏和地面扫除口安装。

10)管道、支架除锈刷油。

11)管道保温与保护层安装(热水管保温及个别冷水管防结露处理时才用)。

12)保护层外表面刷油。

13)埋地管道挖土及回填。

14)钢板水箱制作、安装。

5.计算工程量

工程量是指按统一规则计算的各分项工程项目以规格型号分列的实物量,这里"统一规则"指的是《工程量计算规则》和各册预算定额的说明中有关的规定,实际使用时应详尽了解和分析这些规则,具体内容在后面介绍。

6.计算定额直接费。

安装工程的定额直接费计算包括两部分,简述如下:

(1)直接套定额计算定额直接费。这是定额直接费的主要部分,具体计算参后面实例。

(2)按规定系数计算定额直接费。

有些工程费用不宜由工程量直接套定额计算,而是按照定额中的规定系数和方法进行计算,然后再按定额中的规定归入直接费中。主要有以下几项费用涉及系数计算:

1)高层建筑增加费;

2)超高增加费,包括设备超高与操作超高两种情况;

3)设置在管道间,管廊内的管道,阀门、支架等安装增加费;

4)主体为现场浇筑混凝土时的预留孔洞配合人工增加费;

5)安装工程的脚手架搭拆及摊销费;

6)采暖工程、通风空调工程系统调整费;

7)安装与生产同时进行的增加费;

8)在有害身体健康环境中施工降效的增加费;

9)特殊地区或特殊条件下施工增加费。

对上述9项按规定系数计算的费用在计算时要注意以下几点:

第一,前四项为子目系数,而后五项为综合系数。子目系数是综合系数的计费基础,计算时先分别计算所发生的各子目系数增加费用，并先进行归类、小计，然后在此基础上再分别计算所发生的各个综合系数增加费。

第二，计算各项增加费时，一定要按各册预算定额说明的规定进行。要明确每项费用计算的系数、基数及增加费归类。例如，八册定额中的高层建筑增加费，其系数是按层数（大于六层）查取，其计算基数是该册人工，计算出的增加费应按该册说明归入人工费和机械费中（采暖工程、给排水工程等归类比例不尽相同，参该册说明）。而八册系统调整费的系数是 0.15，基数是该册人工费（包括应计算的子目系数增加部分），所计算出的增加费中 20% 归入人工费中，其余 80% 归入材料费。

将本工程的定额直接费计算完毕并合计后，即可进行下一步的取费计算。

7．计算各项取费并汇总单位工程预算造价。

取费计算应严格按照各地规定的取费定额和计算程序表进行。表 3-19 为山西省安装工程费用计算程序，供参考。具体费率可按本地规定。

山西省安装工程费用计算程序

表 3-19

序号	费用项目	计算公式	序号	费用项目	计算公式
1	直接费		10	劳动保险费	
2	其中人工费		11	财务费用	
3	主材费		12	间接费小计	
4	其他直接费		13	利润	
5	临时设施费		14	*动态调整	
6	现场管理费		15	定编费	
7	*文明施工增加费		16	税金	
8	直接工程费小计		17	工程造价	
9	企业管理费				

＊文明施工增加费发生时按人工费的 2.5% 取取。

＊动态调整包括材差、签证工、赶工措施费等内容，发生时计取。

8．编写施工图预算的编制说明。

9．装订成册。

预算书装订顺序如下：

1）封面

2）编制说明

3）工程取费计算表

4）定额直接费计算表

5）工程量计算表及汇总表（此项也可不列）

二、工程量计算规则

前已述及，建筑安装工程量不是一般意义上的实物量，而是有统一计算规则及确切内涵的实物量。下面，介绍室内给排水系统的工程量计算规则。

（1）管道安装

1）各种管道均以图示中心长度计算，不扣除阀门、管件（如水表、伸缩器等）所占长度。

2）镀锌铁皮套管制作以"个"为单位，其安装已包括在管道安装定额内，不得另计。

3）管道支架制作安装，室内丝接管道 $DN \leqslant 32mm$ 的管道支架制安已包括在管道安装定额中，不得另计，$DN32mm$ 以上的可另计工程量。

4）管道消毒、冲洗、压力试验均按管长"m"为计量单位，不扣除阀门、管件所占长度。

（2）阀门安装及水位标尺安装

1）各种阀门安装以"个"为计量单位。法兰阀门安装，如仅为一侧法兰连接时，定额中所列法兰、带帽螺栓及垫圈数量减半，其余不变。

2）自动排气阀安装已包括支架制作安装，不得另计工程量。

3）浮球阀安装已包括联杆及浮球的安装，不得另行计算。

4）浮标液面计、水位标尺是按国标编制的，如设计与国标不符时，可做调整。

（3）卫生器具制作安装

1）卫生器具组成安装以"组"为计量单位，已按标准图综合了卫生器具与给水管、排水管连接的人工与材料用量。不得另行计算。

2）大便槽、小便槽自动冲洗水箱安装以"套"为计量单位，已包括水箱托架的制作安装，不得另行计算。小便槽冲洗管制作与安装以"m"为计算单位，不包括阀门安装，其工程量按相应定额另行计算。

3）电热水器、电开水炉安装以"台"为计量单位，只考虑本体安装，连接管、连接件等工程量另计。

4）分户螺纹连接水表定额中已包含表前阀门的安装与阀门价格，不得再计阀门的工程量。

（4）钢板水箱制作安装

1）钢板水箱制作，按施工图所示尺寸，不扣除人孔、手孔重量，以"kg"为计量单位，法兰和短管水位计可按相应定额另计。

2）钢板水箱安装，按国家标准图集水箱容量"m^3"，执行相应定额，以"个"为计量单位。

（5）室内外管道界限划分

1）给水管道室内外分界线以距建筑物外墙皮 1.5m 为界，入口处设阀门者以阀门为界。

2）排水管道室内外分界以出户第一个排水检查井为界。图中无检查井位置则以距建筑物外墙皮 3m 为界。

3）室内采暖管道以入口阀门或距建筑物外墙皮 1.5m 为界。

下面，以某办公楼为例，说明室内给排水工程施工图预算的编制方法。

三、施工图实例分析

本工程施工图为某办公楼的给排水系统，图 3-5 为一层给水排水平面图、图 3-6 为二层卫生间给水排水平面图、图 3-7 为给水系统图、图 3-8 为排水系统图。从一层平面图看出，给水管从北侧沿⑥轴引入，距外墙 3m 处有水表井；排水管沿⑤轴向北侧排至室外检查井，井中心距外墙皮 3m，从二层平面图看，男厕有蹲便、小便器、拖布池，女厕有蹲便、洗手盆、拖布池。

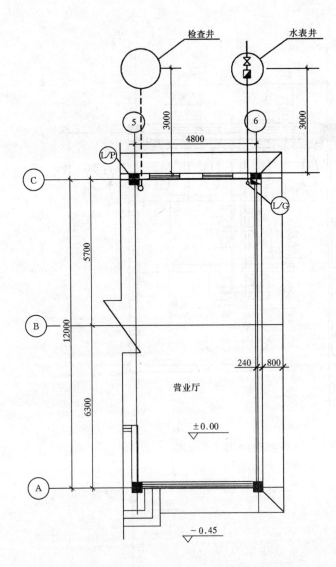

施工说明

1. 给水管材采用热浸镀锌钢管，螺纹连接，明装。蹲便采用高位水箱冲洗。小便器采用普通斗式，角阀冲洗。

2. 排水管材采用承插铸铁排水管，石棉水泥接口。

3. 防腐做法：排水铸铁管除锈合格后。埋地部分刷沥青漆两道，±0.000以上刷防锈漆两遍，刷酚醛银粉漆两遍。给水管道镀锌破坏处先补刷红丹防锈漆一道，埋地部分刷沥青漆两道，明装部分刷银粉漆两道。

4. 排出管坡度采用 $i = 0.03$，其余排水横管均采用标准坡度。

5. 本说明未尽之处，均按国家有关施工及验收规范执行。本设计相关标准图集；

98S1、98S9、98S10。

图 3-5 一层给水排水平面图

从平面及系统图看，室内外高差为 0.45m，无架空层。从施工说明中了解到器具种类，管材种类，防腐做法以及相关标准图。管道支架的数量及型号由施工规范和相关标准图来确定。

（一）划分与排列工程项目（列项）

列项应按施工图实际内容及所套定额分项工程子项进行。有些实际发生的工程内容定额中并未单独列项，而是包含在其他项中，这些内容则不可列项。如打堵洞眼工作，已包含在管道安装项目中，故不可再列项（在《劳动定额》中打洞眼的内容是单独立项的）。实际中发生而定额中确实未反映的内容（如定额空缺），则可联系本地定额管理站，与甲方协商解决。

下面是针对本工程实例的列项，与前述给排水工程一般项目有出入，因有些内容未发生。

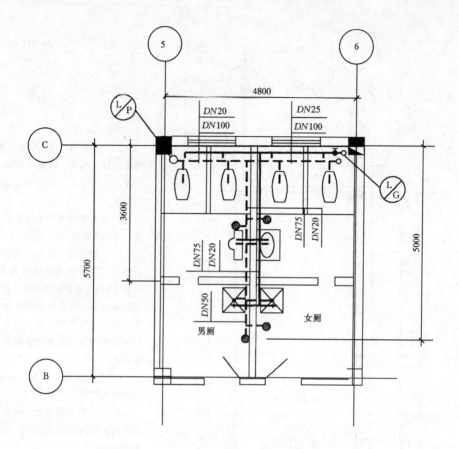

图 3-6 二层卫生间给水排水平面图

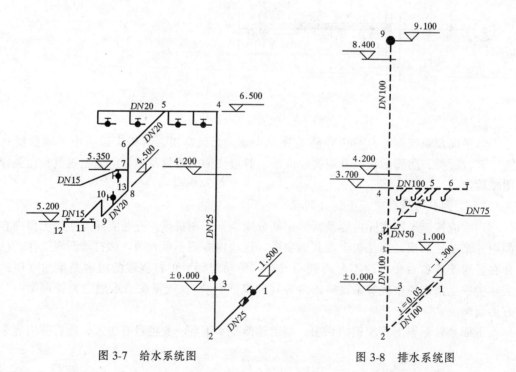

图 3-7 给水系统图

图 3-8 排水系统图

A　室内给水系统安装（属于八册定额）

1．镀锌钢管安装

2．管道消毒冲洗

3．阀门安装

4．水表组成安装

B　室内排水系统安装（属于八册定额）

1．排水铸铁管安装

2．卫生器具安装

3．地漏与地面扫除口安装

C　除锈刷油工程（属于第十一册定额范围）

1．埋地镀锌钢管刷沥青漆

2．明装镀锌钢管刷银粉漆

3．管道支架除锈与刷油

4．排水铸铁管除锈与刷油

D　埋地管道挖土、回填土（属土建定额）

1．埋地给水管道人工挖土及回填土

2．埋地排水管道人工挖土及回填土

（二）逐项计算工程量

计算工程量时，除了要遵循前述有关计算规则外，还应注意以下几点。

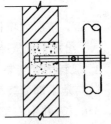

1．在熟悉施工图的基础上，对系统管段适当进行编号，以免重复或漏算，如图 3-7、图 3-8 所示。

2．要按不同的工程做法，分别计算工程量。如地上与地下的刷油做法不同，要分别套用不同的定额子目，所以管道及支架的工程量也应分开计算。

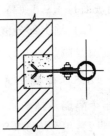

3．施工平面图中有些管道属于习惯画法，不反映管子真实长度，故计算工程量时应按实际安装位置确定。另外，管道坡度产 图 3-9　Ⅱ型立管滑动管卡生的长度变化不考虑。

DN15～DN50

4．一般情况下施工图中活动支架的位置、数量、类型由施工人员依据施工验收规范和相关标准图确定，而预算人员一般将支架的工程量计算归纳为图表，较为方便。表 3-20 为钢管管道支架的最大间距，表 3-21 为单立管支架质量表（与图 3-9 对应），图 3-9 为Ⅱ型立管滑动管卡。

钢管管道支架的最大间距　　　　　　　　　　　　　　　　表 3-20

公称直径 (mm)		15	20	25	32	40	50	65	80	100	125	150	200	250	300
支架的最大间距（m）	保温管	2	2.5	2.5	2.5	3	3	4	4	4.5	6	7	7	8	8.5
	不保温管	2.5	3	3.5	4	4.5	5	6	6	6.5	7		9.5	11	12

序号	公称直径 DN	质量 保温 不保温	扁　钢					六角带帽螺栓带垫		单个支架质量（kg）	
			规格	展开（mm）		质量（kg）		规格（套）	质量（kg）	Ⅰ型	Ⅱ型
				Ⅰ型	Ⅱ型	Ⅰ型	Ⅱ型				
			1	2	3	4	5	6	7	8 = 4 + 7	9 = 5 + 7
1	15	40	−30×3	237	337	0.17	0.24	M8×40	0.03	0.20	0.27
		20	−25×3	195	295	0.12	0.17	M8×40	0.03	0.15	0.20
2	20	50	−30×3	251	351	0.18	0.25	M8×40	0.03	0.21	0.28
		20	−25×3	219	319	0.13	0.19	M8×40	0.03	0.16	0.22
3	25	50	−35×3	282	382	0.23	0.31	M8×40	0.03	0.26	0.34
		20	−25×3	237	337	0.14	0.20	M8×40	0.03	0.17	0.23
4	32	60	−35×4	316	416	0.35	0.46	M10×45	0.05	0.40	0.51
		20	−25×3	270	370	0.16	0.22	M8×40	0.03	0.19	0.25

下面，按所列项目逐项计算工程量。

A　给水系统安装

1．镀锌钢管安装（参见图 3-5 至图 3-8）

（1）地下部分镀锌钢管安装，编号 1-2-3、DN25

3.0（表井中心至外墙皮）＋0.24（外墙厚）＋0.02（抹灰厚）＋0.04（管中心至墙内表面）＋1.5（高差）＝4.80m。

（2）地上部分镀锌钢管安装

1）编号 3-4-5，DN25

$$6.5（标高）＋\left[\frac{4.8}{2}\left(\frac{轴距}{2}\right)-0.2（半个柱宽）-0.12（管中心至柱面距离）-0.06\right.$$
（半个隔墙及抹灰）−0.04（三通中心至墙面距离)]＝8.84m。

2）编号 5-6-7-8-9-10-11，DN20

2.60＋2.0＋1.0＋0.7（10 点与 9 点高差）＋0.5＝6.8m。

2．管道消毒冲洗

按照定额，DN50 以内管道均套用同一子目，故管道消毒冲洗工程量为以上各项总和：

4.8＋8.84＋6.8＋2.4＋0.5＝23.34m。

3．阀门安装

本例中只有一个 DN25 的螺纹闸阀可计工程量：DN25 螺纹闸阀 1 个。

4．水表组成安装

入口处：DN25 螺纹水表一组（表前闸阀已包含在水表组成安装定额中，不得另计工程量）。

B　室内排水系统安装

1．排水铸铁管道安装

（1）地下部分（±0.00 以下）铸铁管道安装，编号 1-2-3，DN100：

3.0（室外检查井中心至外墙皮距离）＋0.26（墙厚及抹灰）＋0.15（管中心至墙内表面距离）＋1.3（标高）＝4.71m。

（2）地上部分铸铁管道安装

1）编号3-4-9，DN100：9.10m。

2）编号4-5-6，DN100：4.8－2×0.2（柱宽）－0.15（立管至柱面距离）－0.2（地面扫除口中心至柱面距离）＋4×0.5（四个蹲便水平配管）＋5×0.5（蹲便及扫除口垂直配管）＝8.55m。

3）编号5-7，DN75：3.8m。

4）编号7-8及其他分支管，DN50：0.5×8＝4.5m。

2．卫生器具安装

（1）洗手盆安装：1组。

（2）拖布池安装，包括两部分：

1）普通水龙头安装：2个。

2）排水栓安装：2组，DN40。

（3）大便器安装：4套（已包含高水箱及阀门）。

（4）小便器安装：1套。

3．地漏与地面扫除口安装

（1）地漏安装：4个，DN50。

（2）地面扫除口安装：1个。

C　除锈刷油工程

1．埋地镀锌钢管刷沥青漆

表3-22为每10m排水铸铁承插管刷油表面积，表3-23为每10m焊接钢管刷油、绝热工程量。

每10m排水铸铁承插管刷油表面积　　　　　　表3-22

公称直径	DN50	DN75	DN100	DN125	DN150
表面积	1.885	2.670	3.456	4.3304	5.089

每10m焊接钢管刷油、绝热工程量　　　　　　表3-23

公称直径	钢管表面积	绝热层厚度（mm）									
		20	25	30	35	40	45	50	60	70	80
15	0.668	0.027	0.038	0.051	0.065	0.081	0.099	0.118	0.162	0.213	0.270
		2.245	2.575	2.904	3.234	3.545	3.894	4.224	4.884	5.543	6.203
20	0.840	0.031	0.043	0.056	0.071	0.088	0.107	0.127	0.173	0.225	0.284
		2.417	2.747	3.077	3.407	3.737	4.067	4.397	5.056	5.716	6.376
25	1.052	0.035	0.048	0.063	0.079	0.097	0.117	0.138	0.186	0.240	0.301
		2.630	2.959	3.289	3.619	3.949	4.279	4.609	5.268	5.928	6.588
32	1.327	0.041	0.055	0.071	0.089	0.108	0.130	0.152	0.203	0.260	0.324
		2.904	3.234	3.564	3.894	4.224	4.554	4.884	5.543	6.203	6.862
40	1.508	0.045	0.060	0.077	0.096	0.116	0.138	0.162	0.214	0.273	0.339
		3.805	3.415	3.745	4.075	4.405	4.734	5.064	5.724	6.384	7.043

公称直径	钢管表面积	绝热层厚度（mm）									
		20	25	30	35	40	45	50	60	70	80
50	1.885	0.052	0.070	0.089	0.109	0.132	0.156	0.181	0.238	0.301	0.370
		3.462	3.792	4.122	4.452	4.782	5.122	5.441	6.101	6.761	7.421
65	2.312	0.062	0.082	0.103	0.128	0.152	0.178	0.206	0.268	0.336	0.410
		3.949	4.279	4.608	4.939	5.268	5.598	5.928	6.588	7.728	7.907
80	2.780	0.071	0.092	0.116	0.140	0.169	0.197	0.227	0.293	0.365	0.444
		4.357	4.687	5.017	5.347	5.677	6.007	6.337	6.996	7.656	8.316
100	3.581	0.087	0.113	0.140	0.169	0.202	0.234	0.269	0.342	0.423	0.511
		5.158	5.488	5.818	6.148	6.478	6.807	7.138	7.797	8.457	9.117
125	4.398	0.104	0.134	0.165	0.199	0.235	0.272	0.311	0.393	0.482	0.578
		5.975	6.305	6.635	6.965	7.295	7.625	7.954	8.613	9.274	9.934
150	5.184	0.212	0.154	0.189	0.227	0.268	0.309	0.351	0.442	0.539	0.643
		6.761	7.091	7.421	7.750	8.080	8.410	8.739	9.400	10.059	10.719

注：表中上行为绝热层体积（m³/10m）；下行为保护层表面积（m²/10m）。适用缠绕式和薄钢板保护层。

前面已算出 $DN25$ 镀锌管共 4.8m，查表 3-23，刷油面积为：

$$1.052m^2/10m \times 0.48 （10m） = 0.505m^2。$$

2．镀锌钢管刷银粉漆：共计 $1.87m^2$。

按前面管道工程量计算结果，查表 3-25：

$DN25$：$8.84m \div 10 \times 1.052 = 0.93m^2$。

$DN20$：$9.2m \div 10 \times 0.84 = 0.773m^2$。

$DN15$：$[0.5 + 2 （包含在器具安装中的管子）] \div 10 \times 0.668 = 0.17m^2$。

3．管道支架除锈刷油

本工程中钢管采用螺纹连接，$DN25$ 以内，支架制安工程量不计（已包含在管道安装中），而且 $DN25$ 以内管道的支架为镀锌成品，不计除锈，只计刷银粉的工程量。支架型式取定为图 3-9 中的Ⅱ型。单个支架质量可查表 3-21，支架数量参照施工图按表 3-20 确定，具体计算如下：

1）$DN25$ 管道支架：取 3 个，$3 \times 0.23 = 0.69kg$

2）$DN20$ 管道支架：取 4 个，$4 \times 0.22 = 0.88kg$。

3）$DN15$ 管道支架：取 2 个，$2 \times 0.2 = 0.4kg$。

镀管支架质量合计：$1.97kg$。

排水铸管支吊架的制作安装也包含在管道安装中，其除锈刷油计算如下：

1）$DN100$ 铸管支架：3 付，$3 \times 1.99 = 5.94kg$。

2）$DN100$、$DN50$ 吊架：各 2 付，$2 \times （2.17 + 1.01） = 6.36kg$。

铸铁管支、吊架合计：12.3kg（即除锈量）。

支架共计：14.27kg（即刷油量）。

楼板下铸铁管吊架质量表见表 3-24（管道安装定额中已包含型钢）。单立管角钢卡子质量参见表 3-25。

楼板下铸铁管吊架质量表　　　　　　　表 3-24

公称直径	吊杆 ϕ12 圆钢	吊环 ϕ12 圆钢	垫板 -50×5	总质量 （kg）	带帽螺栓 M12×60	螺帽 M12
DN100	L = 520	L = 680	L = 50	2.17	1 套	1 个
DN50	L = 550	L = 490	L = 50	1.01	1 套	1 个

单立管角钢卡子质量表（排水铸铁管）　　　　表 3-25

公称直径	角钢支架 L50×5	管卡 ϕ10 圆钢	质 量 （kg）	螺 母 M10
DN150	L = 487	L = 520	2.12	（2 个）
DN100	L = 445	L = 520	1.99	（2 个）
DN50	L = 425	L = 310	1.73	（2 个）

4. 排水铸铁管除锈与刷油

(1) 地下部分：DN100mm，前面计算出共 4.71m，

查表 3-23：$4.71 \div 10 \times 3.456 = 1.63\text{m}^2$（刷沥青漆量）

(2) 地上部分：共计 7.95m^2（刷防锈漆与银粉漆）。

1) DN100：$17.65 \div 10 \times 3.456 = 6.1\text{m}^2$。

2) DN75：$3.8 \div 10 \times 2.67 = 1\text{m}^2$。

3) DN50：$4.5 \div 10 \times 1.885 = 0.85\text{m}^2$。

上面计算的（1）与（2）之和即为除锈量：

$1.63 + 7.59 = 9.6\text{m}^2$。

D 埋地管道挖、填土方量

1. 给水管道

深度为 1.05m（1.5 - 0.45），沟宽取 0.5m，则：$V_1 = 1.05 \times 0.5 \times 3 = 1.575\text{m}^3 \approx 1.58\text{m}^3$。

2. 排水管道

深度为 0.85m（1.3 - 0.45），沟宽取 0.6m，则：$V_2 = 0.85 \times 0.6 \times 3 = 1.53\text{m}^3$。

管道体积不计，挖土、回填各 3.1m^3（$1.5\text{m}^3 + 1.53\text{m}^3 = 3.1\text{m}^3$）。

至此，本例的工程量计算过程已完毕。实际工作中，一般不需像本例用许多的文字说明来解释计算过程，而是直接在《工程量计算表》上进行计算，工程量计算表如表 3-26 所示，并将最后的工程量计算结果，按定额中分项工程子目编号及工程量单位填入工程量汇总表表 3-27 中，为计算定额直接费做好准备。

工程量计算表

表 3-26

工程编号：

工程名称：办公楼给排水工程

共　页第 1 页

部位序号	分部分项名称	单位	数量	计算公式	备注
（一）	给水系统安装				
1	镀锌钢管安装				23.34m
1)	地下部分镀管安装				4.8m
1-3	DN25 镀管丝接	m	4.80	$3+0.24+0.02+0.04+1.5$	
2)	地上部分镀管安装				18.54
3-5	DN25 镀管丝接	m	8.84	$6.5+2.4-0.2-0.12-0.06-0.04$	
5-11	DN20 镀管丝接	m	6.8	$2.6+2+1+0.7+0.5$	
5-14	DN20 镀管丝接	m	2.4		
7-13	DN15 镀管丝接	m	0.3		
11-12	DN15 镀管丝接	m	0.2		
2	管道消毒冲洗	m	23.34	$4.8+8.84+6.8+2.4+0.3+0.2$	DN50 以内螺纹连接
3	阀门安装 DN25	个	1		
4	水表组成安装 DN25	组	1		
（二）	室内排水系统安装				
1	排水铸铁管安装				
				（以下略去）	

工程量汇总表

表 3-27

工程名称：办公楼给排水安装工程

定额序号	分部分项名称	单位	数量	定额序号	分部分项名称	单位	数量
	管道安装	10m			除锈刷油工程		
8-87	镀管丝接 DN15	10m	0.05	11-1	排水铸管除轻锈	10m²	0.96
8-88	镀管丝接 DN20	10m	0.92	11-7	管道支架除轻锈	100kg	0.123
8-89	镀管丝接 DN25	10m	1.36	11-51 11-52	排水铸管刷防锈漆	10m²	0.8
8-167	排水铸管安装 DN50	10m	0.45	11-56 11-57	排水铸管刷银粉	10m²	0.8
8-168	排水铸管安装 DN75	10m	0.38	11-56 11-57	镀锌钢管刷银粉	10m²	0.187
8-169	排水铸管安装 DN100	10m	2.24	11-66 11-67	镀锌钢管刷沥青漆	10m²	0.051
	管道消毒冲洗			11-66 11-67	排水铸管刷沥青漆	10m²	0.163
8-264	DN50 以内管道消毒冲洗	100m	0.23	11-117 11-118	管道支架刷防锈漆	100kg	0.143
	阀门安装			11-122 11-123	管道支架刷银粉漆	100kg	0.143
8-277	Z15T-10DN25 闸阀	个	1		挖填土方		

84

定额序号	分部分项名称	单位	数量	定额序号	分部分项名称	单位	数量
	水表组成安装				管沟挖土方	m³	3.1
8-393	LXSE-25 水表安装	组	1		管沟回填土方	m³	3.1
	卫生器具安装						
8-424	洗手盆安装	10组	0.1				
8-441	蹲式高水箱大便器	10套	0.4				
8-452	斗式小便器安装	10套	0.1				
8-472	普通水龙头安装 DN15	10个	0.2				
8-476	排水栓安装 DN40	10组	0.2				
8-481	DN50 地漏安装	10个	0.4				
8-487	DN100 地面扫除口安装	10个	0.1				

（三）计算定额直接费

1．直接套用定额计算定额直接费

如表 3-28 中安装工程预算表所示，将工程量汇总表表 3-27 中数据逐项填入定额直接费计算表表 3-28 中第 1 至第 4 栏，再查相应定额子目编号中预算单价和工料、机单价分别填入 6、7、8、9 栏中。然后用工程量（第 4 栏）分别乘 6、7、8、9 各栏的基价和单价，计算结果再分别填入 11、12、13、14 栏中。

每行子目下面一般是列主材并计算其价格。主材数量是工程量与定额中所给主材数量（在括号内，为未计价材料，已考虑了损耗率）的乘积，例如，第一项中 DN15 镀锌管丝接的工程量为 0.05（10m），在下一行其主材量即为 0.05×10.20＝0.51m。

主材单价查地方材料预算价格表，DN15 热镀焊管价格（太原地区）为 4.19 元/m，则主材价为 0.51m×4.19 元/m＝2.4 元。每项主材的计算结果可填到第 10 栏中（而主材单价填入第 5 栏中），以便小计。定额中有几项主材，则每个子目下就计算几项。

在实际计算时，宜进行每页小计，以便复核。另外，为了便于下一步按规定系数计算定额直接费，在直接套定额计算时还要进行各册小计，以便用该册人工费做基数去乘各册系数。对于第十一册，除锈刷油与保温的脚手架搭拆系数也不相同，故二者的相应子目也要分开小计（本例中无绝热保温内容）。

2．按规定系数计算定额直接费

本例中涉及的系数为第八册定额中的脚手架搭拆费系数（人工的 5%计算，其中 25%归入人人工，其余 75%归入材料费），内浇外砌的配合人工增加费系数（人工的 3%，全部归入人工费中），还有十一册定额中除锈刷油部分的脚手架搭拆费系数（按人工费的 8%计算，其中 25%归入人工费，75%归入材料费），具体计算参见表 3-21 中安装工程（预）算表后部分。

（四）计算各项取费、汇总预算造价

参见表 3-19 安装工程费用计算程序及表 3-28 中建筑安装工程预算书。本实例按《山西省建设工程费用定额》中规定的计算程序进行，其中第 4、5 两项（属于直接工程费）的费率与工程类别有关，第 6 项文明施工增加费的费率为 2.5%，发生后才计算。第 8、

表 3-28

建筑安装工程预算书

建筑安装名称 _____

单位工程名称 生活给排水工程 _____

预（结）算总造价 _____ 元

建设单位（公章）

　　　　　　主管

　　　　　　编制

施工单位名称 _____

工　程　量 _____

单位工程造价 3734.76 _____ 元

施工单位（公章）

　　　　　　主管

　　　　　　编制

2002 年 10 月　　日

编 制 说 明

一、施工图预算编制依据

1. 《全国统一安装工程预算定额》山西价目表。

2. 《太原地区建设工程材料预算价格》。

3. 《山西建设工程费用定额》。

4. 相关的施工验收规范及标准图集。

5. 相关施工图纸及施工合同。

6. 图纸会审纪要。

二、本施工图预算中未考虑材料调价及挖、填土方工程量。

三、本工程类别为三类，施工企业取费为丙类。

建筑安装工程预算总值表

工程名称：给排水安装工程　　　　　　　　　　　　　　　　　工程地址：　　　　　　　　　　　　续表 2

结构类型：框架　　　　　　　　　　　建筑面积：

结构类别：三类　　　　企业取费类别：丙类　　　　　平米造价：

层数与栋数：

直接工程费			间接费			利润、材差、定额测编费与税金		
费用名称	费率（%）	金额（元）	费用名称	费率（%）	金额（元）	费用名称	费率（%）	金额（元）
直接费		1326.64	企业管理费	18	99.68	利润	51	282.44
其中：人工费		553.80	劳动保险费	20	110.76	材差		
材料费		765.70	财务费用	2.4	13.29	定额测编费	0.114	4.11
机械使用费		7.14				税金	3.41	123.02
其他直接费	6	33.23						
临时设施费	5	27.69						
现场管理费	21	116.30						
主材费		1595.11						
小计	元	3099.76	小计	元	225.73	小计	元	409.57
预算总值		3735.06	核准总值		元			

建设单位：　　　　　　　　　　　施工单位：　　　　　　　　　　　编制单位：

　200　年　月　日　　　（公章）　　200　年　月　日　　　（公章）　　200　年　月　日　　　（公章）

负责人：　　　　　　　　　　　　　　　　　　　　　　　　　　　　编制人：

安装工程预算表

工种名称：给排水安装工程

定额编号	分项工程名称	单位	数量	单价（元） 设备或主材费	安装费	其中 人工费	辅材费	机械费	总价（元） 设备或主材费	安装费	其中 人工费	辅材费	机械费
8-87	镀锌钢管安装DN15	10m	0.05		59.67	43.37	16.30			2.98	2.17	0.81	
	镀锌钢管DN15	m	0.51	4.19元/m					2.14				
8-88	镀锌钢管安装DN20	10m	0.92		60.86	43.37	17.49			55.99	39.90	16.09	
	镀锌钢管DN20	m	9.38	5.46元/m					51.24				
8-89	镀锌钢管安装DN25	10m	1.36		75.59	52.14	22.38	1.07		102.80	70.91	30.44	1.45
	镀锌钢管DN25	m	13.87	7.83元/m					108.62				
8-167	排水铸管安装DN50	10m	0.45		110.79	53.09	57.70			49.86	23.89	25.97	
	承插排水铸管DN50	m	3.96	14.42元/m					57.10				
8-168	排水铸管安装DN75	10m	0.38		164.63	63.52	101.11			62.56	24.14	38.42	
	承插排水铸管DN75	m	3.53	20.89元/m					73.83				
8-169	排水铸管安装DN100	10m	2.24		258.28	82.00	176.82			578.55	183.68	394.87	
	承插排水铸管DN100	m	19.94	27.35元/m					545.25				
8-264	DN50以下内管道消毒冲洗	100m	0.23		26.17	12.32	13.85			6.02	2.83	3.19	
	本页小计								838.18	858.76	347.34	509.97	1.45

编制：

89

定额编号	分项工程名称	单位	数量	单价（元） 设备或主材费	安装费	其中 人工费	辅材费	机械费	总价（元） 设备或主材费	安装费	其中 人工费	辅材费	机械费
8-277	Z15T-10 闸阀 DN25	个	1		5.58	2.84	2.74			5.58	2.84	2.74	
	Z15T-10 闸阀 DN25	个	1.01	10.98					11.09				
8-393	水表安装 DN25	组	1		25.75	11.38	14.34			25.75	11.38	14.34	
	LXSE-25 水表	只	1	65			107.94		65				
8-424	洗脸盆安装	10组	0.1		169.56	61.62			38.48	16.96	6.16	10.79	
	洗手盆 500mm	个	1.01	38.10									
	塑料存水弯 DN32	个	1.005	6.27					6.30				
8-441	高水箱蹲便安装	10套	0.4		661.73	228.94	432.79			264.69	91.58	173.11	
	瓷蹲式大便器	个	4.04	40.70					164.43				
	高水箱	个	4.04	19.60					79.18				
	配件	套	4.04	20.95					84.64				
	铸铁存水弯 DN100	个	4.02	22.96					92.30				
8-452	斗式小便器安装	10套	0.1		242.79	79.63	163.16			24.28	7.96	16.32	
	斗式小便器	个	1.01	19.10					19.29				
	存水弯 DN32	个	1.005	36.80					36.98				
	本页小计								597.69	337.26	119.92	217.34	

编制：

定额编号	分项工程名称	单位	数量	单价（元） 设备或主材费	单价 安装费	单价 其中 人工费	单价 其中 辅材费	单价 其中 机械费	总价（元） 设备或主材费	总价 安装费	总价 其中 人工费	总价 其中 辅材费	总价 其中 机械费
8-472	水龙头安装 DN15	10个	0.2		7.30	6.64	0.66			1.46	1.33	0.13	
	铜水嘴 DN15	个	2.02	4.50					9.09				
8-476	排水栓安装 DN40	10组	0.2		49.11	45.03	4.08			9.82	9.01	0.81	
	排水栓链堵	套	2	25.20					50.40				
	存水弯 DN40	个	2.01	7.52					15.12				
8-481	地漏安装 DN50	10个	0.4		52.32	37.92	14.40			20.93	15.71	5.76	
	地漏 DN50	个	4	6.69					26.76				
8-487	地面扫除口安装 DN100	10个	0.1		24.29	22.99	1.30			2.43	2.30	0.13	
	地面扫除口 DN100	个	1	19.47					19.47				
	本页小计								120.84	34.64	27.81	6.83	
	八册小计								1556.71	1230.66	495.07	734.14	1.45
11-1	排水铸铁管除轻锈	10m²	0.96		10.25	8.06	2.19			9.84	2.74	2.10	
11-7	支架除轻锈	100kg	0.123		17.85	8.06	1.62			2.20	0.99	0.20	1.01
11-51	排水铸铁管红丹一遍	10m²	0.8		7.29	6.40	0.89			5.83	5.12	0.71	
11-52	排水铸铁管红丹两遍	10m²	0.8		7.19	6.40	0.79			5.75	5.12	0.63	

编制：

91

定额编号	分项工程名称	单位	数量	单价(元) 设备或主材费	单价(元) 安装费	单价(元) 其中 人工费	单价(元) 其中 辅材费	单价(元) 其中 机械费	总价(元) 设备或主材费	总价(元) 安装费	总价(元) 其中 人工费	总价(元) 其中 辅材费	总价(元) 其中 机械费
	除锈漆 G53-1	kg	2.22	9.98					22.16				
11-56	铸管刷银粉一遍	10m²	0.8		9.50	6.40	2.86			7.60	5.31	2.29	
11-57	铸管刷银粉两遍	10m²	0.8		9.01	6.40	2.61			7.21	5.31	1.90	
	酚醛清漆	kg	0.31	9.59					2.97				
11-56	镀管刷银粉一遍	10m²	0.187		9.50	6.64	2.86			1.78	0.24	0.54	
11-57	镀管刷银粉两遍	10m²	0.187		9.01	6.40	2.61			1.68	1.20	0.48	
	酚醛清漆	kg	0.07	9.59					0.67				
11-66	管道刷沥青漆一遍	10m²	0.214		8.08	6.64	1.44			1.73	1.42	0.31	
11-67	管道刷沥青漆两遍	10m²	0.214		7.69	6.40	1.29			1.65	1.73	0.28	
	沥青漆 201-17	kg	1.145	8.24									
11-117	支架刷防锈漆一遍	100kg	0.143		14.34	5.45	0.72	8.17	9.43	2.05	0.78	1.10	1.17
11-118	支架刷防锈漆两遍	100kg	0.143		14.00	5.21	0.62	8.17		2.00	0.74	0.09	1.17
	防锈漆 G53-1	kg	0.3	9.98					2.99				
11-122	支架刷银粉漆一遍	100kg	0.143		15.63	5.21	2.25	8.17		2.24	0.75	0.32	1.17
11-123	支架刷银粉漆两遍	100kg	0.143		15.26	5.21	1.88	8.17		2.18	0.75	0.26	1.17
	本页小计							8.17		30.12	18.87	6.57	4.68

定额编号	分项工程名称	单位	数量	单价（元） 设备或主材费	安装费	其中 人工费	辅材费	机械费	总价（元） 设备或主材费	安装费	其中 人工费	辅材费	机械费
	酚醛清漆	kg	0.07	9.59					0.67				
	十一册除锈刷油小计								38.89	53.74	37.84	10.21	5.69
	按规定定额系数计算定额直接费如下：												
	①八册内瓷外砌配合人工增加费：459.07（八册人工）×3%=13.77（全部归入八册人工）												
	则八册小计								1556.71	1244.43	508.84	734.14	1.45
	②八册脚手架搭拆增加费：508.84×5%=25.44　其中人工25.44×25%=6.36　其余19.08归入辅材												
	八册合计								1556.71	1269.87	515.20	753.22	1.45
	③十一册除锈刷油工程脚手架搭拆费：37.84×8%=3.03　其中25%归入人工（0.76）、其余归入辅材（2.27）												
	十一册合计								38.89	56.77	38.60	12.48	5.69
	定额直接费合计								1595.60	1326.64	553.80	765.70	7.14

编制：

9、10 三项属于间接费，其费率与施工企业取费类别有关。本实例中，如表 3-28 中编制说明所示，工程类别为三类（可参照建筑工程的工程类别划分标准确定），企业类别假定为丙类。第 13 项动态调整主要是指材差调整，还可包括签证费，赶工费等内容，也是发生时才计算。本例均未考虑。

（五）编写说明并装订成册

如表 3-28 所示。

至此，本实例的施工图预算就编制完毕。需要说明以下几点：

1. 有些省、市规定生活给水不允许采用镀锌钢管，考虑到《全国统一安装定额》中塑料给水管仍为缺项，故本例仍采用镀锌钢管。

2. 排水管材采用铸铁管的主要目的是为了体现除锈刷油的计算内容。

3. 由于实例只计给排水，且只为二层，故有些规定系数的用法没有涉及。

4. 有关计算程序、系数、费率在实际使用时应以本地区的规定为准。

5. 表 3-28 安装工程预算表中续表 3 横项栏目为作者所加，实际预算表中并无 1 至 14 栏目之分，而且各地区预算表格形式不尽相同，但主要意思应是一致的。

6. 埋地管道的挖填土方工程量一般很少，而且由安装单位完成，故应计入安装预算，一般是归入安装取费，而不再另按土建方法取费。本实例中则只算出工程量，未计算费用，可认为是归入土建工程中。

第三节　室内采暖工程施工图预算的编制

一、概述

室内采暖工程施工图预算的编制程序与上节室内给排水工程基本相同，需要强调的有以下几点：

1. 涉及的《全国统一安装预算定额》主要有第八册《给排水、采暖、燃气工程》，第十一册《刷油、防腐蚀、绝热工程》及第六册《工业管道工程》。

2. 相应的按规定系数计算定额直接费的系数有：系统调整费、脚手架搭拆费及高层建筑增加费（6 层以上）等。其中第十一册中除锈刷油的脚手架搭拆系数与保温的不同。

3. 一般情况下，室内采暖工程施工图预算的列项如下，以供参考。

（1）室内管道安装；

（2）管道穿墙镀锌铁皮套管制作；

（3）管道穿楼板钢套管制作安装；

（4）管道支架制作安装；

（5）阀门安装；

（6）管道冲洗；

（7）散热器组成安装（以上属第八册定额范围）；

（8）集气罐制作安装；

（9）穿外墙管道防水套管制作安装（以上属第六册定额范围）；

（10）温度计、压力表、热表安装（属第十册安装范围）；

（11）管道除锈与刷油；

（12）支架除锈与刷油；

（13）散热器除锈与刷油；

（14）管道绝热层安装；

（15）绝热保护层安装；

（16）绝热保护层刷油（以上属第十一册定额范围）。

在实际工程中，第1项的管道可以是焊接钢管，塑料管（如PP-R管）或镀锌钢管等。第2项也可采用钢套管。这些都应按施工图说明或有关图纸会审记要执行。第8项如实际采用自动排气阀则按第八册套用。第10项中的热表安装在要求分户热计量的工程中采用。

4．室内采暖工程中涉及的许多有助于工程量计算的图表与上节基本一致，如除锈刷油面积、支架质量计算等。

二、工程量计算规则

1．管道安装、阀门安装、管道冲洗、小型容器制作安装等内容的工程量计算规则与上节所述内容一致。

2．供暖器具安装

（1）热空气幕安装以"台"为计量单位，其支架制作安装可按相应定额另行计算。

（2）长翼、柱型铸铁散热器组成安装以"片"为计量单位，其垫片不得换算；圆翼型铸铁散热器组成安装以"节"为计量单位。

（3）光排管散热器制作安装以"m"为计量单位，已包括联管长度，不得另行计算。

3．温度计、压力表、热表等安装和单体调试均以"台"或"块"为计量单位，执行相应定额。

4．工程一般钢套管的制作安装套用第八册预算定额中室外管道的焊接钢管项目，按相应规格的延长米计算。防水套管的制作安装则套用第十册预算定额，按不同规格分柔性和刚性套管，以"个"为计量单位，所需钢管及钢板已包括在制作定额中。

5．室内外界线一般以入口阀门或距建筑物外墙皮1.5m为界。

6．集气罐的制作安装以"个"为计量单位，按不同规格执行。

三、编制实例

图3-10为一层采暖平面图，图3-11为二层采暖平面图，图3-12为说明，图3-13为采暖系统图。从施工说明中，可以明确散热器种类（对流辐射柱翼型铸铁散热器，散热面积为0.42m²），管材种类，及除锈、刷油、保温做法。为便于计算工程量，在系统图中进行了编号。下面，就针对此实例进行施工图预算的编制。由于许多内容与上节给排水工程相类似，故叙述过程有所简化。

（一）列项

1．焊接钢管安装；

2．管道穿墙，穿楼板钢套管制作安装；

3．管道支架制作安装；

4．管道冲洗；

5．阀门安装；

6．散热器组成安装；

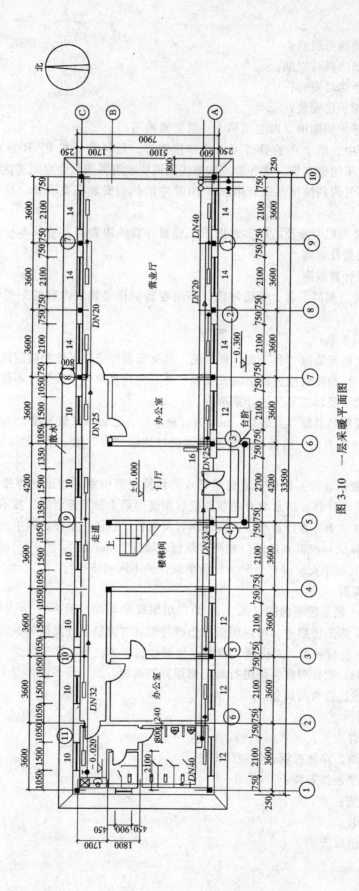

图 3-10　一层采暖平面图

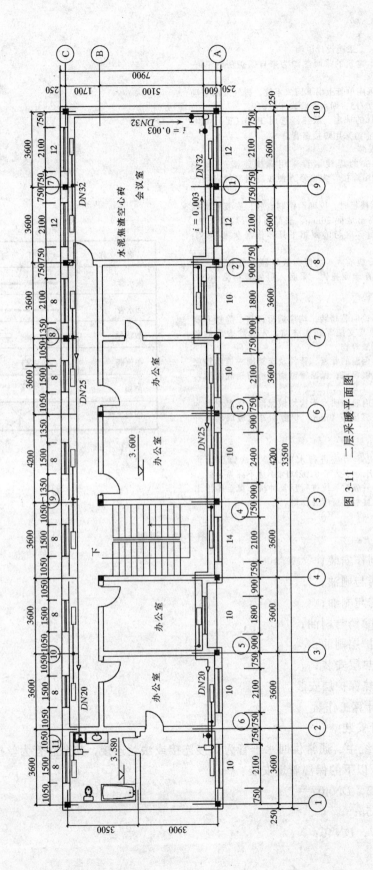

图 3-11　二层采暖平面图

97

采暖设计说明

1.工程概况:本建筑的采暖热源为来自锅炉房的 95～70℃热水。

2.采暖系统:采用单管上供下回式系统,排气采用手动集气罐,规格采用 DN15,回水干管设于地沟内。

3.散热器及管材的选用:散热器选用 TFD(Ⅲ)₁-1.0/6-5 型,落地安装,管道采用焊接钢管。

4.管道连接与安装

(1) DN≤32mm 的焊接钢管采用螺纹连接,DN >32mm 的焊接钢管采用焊接,为检修方便在适当部位应设法兰接头。

(2)管道穿墙、楼板时,应埋设钢制套管,安装在楼板内的套管其顶部应高出地面 20mm,底部与楼板底面齐平;安装在墙壁内的套管,应与饰面相平具体作法参见 98N1-170,177。

(3)散热器支管应有 1% 坡度,散热器支管长度大于1.5m 应在中间安装管卡或托钩,采暖入口装置参见 98N1-19。

5.防腐与保温

(1)采暖管道不论明装暗装,均应进行调直、除锈和刷防锈漆,管道、管件及支架等刷底漆前,先清除表面的灰尘、污垢、锈斑及焊渣等物。

(2)室内明装不保温的管道,管件及支架刷一道防锈底漆,两道耐热色漆或银粉漆;保温管道刷两道防锈底漆后再作保温层。

(3)入户管,室内暖沟回水干管均做保温,保温材料为岩棉瓦保温材料,保温层厚 40mm,保温层外包玻璃丝布并刷热沥青两遍。

6.试压与清洗

(1)管道安装完毕后应进行水压试验,试验压力为0.5MPa,在 5min 内压降不大于 0.02MPa 不渗不漏为合格。

(2)经试压合格后应对系统进行反复冲洗,直至排出水不带泥砂铁屑等杂物且水色清晰为合格。

图例

名　　称	图　　例
供水管	——————
回水管	- - - - - -
散热器	□　　　▭
排汽阀	♂
闸阀	 ⊻　⋈
固定支架	 ✳

图 3-12　说明

7.集气罐制作安装;

8.管道除锈与刷油;

9.支架除锈与刷油;

10.散热器除锈与刷油;

11.绝热保护层刷油;

12.管道绝热层安装;

13.管道绝热保护层安装。

(二)逐项计算工作量

1.焊接钢管安装

室内采暖系统中,通常供回水干管为焊接连接或法兰连接,其余立管为丝接。

(1)±0.00 以下的保温管道安装:

a.编号 1～2,DN40:

1.5+1=2.5m

编号 16～17,DN40:

98

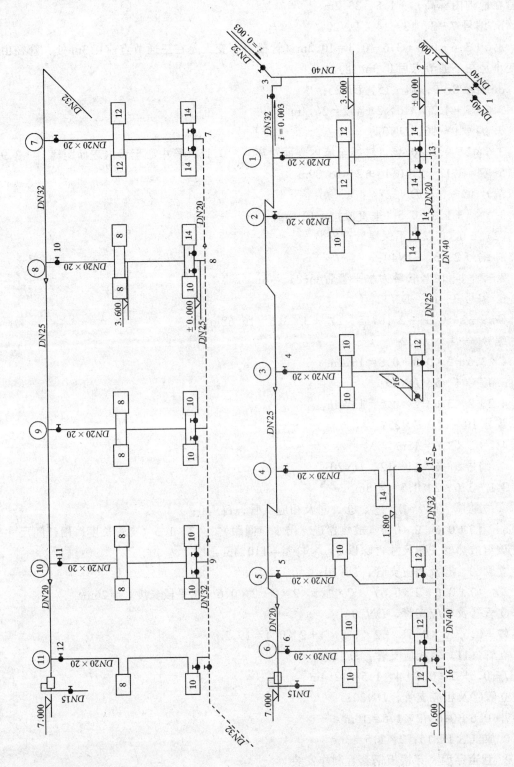

图 3-13　采暖系统图

33.5-2（节点 16 至⑩轴距离）－0.8（垂直管段至⑩轴距离）＋1（垂直管长减回水干管在地沟内标高）＋1.5＝33.2m

b. 编号 7～8，13～14，$DN20$：

3.6＋3.6－0.3＋3.6－0.3＝10.2m（管径由小变大是在三通节点前 0.3m 处，管径由大变小是在三通节点后 0.3m 处）。

c. 编号 8～9，14～15，$DN25$：

3.6×3＋4.2＋3.6×2＋4.2＝26.4m

d. 编号 9～16、$DN32$：

3.6×2＋0.3－0.12（轴线至墙内表面距离）－0.15（管中心至墙内表面距离）＋3.9＋3.5－2×0.12－2×0.15＋2＝16.09m

编号 15～16；$DN32$：

3.6×3＋1.6＋0.5（垂直段）＝12.9m

（2）±0.00 以上不保温管道安装

a. 编号 2～3、$DN40$：

7－2＋1（由竖管转为水平管后变径）＝6m

b. 编号 3～10、$DN32$：

（7.9－2×0.37－2×0.15－1）＋3×3.6＝16.68m

编号 3～4、$DN32$：

4×3.6＋2×0.5＋0.8＝16.2m

c. 编号 4～5、$DN25$：

4.2＋2×3.6＋2×0.5＝12.4m

编号 10～11、$DN25$：

4.2＋3×3.6＝15m

d. 编号 5～6、11～12、$DN20$：

3.6＋3.6＋2×0.3＝7.8m

e. 立管①、⑥、⑦、⑧、⑨、⑩及相应支管，$DN20$：

6×［7＋0.6－2×0.6（散热器进、出水口间距）］＋2×1.5（支管长度，用开间尺寸减去该组散热器安装尺寸再除以 2）×4×6＝110.4m

立管②、⑤及相应支管，$DN20$：

2×（7＋0.6－2×0.6）＋2×1.5×2×2＋2×0.6（水平段长度）＝26m

立管③及相应支管，$DN20$：

（7＋0.6－2×0.6）＋2×1.5×4＋2×0.4＝19.2m

立管（11）及相应支管，$DN20$：

7＋0.6－2×0.6＋4×1.5＝12.4m

立管④及相应支管，$DN20$：

7＋0.6－0.6＋2×1.5＝10m

f. 放气管 DN15：2×1.5＝3m

2. 管道穿墙、穿楼板钢套管制作安装

本例按设计要求，管道穿墙处也用钢套管。穿墙管长取 0.26m（抹灰每侧 10mm），穿楼板管长取 0.25m。低压液体输送钢管的规格见表 3-29 选用。从表中看出，$DN \leqslant$ 32mm 的管道，套管规格大两号；$DN \geqslant 40$ 的管道，套管规格大一号即可。

（1）穿楼板用套管

低压液体输送钢管的规格　　　　　　　　　　　　　　　表 3-29

公称直径 D_0		外径 （mm）	普通通管		加厚管		每米钢管分配的 管接头重量（以每 6m 一个管接头 计算）（kg）
mm	in		壁厚 （mm）	不计管接头 的理论重量 （kg/m）	壁厚 （mm）	不计管接头 的理论重量 （kg/m）	
8	1/4	13.50	2.25	0.62	2.75	0.73	—
10	3/8	17.00	2.25	0.82	2.75	0.97	—
15	1/2	21.3	2.75	1.25	3.25	1.44	0.01
20	3/4	26.75	2.75	1.63	3.50	2.01	0.02
25	1	33.50	3.25	2.42	4.00	2.91	0.03
32	1¼	42.25	3.25	3.13	4.00	3.77	0.04
40	1½	48.00	3.50	3.84	4.25	4.58	0.06
50	2	60.00	3.50	4.88	4.50	6.16	0.08
65	2½	75.50	3.75	6.64	4.50	7.88	0.13
80	3	88.50	4.00	8.34	4.75	9.81	0.20
100	4	114.00	4.00	10.85	5.00	13.44	0.40
125	5	140.00	4.50	15.04	5.50	18.24	0.60
150	6	165.00	4.50	17.81	5.50	21.63	0.80

注：表中所列理论重量为不镀锌钢管（黑铁管）的理论重量，镀锌钢管比不镀锌钢管重 3%～6%。

a. DN40 立管，用 DN50 钢管及套管：

$2 \times 0.25 = 0.5$m

b. DN20 主管，用 DN32 钢套管：

$(11 \times 2 - 1) \, 0.25 = 5.25$m

（2）穿墙用钢套管：

a. DN32 管道用 DN50 钢套管：

$3 \times 0.26 = 0.78$

b. DN25 管道用 DN40 钢套管：

$3 \times 0.26 = 0.78$

c. DN20 管道用 DN32 钢套管：

2×0.26（干管）$+ 8 \times 0.26 = 2.6$m

3. 管道支架制作安装

立管丝接管径 $DN \leqslant 32$mm 定额中已包括支架制作安装，只计干管支架。

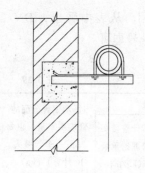

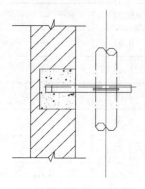

图 3-14 砖墙上滑动支架
$DN15 \sim DN150$

5. 阀门安装

各种管径下支架规格仍按表 3-30 确定。砖墙上滑动支架形式参图 3-14，沿墙安装单管托架主材规格及质量表见表 3-30。计算结果如下：

a. $DN40$ 干管共 41.7m，保温段：35.7m÷3≌12 个，取 13 个；不保温段：6m，取 2 个，共 15 个支架。按图 3-14 及表 3-30 选取；不保温支架：2×1.01kg/个＝2.02kg；保温支架：13×1.08kg/个＝14.04kg。

b. $DN32$ 干管，保温段：28.99÷2.5≌12 个，查表 3-23，每个支架重 1.04kg，12×1.04＝12.48kg；不保温段：32.88÷4≌9 个，查表 3-30，每个支架重 0.97kg，9×0.97＝8.73kg。

c. $DN25$ 干管，保温段：26.4÷2≌14 个，14×1.03＝14.42kg；不保温段：27.4÷33.5≌8 个，8×0.94＝7.52kg。

d. $DN20$ 干管，保温段：10.2÷2≌5 个，5×0.98＝4.9kg；不保温段：8÷3≌3 个，3×0.9＝2.7kg。

合计：保温管段支架 46kg；不保温管段支架：21kg，共 67kg。

4. 管道冲洗

本例中管道均小于 $DN50$ mm。将各种管径下的数量统计为 356.37m。

沿墙安装单管托架主材规格及质量表   表 3-30

序号	公称直径 DN	托架间距 (m)	质量 (kg) 保温 / 不保温	支承角钢 (1) 规格	长度 (mm)	质量 (kg)	圆钢管卡 规格 d	展开长 (mm)	质量 (kg)	螺母、垫圈 规格	质量 (kg)	单个支架质量 (kg)
			1	1	2	3	4	5	6	7	8	9＝3＋6＋8
1	15	1.5	20	∠40×4	370	0.90	8	152	0.06	M8	0.02	0.98
		1.5	20	∠40×4	330	0.80						0.88
2	20	1.5	30	∠40×4	370	0.90	8	160	0.06	M8	0.02	0.98
		≤3	20	∠40×4	340	0.82						0.90
3	25	1.5	30	∠40×4	390	0.94	8	181	0.07	M8	0.02	1.03
		≤3	20	∠40×4	350	0.85						0.94
4	32	1.5	30	∠40×4	390	0.94	8	205	0.08	M8	0.02	1.04
		≤3	20	∠40×4	360	0.87						0.97
5	40	≤3	60	∠40×4	400	0.97	8	224	0.09	M8	0.02	1.08
		≤3	20	∠40×4	370	0.90						1.01
6	50	≤3	70	∠40×4	410	0.99	8	253	0.10	M8	0.02	1.11
		≤3	30	∠40×4	380	0.92						1.04

序号	公称直径 DN	托架间距 (m)	质量(kg) 保温	支承角钢（1） 规格	长度 (mm)	质量 (kg)	圆钢管卡 规格 d	展开长 (mm)	质量 (kg)	螺母、垫圈 规格	质量 (kg)	单个支架质量 (kg)
			不保温	1	2	3	4	5	6	7	8	9＝3＋6＋8
7	70	≤3	80	∠40×4	430	1.04	10	301	0.19	M10	0.03	1.26
		≤6	80	∠40×4	400	0.97						1.19
8	80	≤3	100	∠40×4	450	1.09	10	342	0.21	M10	0.03	1.33
		≤6	100	∠40×4	430	1.04						1.28
9	100	≤3	130	∠50×5	480	1.81	10	403	0.25	M10	0.03	2.09
		≤6	140	∠50×5	450	1.70						1.98
10	125	≤3	170	∠50×5	510	1.92	12	477	0.42	M12	0.04	2.38
		≤6	200	∠50×5	490	1.85						2.31

（1）DN40 阀门：2 个

（2）DN32 阀门：4 个

（3）DN20 阀门：21＋8＋2＝31 个

（4）DN15 阀门：2 个

6. 散热器组成安装

本例中共 386 片，规格为柱型。

7. 集气罐制作安装

本例中两个 DN150 手动集气罐。

8. 管道除锈与刷油

（1）管道除锈工程量

按各种规格的管道安装工程量，查表 3-25 得到除锈工程量如下（包括地沟内及套管部分）：

a. DN40，共 41.7m，除锈面积：$4.17 \times 1.508 = 6.23 m^2$

b. DN32，共 69.72m，除锈面积：$6.973 \times 1.327 = 9.25 m^2$

c. DN25，共 53.8m，除锈面积：$5.38 \times 1.052 = 5.66 m^2$

d. DN20，共 287.09m，除锈面积：$28.71 \times 0.84 = 24.12 m^2$

e. DN15，共 3m，除锈面积：$0.3 \times 0.668 = 0.2 m^2$

f. DN50，共 1.28m，除锈面积：$0.128 \times 1.885 = 0.24$
共计除锈面积：$45.7 m^2$。

（2）管道刷防锈漆工程量

管道刷防锈漆的工程量与除锈工程量相同：$45.7 m^2$。

（3）管道刷银粉工程量

只计 ±0.00 以上的管道：

a. DN40：6m，$0.6 \times 1.508 = 0.905 m^2$

b. $DN32$：$32.88m$，$3.288 \times 1.327 = 4.36m^2$

c. $DN25$：$27.4m$，$2.74 \times 1.052 = 2.88m^2$

d. $DN20$：$185.8m$，$18.58 \times 0.84 = 15.61m^2$

e. $DN15$：$3m$，$0.2m^2$

共计刷银粉面积为 $23.96m^2$。

9. 支架除锈与刷油

本例中，立管卡子认为采用镀锌成品，不考虑除锈刷防锈漆，只计刷银粉漆。

a. 支架除锈：即为支架制作安装工程量，为 $67kg$。

b. 支架刷防锈漆：也为 $67kg$。

c. 支架刷银粉：本例中支架刷银粉的工程量应包括 ± 0.00 以上的干管支架及立、支管管卡、托勾。每层主管一个管卡（详见上节内容），质量为 $0.22kg$，共计 22 个，约 $4.9kg$。而前面已算出，不保温干管支架质量为 $21kg$，故刷银粉支架工程量为 $21 + 4.9 \cong 26kg$。

10. 散热器除锈与刷油

本例中散热器选用辐射对流铸铁 TFP（Ⅲ）-1.0/6-5 型，每片散热器面积为 $0.42m^2$，$386 \times 0.42 = 162.12m^2$。

a. 散热器除锈面积：$162.12m^2$

b. 散热器刷防锈漆与刷面漆面积：$162.12m^2$

11. 绝热保护层刷油

由表 3-25 查绝热保护层表面积。本例中绝热层厚度为 $40mm$。

a. $DN40$：$35.7m$，$3.57 \times 4.405 = 15.73m^2$

b. $DN32$：$28.99m$，$2.899 \times 4.224 = 12.25m^2$

c. $DN25$：$26.4m$，$2.64 \times 3.95 = 10.43m^2$

d. $DN20$：$10.2m$，$1.02 \times 3.74 = 3.81m^2$

共计：$43.23m^2$。

12. 管道绝热层安装

查表 3-25：

a. $DN40$：$3.57 \times 0.116 = 0.414m^3$

b. $DN32$：$2.899 \times 0.108 = 0.313m^3$

c. $DN25$：$2.64 \times 0.097 = 0.256m^3$

d. $DN20$：$1.02 \times 0.088 = 0.0898m^3$

共计：$1.073m^3$

13. 管道绝热保护层安装

与保护层刷油工程量相同：$43.23m^2$。

至此，本采暖实例工程量计算完毕，工程量汇总表见表 3-31。

（三）计算定额直接费

1. 直接套定额计算定额直接费。

计算过程与上节基本相同，计算过程及结果参见表 3-32。穿墙、穿楼板钢套管的制作安装套室内钢管焊接子目。

2．按规定系数计算定额直接费。

本例中增加了采暖系统调整一项，具体计算过程及结果参见预算取费表表3-32。

工程量汇总表   表 3-31

工程名称：

定额编号	分部分项名称	单位	数量	定额编号	分部分项名称	单位	数量
	1．室内焊接钢管安装				7．集气罐制作安装		
8-98	室内焊管丝接 DN15	10m	0.3	6-2896	集气罐制作 DN150	个	2
8-99	室内焊管丝接 DN20	10m	19.6	6-2901	集气罐安装 DN150	个	2
8-100	室内焊管丝接 DN25	10m	5.38		8．管道除锈刷油		
8-109	室内焊管丝接 DN32	10m	6.19	11-1	管道除轻锈（手工）	10m²	4.57
8-110	室内焊管焊接 DN40	10m	4.17	11-53、11-54	管道刷防锈漆两遍	10m²	4.57
	2．穿墙穿楼板钢管制作安装			11-82、11-83	管道刷银粉漆两遍	10m²	2.4
8-23	室内焊管焊接 DN32	10m	0.59		9．支架除锈刷油		
8-24	室内焊管焊接 DN40	10m	0.08	11-7	一般钢结构（支架）轻锈	100kg	0.67
8-25	室内焊管焊接 DN50	10m	0.13	11-119、11-120	支架刷防锈漆两遍	100kg	0.67
	3．管道支架制作安装			11-122、11-123	支架刷银粉漆两遍	100kg	0.26
8-212	一般管道支架制作安装	100kg	0.67		10．散热器除锈刷油		
	4．管道冲洗			11-4	散热器刷除锈（轻）	10m²	16.2
8-264	管道冲洗 DN50 以内	100m	3.57	11-198	散热器刷防锈漆	10m²	16.2
	5．阀门安装			11-200、11-201	散热器刷银粉漆两遍	10m²	16.2
8-275	丝接阀门 DN15	个	2		11．绝热保护层刷油		
8-276	丝接阀门 DN20	个	31	11-238、11-239	保护层刷沥青漆两道	10m²	4.33
8-278	丝接阀门 DN32	个	4		12．绝热层安装		
8-279	丝接阀门 DN40	个	2	11-1825	φ57mm 以下绝热层安装	m³	1.1
	6．散热器组成安装				13．绝热保护层安装		
8-525	柱型铸铁散热器安装	10 片	38.6	11-2153	玻璃丝布保护层安装	10m²	4.33

（四）取费

取费过程与上节相同。请同学们按本地取费定额进行计算。本例以山西省费用定额按三类工程，丙类取费计算。

编制单位：

预 算 取 费 表

表 3-32

序号	费用名称	计费基础	费率（%）	金额	人工费率（%）	人工费	材料费	机械费	主材
1	定额项目直接费小计			12114.40		3328.87	1515.10	300.17	6970.26
2	六册脚手架搭拆费	44.56	7.000	3.12	25	0.78	2.34		
3	八册脚手架搭拆费	2264.46	5.000	113.22	25	28.31	84.92		
4	十一册刷油脚手架搭拆费	824.88	8.000	65.99	25	16.50	49.49		
5	十一册绝热脚手架搭拆费	195.01	20.000	39.00	25	9.75	29.25		
6	系统调整费	3328.87	15.000	499.33	20	99.87	399.46		
7	定额直接费小计			12835.07		3484.07	2080.57	300.17	6970.26
8	其他直接费	3484.07	6.000	209.04					
9	临时设施费	3484.07	5.000	174.20					
10	现场管理费	3484.07	21.000	731.65					
11	现场经费			905.86					
12	小计直接费			13949.97					
13	企业管理费	3484.07	21.000	731.65					
14	劳动保险费	3484.07	20.000	696.81					
15	财务费用	3484.07	2.800	97.55					
16	间接费小计			1526.02					
17	利润	3484.07	64.000	2229.80					
18	定编费	17705.79	0.114	20.18					
19	税金	17725.98	3.410	604.46					
20	总计			18330.44					

建筑安装工程预算书

建设单位：
工种名称：办公楼室内采暖工程
分项工程名称：
编制单位：

定额编号	分部分项工程名称	单位	数量	单价（元）				合价（元）				
				合计	人工费	辅材费	机械费	合计	人工费	辅材费	机械费	主材
8-98	室内管道、焊接钢管（螺纹连接）	10m	0.300	53.76	43.37	10.39		16.13	13.01	3.12		
	焊接钢管 DN15	m	3.060	3.23								9.88
8-99	室内管道、焊接钢管（螺纹连接）	10m	19.600	58.94	43.37	15.57		1155.22	850.05	305.17		
	焊接钢管 DN20	m	199.920	4.21								841.66
8-100	室内管道、焊接钢管（螺纹连接）	10m	5.380	75.78	52.14	22.57	1.07	407.70	280.51	121.43	5.76	
	焊接钢管 DN25	m	54.876	6.05								332.00
8-109	室内管道、钢管（焊接）公称直径	10m	6.190	50.35	39.34	4.75	6.26	311.66	243.51	29.40	38.75	
	焊接钢管 DN32	m	63.138	7.83								494.37
8-110	室内管道、钢管（焊接）公称直径	10m	4.170	55.70	42.90	5.92	6.88	232.27	178.89	24.69	28.69	
	焊接钢管 DN40	m	43.534	9.64								410.03
8-23	室外管道、钢管（焊接）公称直径	10m	0.590	21.79	16.83	2.77	2.19	12.85	9.93	1.63	1.29	
	焊接钢管 DN32	m	5.989	7.83								46.89
8-24	室外管道、钢管（焊接）公称直径	10m	0.080	22.83	17.54	3.10	2.19	1.83	1.40	0.25	0.18	
	焊接钢管 DN40	m	0.812	9.64								7.83
8-25	室外管道、钢管（焊接）公称直径	10m	0.130	29.17	20.38	6.60	2.19	3.79	2.65	0.86	0.28	
	焊接钢管 DN50	m	1.320	12.25								16.17
8-212	管道、管道支架制作安装	100kg	0.670	654.24	240.32	137.18	276.74	438.34	161.01	91.91	185.42	
8-264	管道消毒、冲洗、公称直径（50mm）	100m	3.570	26.17	12.32	13.85		93.42	43.98	49.44		
8-275	阀门安装、螺纹阀、公称直径（15mm）	个	2.000	4.03	2.37	1.66		8.06	4.74	3.32		

定额编号	分部分项工程名称	单位	数量	单价（元）				合价（元）				
				合计	人工费	辅材费	机械费	合计	人工费	辅材费	机械费	主材
	内螺纹闸阀 Z15T-10 15mm	个	2.020	6.48	2.370	2.18						13.09
8-276	阀门安装、螺纹阀 公称直径（20mm）	个	31.000	4.55				141.05	73.47	67.58		
	内螺纹闸阀 Z15T-10 20mm	个	31.310	8.36								261.75
8-278	阀门安装、螺纹阀 公称直径（32mm）	个	4.000	7.48	3.56	3.92		29.92	14.24	15.68		
	内螺纹闸阀 Z15T-10 32mm	个	4.040	14.64								59.15
8-279	阀门安装、螺纹阀 公称直径（40mm）	个	2.000	11.80	5.93	5.87		23.60	11.86	11.74		
	内螺纹闸阀 Z15T-10 40mm	个	2.020	21.54								43.51
8-525	铸铁散热器组成安装 型号 柱型	10片	38.600	23.98	9.72	14.26		925.63	375.19	550.44		
	铸铁柱翼形对流散热器 JZ-400	片	266.726	12.80								3414.09
6-2896	集气罐制作 公称直径（150mm）	个	2.000	32.83	15.88	11.64	5.31	65.66	31.76	23.28	10.62	
6-2901	集气罐安装 公称直径（150mm）	个	2.000	6.40	6.40			12.80	12.80			
11-1	手工除锈 管道 轻锈	10m²	4.570	10.25	8.06	2.19		46.84	36.83	10.01		
11-53	管道刷油 防锈漆 第一遍	10m²	4.570	7.34	6.40	0.94		33.55	29.25	4.30		
	红丹	kg	5.987	8.78								52.57
11-54	管道刷油 防锈漆 第二遍	10m²	4.570	7.24	6.40	0.84		33.09	29.25	3.84		
	红丹	kg	5.118	8.78								44.94
11-82	管道刷油 银粉漆 第一遍	10m²	2.400	7.46	6.16	1.30		17.90	14.78	3.12		
	银粉漆	kg	1.608	12.48								20.07
11-83	管道刷油 银粉漆 第二遍	10m²	2.400	6.79	5.93	0.86		16.29	14.23	2.06		

定额编号	分部分项工程名称	单位	数量	单价（元） 合计	单价 人工费	单价 辅材费	单价 机械费	合价（元） 合计	合价 人工费	合价 辅材费	合价 机械费	主材
	银粉漆	kg	1.512	12.48								18.87
11-7	手工除锈 一般钢结构 轻锈	100kg	0.670	17.85	8.06	1.62	8.17	11.96	5.40	1.09	5.47	
11-119	金属结构刷油 一般钢结构 防锈漆	100kg	0.670	14.29	5.45	0.67	8.17	9.57	3.65	0.45	5.47	
	红丹	kg	0.616	8.78								5.41
11-120	金属结构刷油 一般钢结构 防锈漆	100kg	0.670	13.98	5.21	0.60	8.17	9.36	3.49	0.40	5.47	
	红丹	kg	0.523	8.78								4.59
11-122	金属结构刷油 一般钢结构 酚醛清漆	100kg	0.260	15.63	5.21	2.25	8.17	4.06	1.35	0.59	2.12	
	酚醛清漆	kg	0.065	9.59								0.62
11-123	金属结构刷油 一般钢结构 酚醛清漆	100kg	0.260	15.26	5.21	1.88	8.17	3.96	1.35	0.49	2.12	
	酚醛清漆	kg	0.060	9.59								0.58
11-4	手工除锈 设备 ϕ1000mm以上轻锈	10m²	16.200	10.72	8.53	2.19		173.67	138.19	35.48		
11-198	铸铁管、暖气片刷油 防锈漆一遍	10m²	16.200	8.80	7.82	0.98		142.56	126.68	15.88		
	红丹	kg	17.010	9.98								169.76
11-200	铸铁管、暖气片刷油 银粉漆第一遍	10m²	16.200	11.35	8.06	3.29		183.87	130.57	53.30		
	酚醛清漆	kg	7.290	9.59								69.91
11-201	铸铁管、暖气片刷油 银粉漆第二遍	10m²	16.200	10.72	7.82	2.90		173.66	126.68	46.98		
	酚醛清漆	kg	6.642	9.59								63.70
11-238	玻璃布、白布刷油 设备 沥青漆	10m²	4.330	22.99	20.38	2.61		99.55	88.25	11.30		
	沥青漆	kg	21.087	5.69								119.99
11-239	玻璃布、白布刷油 设备 沥青漆	10m²	4.330	19.31	17.30	2.01		83.61	74.91	8.70		
	沥青漆	kg	15.328	5.69								87.22
11-1825	纤维类制品（管壳）安装 管道 ϕ5	m³	1.100	156.35	133.43	15.17	7.75	171.99	146.77	16.69	8.53	
	矿岩棉保温管壳	m³	1.133	261.38								296.14
11-2153	防潮层、保护层安装 管道 玻璃布	10m²	4.330	11.25	11.14	0.11		48.72	48.24	0.48		
	玻璃纤维布	m²	60.620	1.08								65.47
合计								5144.14	3328.87	1515.10	300.17	6970.26

（五）编制说明

内容及要求与上节相同，请同学自己完成。

本 章 小 结

通过室内照明工程、室内给排水工程、室内采暖工程预算编制的实例，把握工程量计算及统计的全部方法，是施工图预算的重点。正确掌握定额及地区价目表，材料预算价格和费用定额，并能熟练使用，也是编制过程中的重要组成部分。

复 习 思 考 题

1. 变配电装置主要包括哪些电气设备？

2. 某直埋电力电缆沟长 110m，需埋没 4 根电缆，求总土方量，计算其直接费？

3. 怎样区分荧光灯为组装型和成套型，其定额编号是什么？

4. 如何进行重复接地装置的电气预算？

5. 某市区电气工程施工图预算总价 120000 元，原材差是 7000 元，结算时材差为 10000 元，计算该工程结算造价是多少？

6. 某 8 层高的建筑物，安装有 50 套成套型双管荧光灯，安装高度为 5.2m，计算其直接费（不计主材）？

7. 在给排水的项目中，为何没有一项管道压力试验？第八册预算定额中是否有这一项？是不是丢项了？

8. 预选定额中涉的需要按规定系数计算定额直接费的系数有哪几项？各项的基数如何确定？所计算出的增加费如何归类？如果归类错误，会产生什么影响？

9. 施工图预算中涉及支架的工程另有哪些？如何计算？

10. 室内采暖工程所列项目与室内给排水工程列项有哪些关系？

11. 请将采暖实例的取费、造价总汇、编写说明等内容结合本地费用定额重新计算一遍。

第四章　安装工程施工预算的编制

第一节　施工预算的概述

一、施工预算的概念及作用

（一）施工预算的概念

安装工程施工预算是施工单位在施工图预算的控制下，依据施工图和施工定额及施工组织设计编制的一种工程预算。它规定了拟建工程或分部分项工程所需人工、材料、机械台班的消耗数量和直接费的标准。

（二）施工预算的作用

施工预算的编制与贯彻执行，对建筑企业加强施工管理，实行经济核算，控制工程成本和提高管理水平都起着重要的作用，具体表现在以下几个方面：

1. 施工企业的劳资部门可以根据施工预算的劳动力需要数量，安排各工种的劳动力人数和进场时间。

2. 企业的材料供应部门可以根据施工预算的材料需用计划，进行备料和按时组织材料进场。

3. 机械设备管理部门可以根据施工预算的施工机械需用量，准备和供给现场施工所需机械。

4. 财务部门可以根据施工预算，定期进行经济活动分析，加强工程成本管理。

5. 施工企业的计划部门可以根据施工预算的工程量和定额工日数，安排施工作业计划和组织施工。

6. 企业的经营部门可以根据施工预算和施工图预算的对比，研究经营决策。

7. 施工预算是施工单位组织内部承包责任制，签发施工任务书和限额领料单的依据。

8. 施工预算所提供的人工、材料和机械台班数量，是编制单位工程施工组织设计或施工方案的基础数据。

二、施工预算的内容

施工预算的内容，原则上包括：编制说明、计算确定工程量、材料（包括主材和辅材）、人工（分工种）和机械四项指标。施工预算一般以单位工程为对象，按分部分项的工程项目进行编制，由编制说明和计算表格两部分组成。

（一）编制说明

1. 工程概况

说明工程性质、施工特点、工作内容、施工安装期限等。

2. 编制依据

说明采用的有关图纸、施工定额、施工组织设计和图纸会审记录。

3. 施工中采取的主要技术措施

对施工所采用的新技术和先进经验应用、冬雨季施工中的技术和安全措施、施工中可能发生的困难和处理办法予以说明。

4．施工中采取降低成本的措施

如劳动力、材料、机械设备等的节约措施。

5．其他需要说明的问题

（二）计算表格

施工预算的计算表格，全国尚未作统一规定，现行的主要有以下几种。

1．工程量计算表

工程量计算表是施工预算的基础性表格，表中所列出的是按施工图纸和施工定额规定计算的分部分项的工程量数量。这种表格和施工图预算中的工程量计算表格完全一样。

2．人工需用量分析表

人工需用量分析表是根据分项工程量及施工定额中的人工定额计算出的不同工种用工量，它是编制劳动计划及合理调配劳动力的依据。人工需用量分析表的格式参见表4-1

3．材料、机械台班需用量分析表

该表的材料分析部分是根据分项工程量及施工定额中的材料消耗量，计算出的材料需用量。这些是编制材料需用量计划的依据。

人工需用量分析表　　　　　表 4-1

序　号	定额编号	分项工程名称	工 程 量	综合工日		其　　　中					
						电工		焊工		……	
				定　额	合　计	定额	合计	定额	合计	…	…

该表的机械分析部分是根据分项工程量和施工定额中的机械台班消耗量定额，计算出的工程所需机械台班的数量。

材料、机械台班需用量分析表的格式，见表4-2。

材料、机械台班需用量分析表　　　　　表 4-2

序　号	定额编号	分项工程名称	工 程 量		主　材		辅　材	机　械
			单位	数量	名称	数量		

4．施工预算人工、材料、机械汇总及费用表

施工预算工料机汇总及费用表，见表4-3所示。将分项工程人工需用量分析表中的所需的工日，按工种汇总填入，以便于向施工班组签发施工任务单。将分项工程材料需用量分析表中所需各种材料的数量，区分不同的规格、型号汇总填入，作为限额领料的依据。同样，将分项工程机械台班需用量分析表中所需机械台班数，区分不同种类，汇总填入，以便于配合施工班组，对于大型机械可按计划调用。

施工预算工料机汇总及费用表　　　　　　　　表 4-3

项目名称：　　　　　　　　　　　　　　　　　　第___页　共___页

序　号	工、料名称	单　位	数　量	单　价（元）	金　额（元）	备　注
一	人　工					
	小　计					
二	材　料					
	小　计					
三	机　械					
	小　计					
	合　计					

5．两算对比表

两算对比表是在施工预算编制的后期，将计算出的人工、材料、机械消耗量以及人工费、材料费、施工机械费等项目内容与施工图预算的相应内容进行对比，找出节约或超支的原因，作为工程开工前在计划阶段的预测分析表。

两算对比表的内容参见表 4-4 和表 4-5。

两算对比表（一）直接费对比　　　　　　　　表 4-4

序　号	项　　目	施工图预算（元）	施工预算（元）	对　比　结　果	
				超　支	节　约
一	人工费				
二	材料费				
三	机械费				
四	合　计				
五	预算降低率		$\dfrac{\text{施工图预算价值} - \text{施工预算价值}}{\text{施工图预算价值}} \times 100\%$		

两算对比表（二）实物量对比表　　　　　　　表 4-5

序　号	名称及规格	单　位	施工图预算			施工预算			结　果	
			数量	单价	金额（元）	数量	单价	金额（元）	超支	节约
一	人工									
二	材料									
1	…									
2	…									
三	机械									
1	…									
2	…									

对于不编制单位工程施工组织设计或施工方案的小型施工项目，其施工预算的内容可以从简，但也应提出人工需用量和材料需用量。

三、编制依据

（一）施工图及说明书

施工图必须经过建设单位、设计单位和施工单位共同会审，并且还需有会审记录。如有设计更改，必须有设计更改图或设计更改通知。会审记录、设计更改图和设计更改通知书与施工图一样，是施工的依据，也是编制施工图预算及施工预算的依据。

（二）安装工程施工图预算

施工图预算书中的大部分工程量数据可供编制施工预算借用，并可作为考核施工预算降低成本、贯彻经济核算效果的依据。

（三）施工组织设计或施工方案

施工组织设计或施工方案中确定的施工方案、施工顺序、施工机械、技术组织措施、现场平面布置等内容，都是施工预算计算工程量和实物耗量的重要依据。

（四）现行的定额

一般包括现行的施工定额或者劳动定额、材料消耗定额和机械台班使用定额。

（五）实际勘测和测量资料

要仔细收集实际勘测和测量所获得的资料。

（六）设备材料手册及预算手册

借助设备材料手册及预算手册可以加速施工预算的编制。

四、施工预算的编制方法

施工预算的编制方法有"实物法"和"实物金额法"两种。所谓实物金额法是根据施工图和说明书，按施工定额的规定计算工程量，再分析并汇总人工和材料的数量。实物金额法编制施工预算，又分两种不同的做法：一种是根据实物法编制出的人工、材料数量，再分别乘以相应的单价，求得人工费和材料费；另一种是根据施工定额的规定，计算出各分项工程量，再套其相应施工定额的单价，得出合价。再将各分项工程的合价汇总合计，即求得单位工程直接费，其方法与施工图预算的编制方法相同。

不论采用哪种编制方法，都必须按当地的现行施工定额规定，按施工组织设计和管理的要求，进行工程量计算、工料分析和人工、材料、机械台班费的计算。具体程序如下：

（一）熟悉资料

熟悉施工图、施工定额、施工组织设计、施工图预算和其他有关资料。

（二）划分工程项目

工程项目的划分，一般是根据施工图和施工方法，按施工定额项目划分，并按施工定额项目顺序排列。

（三）计算实物工程量

工程量计算应按施工定额规定的工程量计算规则进行。计量单位必须和施工定额一致。凡可以利用的施工图预算的工程量，均可直接抄用，以加快编制速度。

将所计算的各项目工程量及其相应已列的工程子目和计量单位，按施工定额顺序排列，填写在施工预算各分部工程的"工料分析表"中。其顺序排列、填写方法，除因施工图预算定额与施工预算定额中的单位不一致而重新计算工程量，或因施工需要分施工段分别填写工程量之外，其他均与施工图预算计算基本相同。

（四）套施工定额

按所列工程项目名称，套用施工定额中相应的项目，并填入工料分析表。

（五）人工、材料、机械台班需用量分析

将各工程项目的工程量乘以相应定额，逐项计算其人工、材料和机械台班需用量，并填入表中。

（六）人工材料机械台班需用量汇总

首先按分部工程、然后再按单位工程将消耗的人工（分工种）、材料（分规格型号）、机械台班加以汇总，求出总的需求量，并填入工、料、机汇总表中。

（七）计算人工费、材料费和机械使用费

用工、料、机汇总表中人工、材料、机械台班的数量乘以相应预算单价，即可求出施工预算的人工费、材料费和机械使用费。

（八）两算对比

将施工图预算和施工预算中分部工程的人工、材料和机械台班消耗量或价值一一对应列表对比，并将对比结果加以分析。根据对比分析结果判断拟采用的施工方法和技术组织措施是否适宜。如果施工预算不能达到降低工程成本的目的，则应研究修正施工方案，以防成本亏损。当施工方案修正后，再对施工预算加以调整。

两算对比一般采用实物量对比法和实物金额对比法两种。实物量对比法即将"两算"中的人工、材料、机械台班耗量相同的项目进行对比。实物金额对比法，即将施工预算中的实物耗量乘以相应的单价，将其化为货币指标，然后再与施工图预算相应项目费用对比。

两算对比一般是直接费对比，而间接费和其他费用一般不进行对比。

（九）编写编制说明

将在下一节中作具体详细的介绍。

五、施工预算和施工图预算的区别

（一）预算编制所依据的定额不同

施工预算的人工、材料、机械台班的消耗量，是按施工定额的规定标准，并结合施工技术组织措施确定的，它反映建筑安装产品活劳动和物化劳动消耗量的付出量，是建筑安装产品的计划成本。施工图预算的人工、材料、机械台班的消耗量，是按预算定额规定的耗量标准进行计算确定的，它反映了建筑安装产品活劳动和物化劳动消耗量是补偿量，是建筑安装产品的预算成本。

（二）预算编制的用途不同

施工预算是施工企业为挖掘潜力、降低工程成本而编制的工程预算，主要是供企业内部组织施工使用，作为施工企业编制施工作业计划、确定工程承包任务的依据。编制施工图预算则是为确定建筑产品的价格，作为招标编制标底和投标报价的依据。它们是从不同的角度计算的两本经济账。

（三）工程量计算规则不同

施工预算的工程量计算，既要符合劳动定额的要求，又要符合材料消耗定额的要求，同时还要考虑生产计划和降低成本措施的要求。而施工图预算的工程量计算，只是按预算定额规定的工程量计算规则进行计算。

（四）计算方法不同

编制施工图预算，计算方法是先将各分项工程的工程量，分别乘以相应的预算定额单价，得出各分项工程基价费。累计各分项工程基价费。即得单位工程基价费。再计算间接费等费用，最后汇总，即可得出单位工程的预算造价。

编制施工预算则是先将各分项工程的工程量，分别乘以各自相应工种的劳动定额、材料和机械台班消耗定额，就得出各分项工程的人工、材料和机械台班数量。累计各分项工程的人工、材料机械台班消耗量，即得出单位工程所需的人工、各工种的工日需用量，各种规格的材料需用量和机械台班需用量。分别乘以相应预算单价并加以汇总，即得出单位工程的计划成本。

（五）预算水平与深度不同

施工图预算是社会平均水平，施工预算则是反映本企业的实际水平。施工预算项目的划分较施工图预算更细、更深，工作量更大。

第二节　施工预算编制实例

一、实例一：电气安装工程施工预算的编制

本例以太原市某公司办公楼（同第三章第一节）的重复接地工程为例，说明电气安装工程施工预算的编制方法和程序。

（一）施工图与施工说明

由施工图（图 3-1）和施工说明（第三章第一节）知，本建筑物电源由建筑物正北侧④轴线处引入，进户线高度距室外地面 4.2m，重复接地引下线、接地母线均为 40×4 的镀锌扁钢，接地极为 $\phi50×2500$ 的镀锌钢管，其间距为 5m，接地极与建筑物水平距离为3.4m。

（二）划分和排列各分项工程项目

划分和排列施工预算的分项工程项目，可以劳动定额为依据，根据本例的施工内容，主要套用全国统一劳动定额第 20 册《电气安装工程》，划分和排列的分项工程项目如下：

1. 接地极制作、安装；

2. 接地母线沿砖结构敷设；

3. 接地母线埋地敷设；

4. 接地跨接线安装；

5. 接地极挖地沟；

6. 接地电阻的试验。

（三）工程量计算

根据施工图纸和劳动定额工程量计算规则，计算各分项工程量，填入工程量计算表表4-6 中。在计算过程中，有的工程量与施工图预算工程量计算完全相同，可直接采用。

1. 接地极制作安装

该分项工程立项依据的编号为 20—587 定额子目，工程量计算单位是"根"，按施工图清点，共 4 根接地极，故该分项工程量等于 4。

2. 接地母线沿砖结构敷设

该分项工程立项依据的编号是 20—590 定额子目，工程量计量单位是"10m"，由该项施工图预算工程量知，该分项工程量为 0.436。

3. 接地母线埋地敷设

该分项工程立项依据的编号是 20—594，工程量计量单位是"10m"由该项施工图预算工程量知：该分项工程量等于 2。

序号	定额编号	分 项 工 程	单位	计 算 式	数量
1	20—587	接地极制作安装 $\phi50\times2500$	根	1×4	4
2	20—590	接地母线沿砖结构敷设 -40×4	10m	［4.2（进户点的高度）×（1+3.9%）］÷10	0.436
3	20—594	接地母线埋地敷设 -40×4	10m	［3.4（距墙水平距离）+0.75（埋深）+5（接地极间距）×3 段=19.15m　19.15m×（1+3.9%）÷10	2
4	20—599	接地跨接线安装	10处	4 处/10	0.4
5	20—1015	接地极挖地沟	m^3	沟长［3.4（距墙水平沟长）+5（接地极间距）×3 处］×0.34	6.256
6	23—492	接地电阻试验	组	1×1	1

4．接地跨接线安装

该分项工程立项依据的编号是 20—599，工程量计量单位为"10 处"，由该项施工图预算工程量知，该分项工程量是 0.4。

5．接地极挖地沟

劳动定额第 20 册第五章说明中规定：接地极挖地沟，按"电缆沟挖填土"定额执行。因此该分项工程立项套用 20—1015 号定额子目。

工程量计量单位"m^3"在施工图纸未作说明的情况下，接地极挖地沟土方量可按自然标高沟底宽 0.4m，上口宽 0.5m，深 0.75m，每米沟长 $0.34m^3$ 考虑，因此该分项工程量为 6.256。

6．接地电阻的试验

劳动定额第 20 册第五章说明中指出：本章定额不包括接地电阻的测量工作。因此，接地电阻测试分项工程需套用劳动定额第 23 册第二部分，电气设备试验调整的 23—492 号定额子目。

工程量计量单位是"组"。根据施工图纸可知，本工程共有 1 组接地装置，所以工程量为 1。

（四）套用定额、编制人工、材料、机械台班需用量分析表

1．人工部分的计算

将套用的分项工程劳动定额子目名称、定额编号、工程量计量单位和数量，逐项填入人工需用量分析表表 4-7 的相应栏目内。

将套用的定额子目所列合计定额工日数和各工种工日数，填入表 4-7 的相应栏目内，用工程量乘以定额工日数，便可得出该分项工程所需的人工数量。

（1）接地极制作、安装，镀锌钢管 $\phi50\times2500$，工程量为 4 根。

套定额 20—587，时间定额综合用工为 0.28 工日，其中接地极制作电工为 0.04 工日，焊工为 0.05 工日，合计用工 0.09 工日，接地极打入 0.19 工日。

根据劳动定额第 20 册说明规定：在一个工号中，如果全部项目用工少于 5 工日者，

其时间定额乘以 1.3；少于 10 工日者，乘以 1.2。因此：

分项工程合计工日数 = 0.28×1.3×4 = 1.46 工日

其中：焊工工日数 = 0.05×1.3×4 = 0.26 工日

电工工口数 =（0.19+0.04）×1.3×4 = 1.20 工日

（2）接地母线沿砖结构敷设，镀锌扁钢 -40×4，工程量为 0.436（10m）。

套用定额 20—590，时间定额综合用工为 0.73 工日，其中电工为 0.41 工日，焊工为 0.14 工日，合计用工 0.55 工日；打眼埋卡子用工 0.18 工日。再考虑 1.3 的系数，则

分项工程合计工日数 = 0.73×1.3×0.436 = 0.41 工日

其中：电工工日数 =（0.41+0.18）×1.3×0.436 = 0.33 工日

焊工工日数 = 0.14×1.3×0.436 = 0.08 工日

人工需用量分析表　　　　　　　　　　　表 4-7

序号	劳动定额编号	分部工程名称	工程量		综合工日		其　中			
			单位	数量	时间定额	合计	电　工		焊　工	
							定额	合计	定额	合计
1	20—507	接地极制作安装 φ50×2500	根	4	0.28×1.3	1.46	0.23×1.3	1.20	0.05×1.3	0.26
2	20—590	接地母线沿砖结构敷设 -40×4	10m	0.436	0.73×1.3	0.41	0.59×1.3	0.33	0.14×1.3	0.08
3	20—594	接地母线埋地敷设 -40×4	10m	2	0.17×1.3	0.44	0.09×1.3	0.23	0.08×1.3	0.21
4	20—599	接地跨接线安装	10 处	0.4	1.06×1.3	0.55	0.71×1.3	0.37	0.35×1.3	0.18
5	20—1015	接地极挖地沟	m³	6.256	0.326×1.3	2.65	0.326×1.3	2.65		
6	23—492	接地电阻试验	组	1	0.25	0.25	0.25	0.25		

（3）接地母线埋地敷设，镀锌扁钢 -40×4，工程量为 2（10m）。

套用定额 20—594，时间定额的合计工日为 0.17 工日，其中电工 0.09 工日，焊工 0.08 工日。再考虑 1.3 的系数，则

分项工程合计工日数 = 0.17×1.3×2 = 0.44 工日

其中：电工工日数 = 0.09×1.3×2 = 0.23 工日

焊工工日数 = 0.08×1.3×2 = 0.21 工日

（4）接地跨接线安装，工程量为 0.4（10 处）。

套用定额 20—599，时间定额用工为 1.06 工日，其中电工为 0.71 工日，焊工为 0.35 工日。再考虑 1.3 的系数，则

分项工程合计工日数 = 1.06×1.3×0.4 = 0.55 工日

其中：电工工日数 = $0.71 \times 1.3 \times 0.4 = 0.37$ 工日

焊工工日数 = $0.35 \times 1.3 \times 0.4 = 0.18$ 工日

（5）接地极挖地沟，工程量为 6.256（m^3）

套用定额 20—1015，时间定额合计用工为 0.326 工日，其中挖土 0.238 工日，填土 0.088 工日。再考虑 1.3 的系数，则

分项工程合计工日数 = $0.326 \times 1.3 \times 6.256 = 2.65$ 工日

（6）接地电阻试验，工程量为 1（组）。

套用劳动定额第 23 册第二部分，电气设备试验调整的 23—492 号定额子目，时间定额为 0.25，则

分项工程合计工日数 = $0.25 \times 1 = 0.25$ 工日

2．材料部分计算

（1）主材计算

本例所需要的主要材料，可以按施工图预算已统计出的数量或按施工预算工程计算表 4-6 中的数量，加上损耗量便可计算出，填入施工预算工料机汇总及费用表表 4-8 中。

（2）辅助材料计算

1）在材料、机械台班需用量分析表中，参照劳动定额所列的分项工程，将对应的预算定额编号，工程量单位和数量，逐项填入材料分析表的相应栏目内。

2）将所需辅助材料名称，填入分析表的相应栏目内。

3）用工程量数乘以参照预算定额所给出的辅助材料用量，便可得出该分项工程辅助材料需用数。

材料、机械需用量分析表，见表 4-9。

3．机械台班部分计算

施工预算中机械台班需用量的计算方法与辅助材料计算相同。

材料、机械需用量分析表，见表 4-9。

施工预算工料机汇总及费用表　　　　　　表 4-8

项目名称：太原市某公司办公楼-重复接地工程　　　　　　第__页　共__页

序　号	材　料　名　称	单　位	数　量	预算价	合　计
一、	人工类别				152.87
1.	综合工日	工日	6.45	23.70	152.87
二、	材料及主材类别				182.35
1.	镀锌钢管 $\phi50 \times 2500$	m	10.30	6.00	61.80
2.	镀锌扁钢板 40×4	kg	32.30	2.79	90.12
3.	棉纱	kg	0.004	6.27	0.03
4.	调和漆	kg	0.09	9.70	0.85
5.	防锈漆	kg	0.02	7.11	0.11

続表

序 号	材 料 名 称	单 位	数 量	预 算 价	合 计
6.	沥青清漆	kg	0.10	5.69	0.57
7.	厚漆	kg	0.10	5.94	0.05
8.	清油	kg	0.004	10.87	0.04
9.	镀锌扁钢 -60×6	kg	3.19	2.79	8.89
10.	钢管 $\phi40\times400$	根	0.44	3.86	1.68
11.	锯条	根	8.84	0.32	2.83
12.	电焊条 E4303 $\phi3.2$	kg	1.29	3.68	4.75
13.	电焊条 E4303 $\phi4$	kg	0.16	3.68	0.59
14.	镀锌精制带螺栓 M16×100 以内	10 套	0.45	22.24	10.04
三、	机械类别				61.86
	交流电焊机	台班	1.288	48.03	61.86
	合计				397.08

（五）人工、材料、机械台班汇总

1．人工需用量汇总

将施工预算人工需用量分析表中各分项用工汇总，得出人工总量及各种人工用量。本例重复接地工程人工用量为：综合工日为 5.76 工日（其中：电工 5.03 工日，焊工 0.73 工日）。

根据劳动定额总说明的规定：定额项目外直接生产用工（考虑各专业工种之间工序搭接、土建与安装工程的交叉、施工中临时停水、停电等发生的不可避免间歇时间），安装工程应增加 12%，增加后的人工汇总见表 4-8，其中工资标准按全国统一安装预算定额山西省价目表的规定执行。

2．材料需用量汇总

本例材料汇总及费用见表 4-8，其中材料预算价格是按太原市 2000 年建设工程材料预算价格取定的。

3．施工机械需用量汇总

本例施工机械汇总及费用见表 4-8，其中机械台班单价按 2000 年山西省《材料、机械、仪器仪表台班单价取费表》取定。

（六）两算对比表

本例的两算对比采用实物金额法。按施工图预算编的方法，套用全国统一安装工程预算定额（电气设备安装工程）山西省价目表，可计算出本例的施工图预算的人工费为 322.82 元，材料费为 184.65 元，机械费为 162.66 元，将这些数据与施工预算表 4-8 中的人工、材料、机械费数据一起填入"两算对比表"中，见表 4-10。

由于施工预算与施工图预算的作用不同，计算出的"三量"或"三费"也不同，施工预算应低于施工图预算。

（七）编写施工预算说明，整理装订成册（从略）。

表 4-9

材料、机械需用量分析表

序号	预算定额编号	分项工程名称	工程量 单位	工程量 数量	沥青清漆 (kg)	镀锌扁钢 60×6(kg)	锯条 根	电焊条结 E4303 φ3.2(kg)	镀锌精制带螺栓 M16×100 以内(10套)	电焊条 E4303 φ4(kg)	厚漆 (kg)	防锈漆 (kg)	钢管 φ 40×400 根	棉纱 (kg)	调和漆 (kg)	机械部分 交流电焊机 21kV (台班)
1	2—688	接地极制作安装 φ50×2500	根	4	0.08	1.04	6.00	0.80								1.08
2	2—696	户外接地母线沿砖结构敷设	10m	0.436	0.02	0.31	0.44	0.09	0.04				0.44	0.004	0.09	0.05
3	2—697	户外接地母线敷设	10m	2			2.00	0.4								0.08
4	2—701	接地跨接线安装	10处	0.4		1.84	0.40		0.41	0.16	0.01	0.02				0.08

表 4-10

两算对比表

序号	项目	施工图预算（元）	施工预算（元）	对比结果 节约	对比结果 超支
一	人工费	322.82	152.87	169.95	
二	材料费	184.65	182.35	2.30	
三	机械费	162.66	61.86	100.80	
四	合计	670.13	397.08	289.40	
五	预算降低率			$\dfrac{670.13 - 397.08}{670.13} \times 100\% = 40.7\%$	

121

二、实例二：室内给排水工程施工预算的编制

施工预算的编制难度远大于施工图预算，要想编制出较为准确的施工预算，要求编制者对所涉及的管材、管件、阀件、材料机具等内容要非常的熟悉，对施工技术方面的知识应较为丰富，同时，还应熟悉施工定额。本例中的施工预算仍为本书第三章第二节的室内给排水工程实例。具体过程如下。

（一）列项

施工预算的列项以劳动定额为依据。本例涉及全国统一劳动定额第十九册《管道安装工程》及第二十六册《刷油、防腐、保温工程》。对于管沟土方部分，需套第二册《人工土方工程》，本例略去未计。具体划分和排列的分项工程项目如下：

1. 生活钢管安装（含支架安装）；
2. 排水铸铁管安装（含支架安装）；
3. 螺纹阀门安装；
4. 螺纹水表安装；
5. 管道支架制作（包括排水管道及 DN32 以上丝接钢管）；
6. 打堵洞眼（只包括管道安装范围）；
7. 洗手盘安装；
8. 蹲式高水箱大便器安装；
9. 地漏、地面扫除口安装；
10. 排水栓、水嘴安装；
11. 透气帽安装；
12. 管道消毒与冲洗；
13. 排水铸铁管除锈；
14. 管道支架除锈；
15. 埋地镀锌钢管刷沥青漆；
16. 排水铸铁管刷沥青漆；
17. 排水铸铁管刷防锈漆；
18. 排水铸铁管刷银粉漆；
19. 保护层刷沥青漆；
20. 管道绝热层安装；
21. 保护层安装；
22. 土方开挖、回填。

（二）工程量计算

1. 生活钢管安装

《劳动定额》第十九册中的生活钢管安装分明装、暗装、埋地等几种。本例中均为明装，工程量见表 3-27。

2. 排水铸铁管安装

本例排水铸铁管安装工程量与表 3-27 相同。

3. 螺纹阀门安装

其工程量同施工图预算。

4. 螺纹水表安装

工程量与施工图预算相同。

5. 管道支架制作

生活管道安装不包括支架制作，需另计，本例中支架制作量即施工图预算中支架刷油量：铸铁管道支、吊架 12.3kg；

镀锌管道支架 1.97kg；

6. 打堵洞眼

本项内容只为管道安装部分的打堵洞眼工程量，不包括卫生器具等其他项。本例穿楼板要求预留孔洞，封堵亦由土建做。下面只计管架、托沟、穿墙孔洞：

（1）立管卡子、吊架、支架孔洞均按 50mm×50mm 计算，共 14 个，其中穿墙与混凝土楼板各 7 个；

（2）穿墙孔洞均按 100mm×100mm 计算，共 12 个。

7 至 10 项的工程量与施工图预算一致，参见表 3-27。

7. 透气帽安装

《劳动定额》中管道安装未包括透气帽安装，故应另计工程量，本例中排水系统设一个。

12 至 22 项工程量与表 3-27 相同。

8. 土方开挖及回填（略）。

（三）套定额，编制工、料、机分析汇总表

1. 人工部分

按所选的劳动定额相关子目名称，定额编号，及前面计算出的工程量数量与单位，逐项填入施工预算分析表中（也可将人工与材料一同分析，本例分别汇总），查取定额人工，按工种填入相应栏内（参见表 4-11），并进行计算。

给水排水施工预算人工分析汇总表列入表 4-11 中。表中数据考虑了定额项目外直接生产用工，各项人工增加 12%。

2. 材料部分

因施工定额目前没有材料消耗定额，而需借套预算定额。这里的借套绝不可以照抄预算定额中的材料部分，而是根据实际需要，参照预算定额计取。人工需用量汇总表见表 4-12。

另外，像排水铸管等材料，还需考虑每根的长度（如 0.5m、1m、1.5m 等）按整数提取。钢管如量大时，也应考虑每根长度。本来用量很小，只是取整米数。锯条、砂轮等也应按整数提取。

在材料表中，不应出现"其他材料"这样不确定的字眼（在预算定额中可出现）。

3. 机械台班部分

本例中所用机械甚少，未达到一个完整台班数，数未单列，与机械表汇入一起。也是借套预算定额。

工料机汇总表见表 4-13。

（四）两算对比

两算对比表如表 4-14 所示，本例要采用实物金额对比法。施工图预算的价值为定额直接费与主材之和，未包括取费部分。由于本例很小，施工预算按劳动定额规定对人工增加 12%（定额项目外直接生产用工）后，差额为负值。但整个预算降低率为 6.28%。

给水排水施工预算人工分析汇总表　　　　　　表 4-11

序号	劳动定额编号	各项工程名称	工程量		人工					备注
			单位	数量	时间定额	合计（工日）	其中			
							管工	焊工	油工	
1	19—1	明装镀锌钢管安装 DN15	10m	0.05	1.58	0.08	0.08			
2	19—1	明装镀锌钢管安装 DN20	10m	0.92	1.58	1.46	1.46			
3	19—2	明装镀锌钢管安装 DN25	10m	1.36	1.91	2.6	2.6			
4	19—15	排水铸铁管安装 DN50	10m	0.45	1.75	0.79	0.79			
5	19—16	排水铸铁管安装 DN75	10m	0.38	2.12	0.80	0.80			
6	19—17	排水铸铁管安装 DN100	10m	2.24	2.51	5.62	5.62			
7	19—1021	螺纹闸阀安装 DN25	个	1	0.11	0.11	0.11			
8	19—1681	水表组成安装 DN25	组	1	0.5	0.5	0.5			
9	19—1733	砖墙打、堵洞眼 50×50	10个	0.7	0.491	0.35	0.35			
10	19—1734	砖墙打、堵洞眼 100×100	10个	1.2	0.614	0.74	0.74			
11	19—1741	混凝土板打洞眼 50×50	10个	0.7	1.07	0.75	0.75			
12	19—1657	管道支架制作	100kg	0.123	2.73	0.34	0.25	0.09		
13	19—1871	洗手盆安装	10套	0.1	1.88	0.19	0.19			
14	19—1887	瓷高水箱大便器安装	10套	0.4	6.25	2.5	2.5			
15	19—1893	小便器安装	10套	0.1	2.17	0.22	0.22			
16	19—1905	排水栓安装	10套	0.2	1.7	0.34	0.34			
17	19—1914	地漏安装 DN50	10个	0.4	1.43	0.57	0.57			
18	19—1917	地面扫除口安装	10个	0.1	0.87	0.087	0.087			
19	19—1909	水嘴安装 DN15	10套	0.2	0.25	0.05	0.05			
20	19—1921	透气帽安装 DN100	10个	0.1	2.77	0.028	0.028			
21	19—2052	管道消毒冲洗 DN50 以内	100m	0.23	0.462	0.11	0.11			
22	26—2	铸铁管道除锈 DN100 以内	10m	2.62	0.118	0.31			0.31	
23	26—1	铸铁管道除锈 DN50	10m	0.45	0.084	0.04			0.04	
24	26—19	管道支架除锈	10m²	0.72	3.89	2.8			2.8	58m²/t
25	26—55	镀管刷沥青漆 DN50 以内	10m	2.3	0.23	0.53			0.53	
26	26—69	铸铁管刷防锈漆 DN50	10m	0.45	0.144	0.07			0.07	
27	26—71	铸铁管刷防锈漆 DN100	10m	2.15	0.187	0.4			0.4	
28	26—69	铸铁管刷银粉 DN50	10m	0.45	0.144	0.07			0.07	
29	26—71	铸铁管刷银粉 DN100	10m	2.15	0.187	0.4			0.4	
30	26—71	铸铁管刷沥青漆 DN100	10m	0.47	0.384	0.18			0.18	
31	26—89	支架刷防锈漆	1000kg	0.0123	4.35	0.054			0.054	
32	26—89	支架刷银粉漆	1000kg	0.0123	1.23	0.015			0.015	
		合　计				23.124	18.17	0.09	4.87	

人工需用量汇总表   表 4-12

项目名称	综合工日	其中（工日）			定额日工资标准	人工费（元）
		管工	焊工	油工		
安装工程	25.9	20.35	0.1	5.45	23.70	613.83
土方工程						
合　计						613.83

工 料 机 汇 总 表   表 4-13

建设单位：

工程名称：办公楼给排水过程

分项工程名称：　　　　　　　　编制单位：

序号	名　称	型号规格	单位	数量	单价	合计
1	排水铸铁管	DN50	m	4	14.42	57.68
2	排水铸铁管	DN75	m	4	20.89	83.56
3	排水铸铁管	DN100	m	20	27.35	545.25
4	内螺纹闸阀	Z15T-10K DN25	个	1	10.98	10.98
5	旋翼湿式水表	LXSE-25	个	1	65.00	65.00
6	铸铁地漏	DN50	个	4	6.69	26.76
7	蹲式大便器　普釉白色	610×260×200	件	4	23.80	96.15
8	挂斗式小便器　唐山白色 GV610	610×360×330	件	1	217.00	271.00
9	小便器存水弯　镀铬　S型	DN32	套	1	36.80	36.80
10	浴盆龙头　镀铬双手轮明装		套	2	138.20	276.40
11	洗脸盆存水弯　塑料　S型	30mm	副	1	6.27	6.27
12	热浸镀锌焊接钢管	DN15	m	1	4.54	4.54
13	热浸镀锌焊接钢管	DN20	m	10	5.92	59.20
14	热浸镀锌焊接钢管	DN25	m	14	8.51	118.05
15	红丹		kg	2.518	9.98	25.13
16	酚醛清漆		kg	0.750	9.59	7.19
17	沥青清漆		kg	1.143	5.69	6.50
18	排水栓	铜镀铬带堵链 DN32	个	2	21.00	42.00
19	洗脸盆		个	1	32.80	33.13
20	乙炔气		kg	0.835	13.91	11.61
21	氧气		m³	2.189	2.17	4.75
22	棉纱		kg	0.048	6.27	0.30
23	铁纱布	0～2 号	张	2	0.73	1.46
24	汽油		kg	2.153	2.40	5.17
25	镀锌铁丝	8～12 号	kg	1.633	3.38	5.52
26	锯条		根	8	0.32	2.58
27	木材		m³	0.006	1270.00	7.62
28	破布		kg	1.342	3.45	4.63

序号	名　称	型号规格	单位	数量	单价	合计
29	普通硅酸盐水泥	425 号	kg	17.692	0.26	4.60
30	沙子		m³	0.070	20.56	1.44
31	尼龙砂轮片	φ400	片	1	10.48	10.48
32	普通硅酸盐水泥	325 号	kg	14.605	0.23	3.36
33	普通硅酸盐水泥	325 号	kg	21.704	0.31	6.73
34	石棉绒		kg	5.810	3.97	23.07
35	油麻		kg	8.279	5.02	41.56
36	砂纸	0 号	张	1	0.47	0.47
37	厚漆		kg	0.539	5.94	3.20
38	镀锌管箍	DN15	个	2	0.80	1.60
39	镀锌活接头	DN15	个	4	1.95	7.88
40	镀锌活接头	DN25	个	1	2.35	2.35
41	水		t	1.562	2.75	4.30
42	橡胶板		kg	0.259	5.75	1.49
43	钢丝刷		把	1	1.99	1.99
44	线麻		kg	0.108	6.80	0.73
45	红砖	100 号或 75 号	块	64.000	0.11	7.04
46	机油		kg	0.499	3.55	1.77
47	铁丝	8 号	kg	0.245	3.12	0.76
48	室内镀锌钢管接头零件	DN15（补芯 5 个、弯头 6 个）	个	0.819	0.62	0.51
49	室内镀锌钢管接头零件	DN20（弯头 4 个、三通 6 个）	个	10	0.91	9.10
50	室内镀锌钢管接头零件	DN15（弯头 2 个、三通 2 个）	个	4	1.49	5.96
51	管子托钩	DN15	个	2	0.69	1.38
52	管子托钩	DN20	个	6	0.69	4.14
53	管卡子	DN25	个	4	0.42	1.68
54	角钢立管卡	DN100	副	2	2.34	4.68
55	铸铁管接头零件	DN50（弯头 5 个、三通 1 个）	个	6	5.66	33.96
56	铸铁管接头零件	DN75（三通 2 个、变径 1 个）	个	3	7.70	23.10
57	铸铁管接头零件	DN100（弯头 5 个、三通 1 个、检查口 1 个）	个	7	12.61	88.27
58	透气帽	DN100	个	1	3.80	3.80
59	漂白粉		kg	0.021	1.15	0.02
60	焊接钢管	DN50	m	0.400	12.25	4.90
61	螺纹闸阀	Z15T-10K DN25	个	1	13.59	13.59
62	木螺钉	M6×5	个	21	0.06	1.27
63	油灰		kg	2.310	1.05	2.43
64	全铜磨光汽水嘴	DN15	个	1	7.30	7.30
65	角型阀	（带铜活）DN15	个	4	10.17	41.09
66	防腐油		kg	0.020	2.82	0.06
67	大便器胶皮碗		个	4	0.90	3.60
68	铜丝	16 号	kg	0.320	24.64	7.88
69	铅板	δ2.6-3	kg	0.160	8.86	1.42
70	镀锌压盖	DN32	个	1	1.52	1.52
71	锁紧螺母	DN40	个	1	0.89	0.89
72	小便器角型阀	DN15	个	1	10.17	10.17
73	银粉		kg	0.188	12.55	2.36
74	动力苯		kg	0.186	3.14	0.58
75	管子切断机	φ60~150	台班	0.027	19.27	0.52
76	管子切套丝机	φ150	台班	0.041	22.71	0.93
77	合计					2162.75

两 算 对 比 表

表 4-14

施工图预算（元）		施工预算（元）		差 额
人工费	553.80	人工费	613.83	－60.03
材料费	2360.70	材料费	2162.75	197.95
机械费	7.14	机械费	1.45	5.69
合　计	2921.64	合　计	2778.03	183.61
预算降低率	$\dfrac{施工图预算值－施工预算值}{施工图预算值}\times100\%=\dfrac{2921.64-2778.03}{2921.64}\times100\%=6.28\%$			

本 章 小 结

1. 施工预算是安装施工企业编制的，用于企业内部控制拟建工程成本的计划文件，它规定了拟建工程所需人工、材料、机械台班的消耗数量和直接费的标准。

2. 施工预算的主要作用是促使安装施工企业加强生产经营管理，实行经济核算，控制工程成本和提高经济效益。施工预算主要由编制说明和计算表格两大部分组成。

3. 施工预算编制的主要依据是：工程施工图及说明、施工图预算、施工定额、施工组织设计或施工方案、地区预算价格等。

4. 施工预算与施工图预算的区别是：施工预算是用于反映安装施工企业内部生产、经营、管理关系的工程预算，是企业支出的标准；而施工图预算是用于反映安装施工企业对外关系的工程预算，是企业收入的标准。

5. 施工预算的编制方法，常用的有实物法和实物金额法两种，施工预算编制的程序是：

熟悉资料；划分工程项目；计算实物工程量；套施工定额；人工、材料、机械台班需用量分析；人工、材料、机械台班需用量汇总；计算人工费、材料费和机械使用费；两算对比；编写编制说明。

复 习 思 考 题

1. 什么是施工预算？它包括哪些内容？
2. 施工预算有哪些作用？
3. 施工预算的编制依据是什么？
4. 简述施工预算的编制方法和程序？
5. 施工预算的分项工程项目依据什么划分和排列？
6. 什么是工、料、机分析，目前这些分析采用哪些定额？
7. 什么是两算对比？怎样进行对比？它在施工企业中起什么作用？
8. 简述施工预算与施工图预算的区别？
9. 针对本书中实例分析施工定额的列项内容与施工图预算的列项内容之差别。
10. 将预算定额编号按相应内容填入人工分析表中，分析一下劳动定额与预算定额在列项方面和工作内容方面的差异。

第五章 流水施工组织

第一节 流水施工原理

一个建筑安装工程是由许多施工过程组成的，而每一个施工过程可以组织一个或多个施工班组来进行施工。如何组织各施工班组的先后顺序或平行搭接施工，是组织施工的关键。

一、建安工程施工组织方式

通常采用的施工组织方式有：依次施工、平行施工和流水施工三种。

（一）依次施工组织方式

依次施工也称顺序施工，是按照一台设备施工过程的先后顺序，由施工班组一个施工过程接一个施工过程连续进行施工的一种方式。是一种最原始、最古老、最基本的作业方式。它是由生产的客观过程所决定的。任何施工生产都必须按照客观要求的顺序，有步骤地进行。没有前一施工过程创造的条件，后面的施工过程就无法继续进行。依次施工通常有两种安排方式。

1. 按设备（或施工段）依次施工

这种方式是在一台设备各施工过程完成后，再依次完成其他各台设备各施工过程的组织方式。例如：有 4 台型号、规格相同的设备需要 $M_1 \sim M_4$ 安装。每台设备可划分为二次搬运、现场组对、安装就位和调试运行 4 个施工过程。每个施工过程所需班组人数和工作持续时间为：二次搬运 10 人 4 天；现场组对 8 人 4 天；安装就位 10 人 4 天；调试运行 5 人 4 天。按设备（或施工段）依次施工的施工进度如图 5-1 所示。图中进度表下的曲线称为劳动力消耗动态曲线，其纵坐标为每天施工人数，横坐标为施工进度（天）。

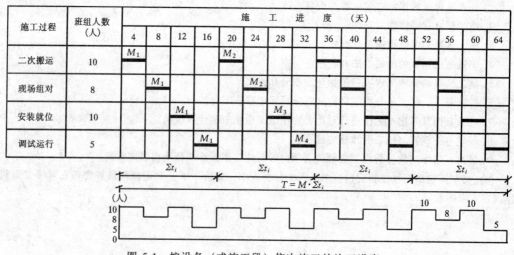

图 5-1 按设备（或施工段）依次施工的施工进度

若用 t_i 表示完成一台设备内某施工过程所需工作持续时间，则完成该台设备各施工过程所需时间为 Σt_i 完成 M 台设备所需时间为：

$$T = M \cdot \Sigma t_i \tag{5-1}$$

2. 按施工过程依次施工

这种方式是在完成每台设备的第一个施工过程后，再开始第二个施工过程的施工，直至完成最后一个施工过程的组织方式。仍按前例，按施工过程依次施工的施工进度如图 5-2 所示。这种方式完成 M 台设备所需总时间与前一种相同，但每天所需的劳动力消耗不同。

从图 5-1 和图 5-2 中可以看出：依次施工的最大优点是每天投入的劳动力较少，机具、设备和材料供应单一，施工现场管理简单，便于组织和安排。当工程规模较小，施工工作面又有限时，依次施工是适用的，也是常见的。

施工过程	班组人数（人）	施工 进 度 （天）														
		4	8	12	16	20	24	28	32	36	40	44	48	52	56	60	64
二次搬运	10	M_1	M_2	M_3	M_4												
现场组对	8					M_1	M_2	M_3	M_4								
安装就位	10									M_1	M_2	M_3	M_4				
调试运行	5													M_1	M_2	M_3	M_4

Σt_i Σt_i Σt_i Σt_i

$T = M \cdot \Sigma t_i$

（人） 10 8 10 5

图 5-2 按施工过程依次施工的施工进度

依次施工的缺点也很明显，按设备依次施工虽然能较早地完成一台设备的安装任务，但各班组施工及材料供应无法保持连续和均衡，工人有窝工现象。按施工过程依次施工时，各班组虽然能连续施工，但不能充分利用工作面，完成每台设备的时间较长。由此可见，采用依次施工工期较长，不能充分利用时间和空间，在组织安排上不尽合理，效率较低。

（二）平行施工

平行施工是指 M 台设备同时开工，同时竣工。在施工中，同工种的 M 个施工班组同时在各个施工段上进行着相同施工过程的工作。按前例的条件，其施工进度安排和劳动力消耗动态曲线如图 5-3 所示平行施工的施工进度。

从图 5-3 中可知，完成 4 台设备所需时间等于完成一台设备的时间，即：

施工过程	施工班组数	班组人数（人）	施工进度（天）							
			2	4	6	8	10	12	14	16
二次搬运	4	10	▓	▓						
现场组对	4	8			▓	▓				
安装就位	4	10					▓	▓		
调试运行	4	5							▓	▓

$T = \Sigma t_i$

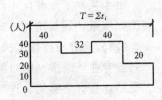

图 5-3 平行施工的施工进度

$$T = \Sigma t_i \tag{5-2}$$

平行施工的优点是能充分利用工作面，施工工期最短。但由于施工班数成倍增长（即投入施工的人数增多），机具设备、材料供应集中，临时设施相应增加，施工现场的组织、管理比较复杂。各施工班组在短期完成任务后可能出现工人窝工现象。因此，平行施工一般适用于工期较紧、大规模设备群及分期分批组织施工的工程任务。这种方式只有在各方面的资源供应有保障的前提下，才是合理的。

（三）流水施工

流水施工是在依次施工和平行施工的基础上产生的。它是一种以分工为基础的协作。它首先将安装工程划分为工程量相等或大致相等的若干施工段。然后根据施工工艺的要求把各施工段上的工作划分为若干施工过程，并组建相应的专业队组（班组），相邻两个专业队组按照施工顺序相继投入施工，在开工时间上最大限度地、合理地搭接起来。每个专业队组完成一个施工段上的施工任务后，依次地、连续地进入下一个施工段，完成相同的施工任务，保证施工在时间和空间上有节奏地、均衡地、连续地进行下去。图 5-4 所示为流水施工的施工进度。

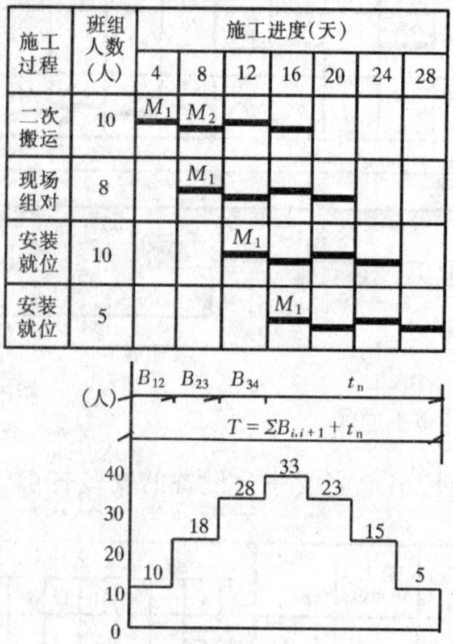

图 5-4 流水施工的施工进度

从图 5-4 中可知：流水施工所需总时间比依次施工短，各施工过程投入的劳动力比平行施工少，各施工班组能连续地、均衡地施工，前后施工过程尽可能平行搭接施工，比较充分地利用了工作面。它吸收了依次施工和平行施工的优点，克服了两者的缺点。

二、流水施工的技术经济效果

从三种施工组织方式的对比中可以看出，流水施工是一种先进的、科学的施工组织方式，可以体现出如下优越的技术效果。

（一）施工工期较短，能早日发挥基本建设投资效益

流水施工能合理地、充分地利用施工工作面，加快工程进度，缩短工期。使工程尽快交付使用或投产，发挥工程效益和社会效益。

（二）提高工人的技术水平，提高劳动生产率

流水施工使施工队组实现了专业化生产。工人连续作业，任务单纯，操作熟练，有利于不断改进操作方法和机具，有利于技术革新和技术革命，从而使工人的技术水平和生产率不断提高。

（三）提高工程质量，延长建安产品的使用寿命

由于实现了专业化生产，工人技术水平高。各专业队之间搭接作业，互相监督，可提高工程质量，延长使用寿命，减少使用过程中的维修费用。

（四）充分发挥施工机械和劳动力的生产效率

各专业队组按预定时间完成各个施工段上的任务。施工组织合理，没有频繁调动的窝工现象。在有节奏的、连续的流水施工中，施工机械和劳动力的生产效率都得以充分发挥。

130

（五）降低工程成本，提高经济效益

流水施工资源消耗均衡，便于组织供应，储存合理、利用充分，减少不必要的损耗，减少高峰期的施工人数，减少临时设施费和施工管理费。降低工程成本，提高施工企业的经济效益。

三、组织流水施工的步骤

（1）选择流水施工的工程对象，划分施工段；

（2）划分施工过程，组建专业队组；

（3）确定安装工程的先后顺序；

（4）计算流水施工参数；

（5）绘制施工进度图表。

四、流水施工的表达形式

（一）横道图

如图 5-4 所示，流水施工常用横道图表示，其左边列出各施工过程的名称及班组人数，右边用水平线段在时间坐标下画出施工进度。

（二）斜线图

图 5-5 所示为流水施工斜线图，它是图 5-4 用斜线图的表达形式，它与横道图表达的内容是一致的。在斜线图中，左边列出各施工段，右边用斜线在时间坐标下画出施工进度，每条斜线表示一个施工过程。

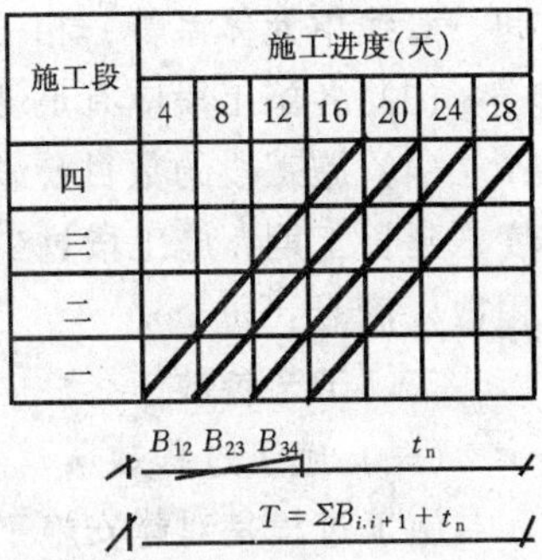

图 5-5　流水施工斜线图

（三）网络图

网络图的表达形式，见第六章。

第二节　流水施工的基本参数

流水施工的基本参数，按其性质不同，一般可分为空间参数、工艺参数和时间参数三种。

一、空间参数

（一）工作面 A（工作前线 L）

工作面是指供给专业工人或施工机械进行作业的活动空间，也称为工作前线。根据施工过程不同，它可以用不同的计量单位表示。例如管线安装按延长米（m）计量，机电设备安装按平方米（m^2）、立方米（m^3）等计量。施工对象工作面的大小，表明安置作业的人数或机械台数的多少。每个作业的人或每台机械所需工作面的大小取决于单位时间内，其完成工作量的多少和安全施工的要求。通常前一施工过程的结束，就为后一施工过程提供了工作面。工作面确定的合理与否，将直接影响专业队组的生产效率。因此，必须满足其合理工作面的规定。有关工种的工作面参见《建筑施工手册》。

（二）施工段数 m

组织流水施工时，把施工对象在平面上或空间上划分成若干个劳动量大致相等的区段，称为施工段。一般用 m 表示施工段的数目。

划分施工段的目的是为了组织流水施工，保证不同的班组能在不同的施工段上同时进行施工，并使各施工班组能按一定的时间间隔转移到另一个施工段上进行连续施工。既消除了等待、停歇现象，又互不干扰。一般情况，一个施工段上在同一时间内，只容纳一个专业班组施工。

施工段数量的多少直接影响流水施工的效果。为使施工段划分合理，一般应遵循以下原则：

（1）各施工段上的劳动量应大致相等，相差幅度不宜超过 10% ~15%，以保证各施工班组连续地、均衡地施工。

（2）施工段的划分界限应与施工对象的结构界限或空间位置（单台设备、生产线、车间、管线单元体系等）相一致，以保证施工质量和不违反操作规程要求为前提。

（3）各施工段应有足够的工作面，以利于达到较高的劳动生产率。

（4）施工段的数目要满足合理流水施工组织的要求。施工段数目过多，会减慢施工速度，延长工期；施工段过少，不利于充分利用工作面。施工段数 m 与各施工段的施工过程数 n 满足：$m \geqslant n$。

二、工艺参数

（一）施工过程数 n

施工过程是对建安施工从开工到竣工整个建造过程的统称。组织流水施工时，首先应将施工对象划分为若干个施工过程。施工过程所包含的施工内容可繁可简。可以是单项工程、单位工程，也可以是分部工程、分项工程。在指导单位工程流水施工时，一般施工过程指分项工程，其名称和工作内容与现行的有关定额一致。施工过程划分的数目多少、粗细程度一般与下列因素有关：

1. 施工计划的性质和作用

对工程施工控制性计划、长期计划，其施工过程划分可粗些，综合性大些。对中小型单位工程进度计划、短期计划，其施工过程划分可细些，具体些。例如：安装一台设备可作为一个施工过程，也可以划分为二次搬运、现场组装、安装就位和调试运行 4 个施工过程。其中二次搬运还可以分成搬运机械准备、仓库检验、吊装、平面运输、卸车等施工过程。

2. 施工方案及工程结构

施工方案不同，施工过程的划分也不同。如安装大型设备，采用空中组对焊接或地面组焊整体吊装的施工方法不同，施工过程的先后顺序、数目和内容也不同。

3. 劳动组织及劳动量的大小

施工过程的划分与施工班组及施工习惯有关。如除锈、刷漆施工，可合也可分，因有些班组是混合班组，有些班组是单一工种班组。凡是同一时期由同一施工队进行施工的施工过程可以合并在一起，否则就应分列。

4. 劳动内容和范围

施工过程的划分与其劳动内容和范围有关。如直接在施工现场的工程对象上进行的劳动过程，可以划入流水施工过程，而场外劳动内容（如预制加工、运输等）可以不划入流水施工过程。

一般小型安装工程，施工过程 n 可限 5 个左右，没有必要把施工过程分得太细、太多，给计算增添麻烦，使施工班组不便组织。

施工过程数 n 与施工段数 m 是互相联系，相互制约的，决定时应统筹考虑。

（二）流水强度 V

流水强度又称流水能力或生产能力，它表示某一施工过程在单位时间内所完成的工程量。它与选择的机械或参加作业的人数有关。

（1）机械施工过程流水强度按下式计算：

$$V = \Sigma R_i \cdot S_i (i = 1, 2, \cdots, n) \tag{5-3}$$

式中　R_i——某种施工机械台数；

　　　S_i——该种施工机械台班生产率；

　　　n——用于同一施工过程的主导机械种数。

（2）手工操作施工过程流水强度按下式计算：

$$V = R \cdot S \tag{5-4}$$

式中　R——某施工队组人数（应小于工作面上允许容纳的最多人数）；

　　　S——每个工人每班产量。

已知施工过程的工程量和流水强度就可以计算施工过程的持续时间；或者已知施工过程的工程量和计划完成的时间，就可以计算出流水强度，为参加流水施工的施工队组装备施工机械和配备工人人数提供依据。

【例】　某安装工程，有运输工程量 272000t·km。施工组织时，按 4 个施工段组织流水施工，每个施工段的运输工程量大致相等。使用解放牌、黄河牌汽车和平板拖车 10 天内完成每一施工段上的二次搬运任务。已知解放牌汽车、黄河牌汽车及平板拖车的台班生产率分别为 $S_1 = 400\text{t·km}$，$S_2 = 640\text{t·km}$，$S_3 = 2400\text{t·km}$，并已知该施工单位有黄河牌汽车 5 台、平板拖车 1 台可用于施工，试计算尚需要解放牌汽车多少台？

【解】　因为此工程划分为 4 个施工段组织流水施工，每一段上的运输工程量为：

$$Q = 272000 / 4 = 68000\text{t} \cdot \text{km}$$

流水强度为：

$$V = 68000 / 10 = 6800\text{t} \cdot \text{km/d}$$

设需用解放牌汽车 R_1 台，则：

$$V = \Sigma R_i \cdot S_i = R_1 \cdot S_1 + R_2 \cdot S_2 + R_3 \cdot S_3$$
$$6800 = R_1 \times 400 + 5 \times 640 + 1 \times 2400$$
$$R_1 = 3 \text{台}$$

所以，根据以上施工组织，该施工单位尚需配备 3 台解放牌汽车。

三、时间参数

（一）流水节拍 K

流水节拍是指从事某一施工过程的施工班组在一个施工段上完成施工任务所需的时间，用符号 K_i 表示（$i = 1, 2, \cdots n$）。流水节拍的大小直接关系着投入劳动力、机械和材料的多少，决定着施工速度和节奏。因此，合理确定流水节拍，对组织流水施工具有十分重要的意义。一般流水节拍可按下式确定：

$$K_i = P_i / (R_i \cdot b) = Q_i / (S_i \cdot R_i \cdot b) \tag{5-5}$$
$$\text{或} \quad K_i = P_i / (R_i \cdot b) = (Q_i \cdot H_i) / (R_i \cdot b) \tag{5-6}$$

式中 K_i——某施工过程的流水节拍;

P_i——在一个施工段上完成某施工过程所需的劳动量(工日数)或机械台班量(台班数);

R_i——某施工过程的施工班组人数或机械台数;

b——每天工作班数;

Q_i——某施工过程在某施工段上的工程量;

S_i——某施工过程的每工日(或每台班)产量定额;

H_i——某施工过程的时间定额。

式(5-5)、式(5-6)是根据工地现有施工班组人数或机械台数以及能够达到的定额水平来确定流水节拍的,在工期一定的情况下,也可以根据工期要求先确定流水节拍,然后应用上式求出所需的施工班组人数或机械台数。显然,在一个施工段上工程量不变的情况下,流水节拍越小,则所需施工班组人数和机械台数就越多。

在确定施工队组人数或机械台数时,必须检查劳动力、机械和材料供应的可能性,必须核实工作面是否足够等。如果工期紧,大型施工机械或工作面受限时,就应考虑增加工作班次。即由一班工作改为两班或三班工作,以解决机械和工作面的有效利用问题。

(二)流水步距 B

流水步距表示相邻两个施工过程(或施工队组),先后进入流水施工的时间间隔。流水步距的大小,对工期有着较大的影响。在施工段不变的条件下,流水步距越大,工期越长;流水步距越小,工期越短。流水步距与前后两个相邻施工过程的流水节拍的大小、施工工艺技术要求、是否有工艺和组织间歇时间、施工段数、流水施工组织方式等有关。

(三)工艺间歇时间 G

工艺间歇时间是指流水施工中某些施工过程完成后需要有合理的工艺间歇(等待)时间。工艺间歇时间与材料的性质和施工方法有关。如设备基础在浇筑混凝土后,必须经过一定的养护时间,使基础达到一定强度后才能进行设备安装;又如设备涂刷底漆后,必须经过一定的干燥时间,才能涂刷面漆。

(四)组织间歇时间 Z

组织间歇时间是指流水施工中某些施工过程完成后要有必要的检查验收或施工过程准备时间。如一些隐蔽工程的检查、焊缝检验等。

工艺间歇时间和组织间歇时间,在流水施工设计时,可以分别考虑,也可以一并考虑,或考虑在流水节拍及流水步距之中,但它们是不同的概念,其内容和作用也不一样,灵活运用工艺和组织间歇时间,对简化流水施工组织有特殊的作用。

(五)工期 T

工期是指完成一项工程任务或一个流水组施工所需的时间。一般用下式计算:

$$T = \Sigma B_{i,i+1} + t_n + \Sigma G + \Sigma Z \qquad (5\text{-}7)$$
$$(i = 1,2,\cdots n-1)$$

式中 T——流水施工工期;

$\Sigma B_{i,i+1}$——流水施工中各流水步距的总和;

t_n——最后一个施工过程在各个施工段上持续时间的总和,$t_n = K_{n1} + K_{n2} + \cdots K_{nm}$;

m——施工段数；

ΣG——工艺间歇时间总和；

ΣZ——组织间歇时间总和。

第三节 流水施工组织及计算

根据流水节拍的特征不同，流水施工的组织方式有三种，即固定节拍流水施工、成倍节拍流水施工和分别流水施工。

一、固定节拍流水施工

固定节拍流水施工是指各个施工过程在施工段上的流水节拍全部相等的一种流水施工。也称全等节拍流水施工。它用于各种建安工程的施工组织，特别是安装多台相同设备或管、线施工时，用这种方式组织施工效果较好。

（一）流水特征

（1）流水节拍相等：如果有 $i = 1，2，3，\cdots，n$ 个施工过程，在 $j = 1，2，3，\cdots，m$ 个施工段上开展流水施工，则：

$$K_{11} = K_{12} = \cdots K_{ij} \cdots = K_{nm} = K \tag{5-8}$$

式中　K_{11}——第 1 个施工过程在第 1 施工段上的流水节拍；

　　　K_{12}——第 1 个施工过程在第 2 施工段上的流水节拍；

　　　K_{ij}——第 i 个施工过程在第 j 施工段上的流水节拍；

　　　K_{nm}——第 n 个施工过程在第 m 施工段上的流水节拍；

　　　K——常数。

（2）流水步距相等：由于各施工过程流水节拍相等，相邻两施工过程的流水步距就等于一个流水节拍。即

$$B_{1,2} = B_{2,3} = \cdots = B_{i,i+1} = \cdots = B_{n-1,n} = K \tag{5-9}$$

（3）施工专业队组数等于施工过程数，即每一个施工过程成立一个专业队组，完成所有施工段的施工任务。

（4）各施工过程的施工速度相等。

（5）施工队组连续作业，施工段没有闲置。

（二）组织固定节拍流水施工示例

1. 无组织和工艺间歇时间的固定节拍流水施工组织

例如某工业管道工程 $m = 5$、$n = 4$、$K = 5$ 天，其班组人数为挖沟槽 10 人，砌管沟壁 12 人，安装管道 10 人，盖板回填土 8 人。管道工程流水施工进度如图 5-6 所示。

这种固定节拍流水施工的工期为：

$$T = \Sigma B_{i,i+1} + t_n \tag{5-10}$$

$$\because B_{i,i+1} = (n-1)K$$

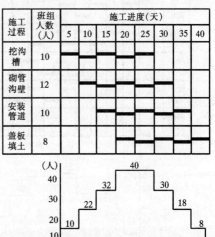

施工过程	班组人数(人)	施工进度(天)							
		5	10	15	20	25	30	35	40
挖沟槽	10								
砌管沟壁	12								
安装管道	10								
盖板填土	8								

图 5-6 管道工程流水施工进度

$$t_n = m \cdot K$$
$$\therefore T = (n-1)K + mK$$
$$= (m+n-1)K \tag{5-11}$$
$$\therefore T = (5+4-1) \times 5 = 40 \text{ 天}$$

组织固定节拍流水施工时，可以根据施工段数 m，施工过程数 n 和流水节拍 K，利用式 (5-11) 计算流水施工工期。如果工期满足要求，可直接绘制施工进度计划。否则应将这些参数调整，直到满足工期要求为止。

若已知工期 T，施工过程数 n，施工段数 m，则固定节拍流水施工的流水节拍可用下式计算：

$$K = T/(m+n-1) \tag{5-12}$$

2. 有组织和工艺间歇的固定节拍流水施工组织

例如某安装工程可划分为 6 个流水段组织流水施工，安装工程施工过程在各流水段上的持续时间如表 5-1 所示。

安装工程施工过程在各流水段上的持续时间表   表 5-1

序　号	施工过程	班组人数（人）	持续时间（天）	备　注
1	二次搬运	12	4	
2	焊接组装	10	4	焊接检验 2 天
3	吊装作业	12	4	工艺间歇 2 天
4	管线施工	10	4	
5	调整试车	8	4	

由表 5-1 可知，该施工对象可组织固定节拍流水施工。流水施工参数为：$m=6$、$n=5$、$K=4$、$\Sigma G=2$、$\Sigma Z=2$，流水施工工期按式 (5-7) 计算为：

$$T = \Sigma B_{i,i+1} + t_n + \Sigma G + \Sigma Z$$
$$= (m+n-1)K + \Sigma G + \Sigma Z$$
$$= (6+5-1) \times 4 + 2 + 2$$
$$= 44 \text{ 天}$$

如果工期满足要求，可绘制出该工程流水施工进度图表，如图 5-7 所示为固定节拍流水施工进度安排。

二、成倍节拍流水施工

组织流水施工时，将其组织成固定节拍流水施工方式，通常很难做到。由于施工对象的客观原因，往往会遇到各施工过程在各施工段上的工程量不等或工作面差别较大，而出现持续时间不能相等的情况。此时为了使各施工队组在各施工段上能连续、均衡地开展施工，在可能的条件下，应尽量使各施工过程的流水节拍互成倍数，而组成成倍节拍流水施工。

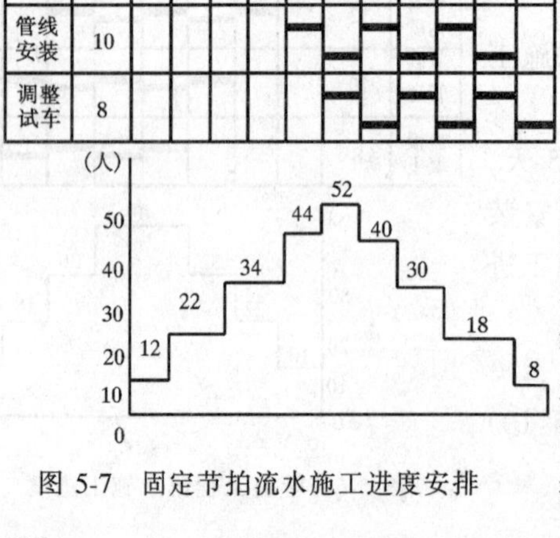

图 5-7　固定节拍流水施工进度安排

（一）流水特征

（1）流水节拍不等，但互成倍数；

（2）流水步距相等，并等于流水节拍的最大公约数；

（3）施工专业队组数 n' 大于施工过程数 n；

（4）各施工过程的流水速度相等；

（5）专业队组能连续工作，施工段没有闲置。

（二）组织成倍节拍流水施工示例

成倍节拍流水施工的组织方式是：首先根据工程对象和施工要求，划分若干个施工过程；其次根据各施工过程的内容、要求及其工程量，计算每个施工过程在每个施工段上的劳动量；接着根据施工班组人数及组成，确定劳动量最少的施工过程的流水节拍，最后确定其他劳动量较大的施工过程的流水节拍，用调整班组人数或其他技术组织措施的方法，使它们的节拍值分别等于最小节拍值的整倍数。为充分利用工作面，加快施工进度，流水节拍大的施工过程应相应增加班组数；每个施工过程所需班组数可由下式确定：

$$n_i = K_i / K_{min} \tag{5-13}$$

式中　n_i——某施工过程所需施工班组数；

　　　K_i——某施工过程的流水节拍；

　　K_{min}——所有施工过程中的最小流水节拍。

对于成倍节拍流水施工，任何两个相邻班组间的流水步距，均等于所有流水节拍中的最小流水节拍，即：

$$B_{i,i+1} = K_{min} \tag{5-14}$$

成倍节拍流水施工的工期，可按下式计算：

$$T = (m + n' - 1)K_{min} \tag{5-15}$$

式中　n'——施工班组总数，$n' = \Sigma n_i$。

【例】　某工业管道安装工程，各施工过程的持续时间（流水节拍）如表 5-2 所示。试组织成倍节拍流水施工。

各施工过程的持续时间　　　　　　　　　　　　　　　表 5-2

施工过程	挖管沟槽	砌管沟壁	安装管道	盖板回填土
流水节拍（天）	$K_1 = 4$	$K_2 = 8$	$K_3 = 8$	$K_4 = 4$

【解】　因 $K_{min} = 4$

则 $n_1 = K_1 / K_{min} = 4/4 = 1$ 个

$n_2 = K_2 / K_{min} = 8/4 = 2$ 个

$n_3 = K_3 / K_{min} = 8/4 = 2$ 个

$n_4 = K_4 / K_{min} = 4/4 = 1$ 个

施工班组总数为：$n' = \Sigma n_i = 1 + 2 + 2 + 1 = 6$ 个

流水步距为：$B' = K_{min} = 4$

工期为：

$T = (m + n' - 1) K_{min} = (4 + 6 - 1) \times 4 = 36$ 天

成倍节拍流水施工进度安排如图 5-8 所示。

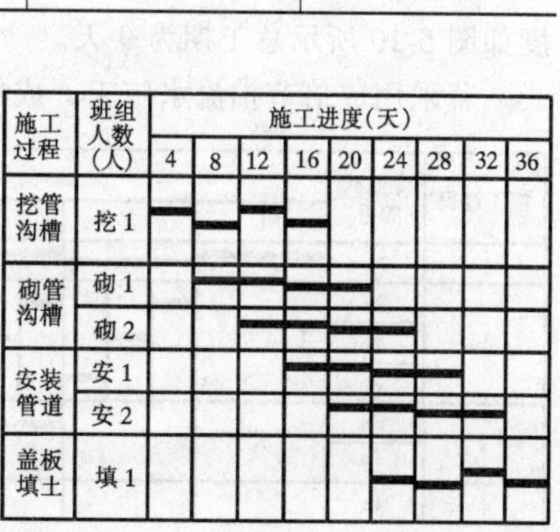

图 5-8　成倍节拍流水施工进度安排

（三）成倍节拍流水施工的其他组织方式

1. 一般流水组织方式

在流水施工中，如果同一施工过程在各施工段上的流水节拍相等，则各相邻施工过程之间的流水步距可按下式计算：

$$B_{i,i+1} = \begin{bmatrix} K_i & （当 K_i \leqslant K_{i+1} 时） \\ mK_i - (m-1)K_{i+1} & （当 K_i > K_{i+1} 时） \end{bmatrix} \tag{5-16}$$

【例】 某工程由四个施工过程组成。其节拍各自相等，分别为 $K_1 = 1$、$K_2 = 3$、$K_3 = 2$、$K_4 = 1$，分为 6 个施工段进行流水施工，试计算其流水步距及工期，并绘制施工进度计划。

【解】 由式（5-16）可得

$$B_{1,2} = K_1 = 1$$

$$B_{2,3} = mK_2 - (m-1)K_3 = 6 \times 3 - 5 \times 2 = 8$$

$$B_{3,4} = mK_3 - (m-1)K_4 = 6 \times 2 - 5 \times 1 = 7$$

$$T = \Sigma B_{i,i+1} + t_n = 1 + 8 + 7 + 1 \times 6 = 22 \text{ 天}$$

一般流水施工进度如图 5-9 所示。

图 5-9 一般流水施工进度

2. 增加专业队组加班流水组织方式

按上例，若工期要求很紧，采用增加工作班次，将第 2 施工过程用 3 个专业队组进行三班作业；将第 3 施工过程用两个专业队组进行两班作业。增加专业队组加班流水施工进度如图 5-10 所示总工期为 9 天。

若采用成倍节拍流水施工，成倍节拍流水施工进度如图 5-11 所示，总工期为 12 天。

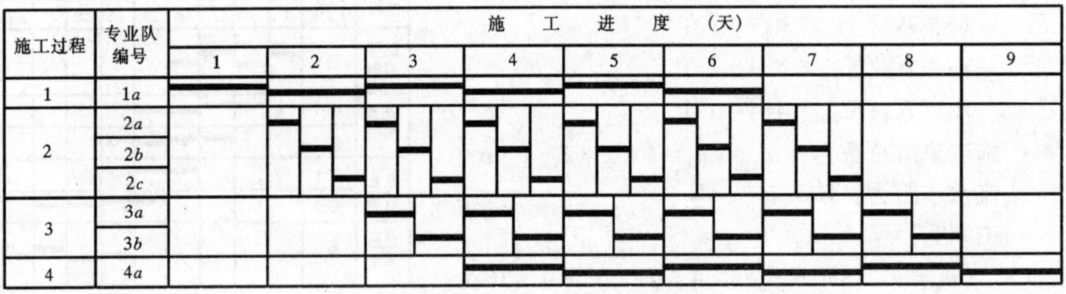

图 5-10 增加专业队组加班流水施工进度

138

三、分别流水施工

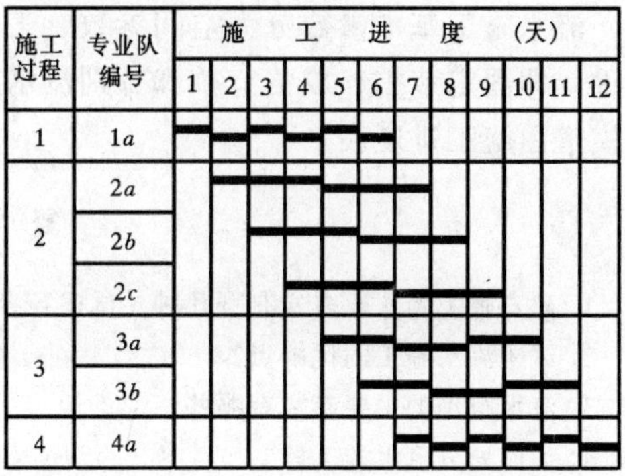

分别流水施工是指流水节拍无节奏的流水施工组织方式。它是一种常见的，应用较普遍的一种流水施工组织方式。

（一）流水特征

（1）流水节拍不等、也无统一规律的要求；

（2）流水步距与流水节拍的大小及相邻施工过程相应施工段节拍差有关；

（3）施工专业队组数目等于流水施工过程数目；

（4）各施工过程的流水速度不一定相等；

（5）施工专业队组连续工作，施工段可能有闲置。

图 5-11 成倍节拍流水施工进度

（二）组织分别流水施工示例

某工程项目分 5 个施工段，由 4 个班组分别完成每个施工段上的 4 个施工过程的任务。

各施工过程在各施工段上的流水节拍如表 5-3 所示。

流 水 节 拍 表 5-3

	一	二	三	四	五
1	3	3	2	2	3
2	4	2	3	2	3
3	2	2	3	3	2
4	2	3	4	2	2

分别流水施工进度如图 5-12 所示。

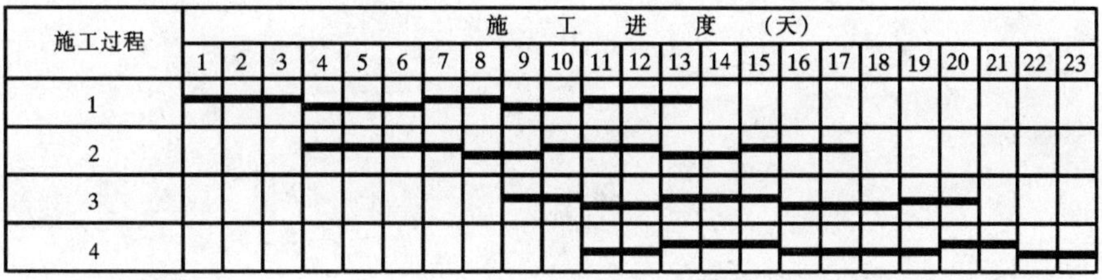

图 5-12 分别流水施工进度

本 章 小 结

建安工程的施工组织方式有：依次施工、平行施工、流水施工三种。

流水施工是指所有施工过程按一定的时间间隔依次投入施工，各施工过程陆续开工、陆续竣工，使同一施工过程的施工班组依次、连续、均衡施工，不同施工过程尽可能平行搭接施工的组织方式。

流水施工是一种先进的、科学的施工组织方式。它能有效地缩短工期、降低成本、提高劳动生产率、提高工程质量。

流水施工基本参数分为空间参数、工艺参数、时间参数三种。流水施工的组织方式有三种，即固定节拍、成倍节拍和分别流水施工。根据工程特点计算流水步距、工期，并绘制横道图施工进度表。

复 习 思 考 题

1. 建安施工的作业方式有哪几种？试述各自的特点？

2. 试述流水施工的优缺点？

3. 流水施工的主要参数有哪些？

4. 如何划分流水施工段？

5. 流水施工按节拍特征不同可分为哪几种方式？各有什么特点？

6. 有 5 台同样的设备需要安装，每台设备可以划分为 A、B、C、D 四个施工过程，设 $K_A = 2$、$K_B = 3$、$K_C = 2$、$K_D = 4$，试分别计算依次施工、平行施工及流水施工的工期，并绘制出各自的施工进度计划。（各班组均为 10 人）

7. 某安装工程划分为 5 个施工过程，分五段组织流水施工，流水节拍均为 4 天。在第 2 个施工过程结束后有 2 天的工艺间歇时间，试计算其工期并绘制施工进度计划。（各班组均为 10 人）

8. 有一工业管道安装工程，划分为 4 个施工过程，分五个施工段组织流水施工。每个施工过程在各段上的人数及持续时间为：挖土及垫层 15 人 5 天，砌基础 12 人 10 天，安装管道 10 人 10 天，盖板及回填土 15 人 5 天。试分别按成倍节拍流水施工组织方式、一般流水施工组织方式和增加专业队组加班流水组织方式计算流水施工工期，并绘制施工进度计划图表。

第六章 网络计划技术

第一节 概 述

为了适应生产发展和科技进步的要求，从 50 年代开始，国外陆续出现了一些用网络图形表达的计划管理新方法，如关键线路法（CPM）、计划评审技术（PERT）等。由于这些方法都建立在网络的基础上，因此统称为网络计划技术。

目前，网络计划技术在工业、农业、国防和科研等方面都得到了广泛的应用。在建筑和安装工程中也广泛采用网络计划技术编制建安工程生产计划和施工进度计划。它对加强施工组织计划与管理、缩短工期、提高工效、降低成本等都具有十分重要的作用。

一、由横道图到网络图

上章已经介绍，横道图是安排施工进度计划和组织流水施工常用的一种方法。横道图计划是结合时间坐标，用一系列水平线段分别表示各施工过程的施工起止时间及其先后顺序。例如，某设备安装工程有 3 台同样设备需要安装。施工过程的工作持续时间如表 6-1 所示。施工进度的横道图如图 6-1 所示。

施工过程的工作持续时间　　　　　　　　　　　　表 6-1

施工过程	平面运输	现场组装	安装调试
工作持续时间	2	3	1

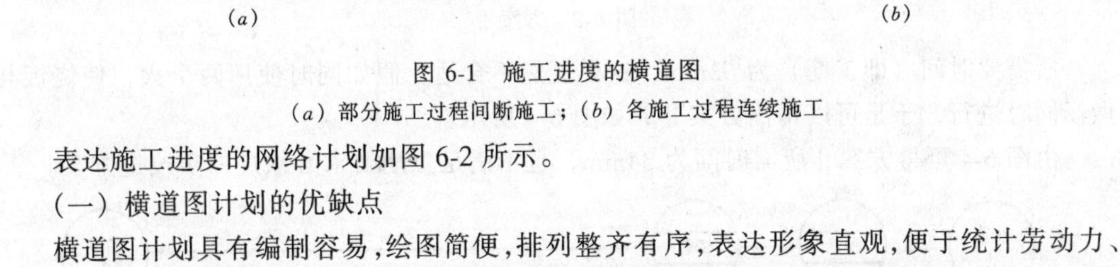

图 6-1　施工进度的横道图
(a) 部分施工过程间断施工；(b) 各施工过程连续施工

表达施工进度的网络计划如图 6-2 所示。

（一）横道图计划的优缺点

横道图计划具有编制容易，绘图简便，排列整齐有序，表达形象直观，便于统计劳动力、材料及机具的需要量等优点。它具有时间坐标，各施工过程（工作）的开始时间、工作持续时间、结束时间、相互搭接时间、工期以及流水施工的开展情况，都表示得清楚明白，一目了然。这种方法已被建安企业的施工管理人员所熟悉和掌握，目前仍被广泛采用。

但它还存在如下的缺点：

(1) 不能反映各施工过程之间的相互制约、相互联系、相互依赖的逻辑关系；

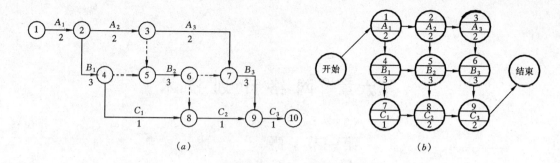

图 6-2 施工进度的网络计划

（a）双代号网络图；（b）单代号网络图

（2）不能明确指出关键施工过程（工作），不能客观地突出重点；

（3）不能看出某些施工过程(工作)存在的机动时间,也不能指出计划安排的潜力大小；

（4）不便利用计算机进行计算，更不便对计划进行科学地调整与优化。

因此单纯横道图计划仅用于简单工程，对于一项大而复杂的工程项目，需要与网络计划同时使用。

（二）网络计划的优缺点

我们先介绍一个简单的事例"做饭"。人每天都要接触到做饭炒菜这个问题。有经验的人不但做出好的饭菜，而且能对各项工作进行合理安排，做到充分利用时间和空间。

例如某家庭每天做午饭的时间只允许 30min。一顿典型的午饭包括下列几项工作；

①淘米 1min；②烧饭 28min

③洗碗 3min；④洗切肉菜 10min

⑤做汤 12min；⑥炒菜 8min

根据上述工作和时间限制，如何安排才能合理呢？如果将所有的工作一件接一件地进行，可排出方案 I 如图 6-3 所示。

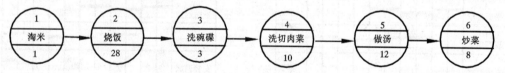

图 6-3　方案 I

所需要时间（即工期）为 62min，这样显然不合适，假如同时使用两个火，使烧饭与做汤同时进行，于是可以得出方案 II，如图 6-4 所示。

由图 6-4 可得方案 II 所需时间为 34min，也不满足工期要求必须进一步改进方案。

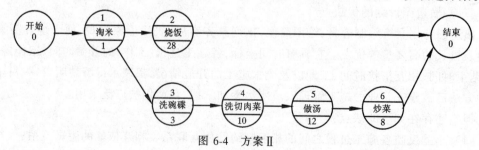

图 6-4　方案 II

142

分析方案Ⅱ可知，此时烧饭时间 28min，已不是主要矛盾，问题是其他所需 33min，因此应在这条线路上挖掘潜力。从方案Ⅱ的网络图中可以看出做汤时人的手里是空闲的，而洗切肉菜的任务既是为做汤提供条件，也包括为炒菜做准备，因此可将洗切肉菜的一部分留在做汤时进行。假定 10min 的任务有 4min 是为做汤服务，6min 为炒菜准备，则可得方案Ⅲ，如图 6-5 所示。

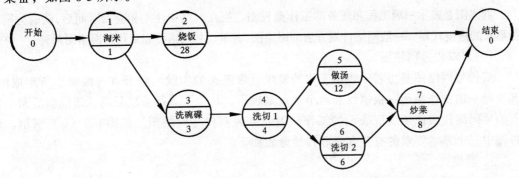

图 6-5　方案Ⅲ

方案Ⅲ的工期 29min，已经满足时间的要求。但它并不是惟一的方案，还可继续优化。假如再买一个高压锅烧饭可使烧饭时间缩短为 12min。则可得方案Ⅳ，如图 6-6 所示。

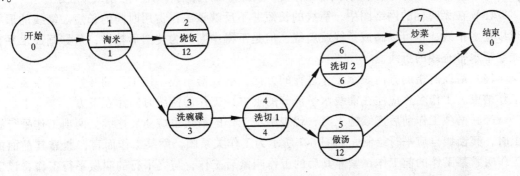

图 6-6　方案Ⅳ

由图 6-6 可见方案 Ⅳ 工期只有 22min，时间较短，但它增加了买高压锅的费用。

上面这个简单的例子，通过对每项工作的分析和安排，在了解相互关系的基础上，从某个角度（如时间限制、人员合理使用、设备投资费用等）出发，"统筹兼顾、合理安排"，求得最佳的计划方案。我国著名的科学家华罗庚教授把这种计划方法称为"统筹法"。

从做饭这个例子可以看出，网络计划比横道计划，有以下优点：

（1）能反映出各工作间互相依存、互相制约的逻辑关系，使各工作组成一个有机的整体；

（2）能分清各工作的主次关系，抓住主要矛盾，挖掘潜力，统筹安排，合理利用资源；

（3）有利于编制出切实可行的优质方案（工期—资源、工期—费用优化）；

（4）可利用计算机优化设计，实现计划管理科学化。

网络计划具有上述优点，因此它是一种科学的、先进的计划方法。但是任何一种方法都不是十全十美的，它的缺点是：表达计划不够直观，不易看懂，不能反映出流水施工的特点，不便统计、检查和调整资源等。这就使得人们有必要利用横道图的优点来弥补网络图的不足。

二、网络计划的表示方法

网络图是表示一项工程和任务的工作流程图。当在网络中注上相应的时间后,就成为网络图形式的进度计划。一般网络计划方法的网络图,有单代号网络图和双代号网络图两种。

（一）双代号网络图

双代号网络图是由若干表示工作的箭线（带箭头的实线）和节点（圆圈）所组成的，其中每一项工作都用一根箭线和两个节点来表示，每个节点都编以号码，箭线前后两个节点的号码即代表该箭线所表示的工作，因此称为双代号网络图。如图 6-2 （a）所示。现将图中三个基本要素的有关含意和特性分叙如下。

1. 箭线

（1）在双代号网络图中，一枝箭线表示一项工作（又称工序、作业、活动、施工过程）。如二次搬运、现场组装、调试等。它包括的工作范围可大可小，视情况而定。故也可用来表示一项分部工程或单位工程。

（2）一项工作要占用一定的时间，一般都要消耗一定的资源。只占用时间而不消耗资源的混凝土养护、油漆干燥等技术间隙，都应作为一项工作工序来看待,用一枝箭线来表示。

（3）在无时标的网络图中，箭线的长短并不反映该工作占用时间的长短。箭线的形状可以是水平线，也可以画成折线或斜线，但是不得中断。为使图形整齐，最好画成水平直线或带水平直线的折线。

（4）箭线所指的方向表示工作进行的方向，箭线箭尾表示该工作的开始，箭头表示该工作结束。工作名称应注在箭线水平部分的上方，工作的持续时间注在下方。

（5）两项工作前后连续施工时，代表两项工作的箭线也应前后连续。两项工作平行施工时，其箭线也应平行绘制，如图 6-7 所示为工作关系图，就某工作而言，紧靠其前面的工作叫紧某工作的前工作，紧靠其后的工作叫紧后工作，与之平行的叫做平行工作，该工作本身可叫"本工作"。

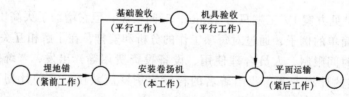

图 6-7 工作关系

（6）在双代号网络图中，除有表示工作的实箭线外，还有一种带箭头的虚线，称为虚箭线，它表示一项虚工作。虚工作是虚拟的，没有工作名称，不占用时间，不消耗资源，当虚工作的箭线很短，不易用虚线表示时则可用实箭线表示。但其持续时间应用零标出。虚工作一般起着联系、区分、断路三个作用，如图 6-2 所示。

2. 节点

（1）节点在双代号网络图中表示一项工作的开始或结束，用圆圈表示。

（2）箭线尾部的节点称箭尾节点，又称开始节点，箭线头部的节点称为箭头节点又称结束节点。如图6-8所示为前后两项工作符号的名称。

（3）节点只是一个"瞬间"，它既不消耗时间也不消耗资源。

（4）在网络图中，对一个节点来讲，可能有许多箭线通向该节点。这些箭线就称为"内向工作"（或内向箭线）；同样也可能有许多箭线由同一节点出发，这些箭线就称为"外向工作"（或外向箭线）。如图6-9所示为内向工作和外向工作。

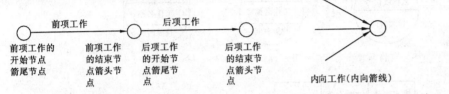

| 图 6-8　前后两项工作符号的名称 | 图 6-9　内向工作和外向工作 |

（5）网络图中第一个节点叫起始节点，它意味一项工程或任务的开始，最后一个节点叫终点节点，它意味着一项工程或任务的完成，其他节点称为中间节点。

（6）节点编号：网络图中每一个节点都要编号。编号的顺序是：从起始节点开始，依次向终点节点进行。编号的原则是：每个箭线箭尾节点的号码 i 必须小于箭头节点的号码 j（即 $i<j$）；所有节点的编号不能重复出现。

3. 线路

从网络图的起点节点到终点节点，沿着箭线的指向所构成的若干条"通道"，即为线路，每条不同的线路所需的时间之和往往各不相等，其中时间之和最大者称为"关键线路"，其余的线路为非关键线路。位于关键线路上的工作称为关键工作，这些工作完成的快慢直接影响整个计划的完成时间。关键工作在网络图中通常用粗线和双线箭线表示。

（二）单代号网络图

单代号网络图也是由许多节点和箭线组成的，但是构成单代号网络的基本符号含意与双代号却完全不同。单代号网络图的节点表示工作，而箭线仅表示各项工作之间的逻辑关系。由于用节点来表示工作，因此，单代号网络图又称节点网络图。

单代号网络图与双代号网络图相比，具有一些优点，工作之间的逻辑关系容易表示，且不用虚箭线，网络图便于绘制、检查、修改，所以单代号网络图也有广泛的应用。

1. 节点

节点是单代号网络图的主要符号，它可以用圆圈或方框表示。一个节点代表一项工作（工序、作业、活动等）。节点所表示的工作名称、持续时间和编号一般都标注在圆圈或方框内，有时甚至将时间参数也注在节点内，如图6-10所示为节点的表示方法。

图中所用的英文缩写的含义为：

ES—最早开始时间；EF—最早完成时间；

LS—最迟开始时间；LF—最迟完成时间；

TF—总时差；FF—自由时差。

当网络图中有多项起始工作或多项结束工作时，应在网络图的两端分别设置一项虚拟工作表示一个事件。表示事件的节点只有两个，"开始"和"结束"，在起点的节点为开始节点，它意味着一项计划和工程的开始，最后一个节点是结束节点，它意味着一项计划和工程的结束。事件不占用时间，也不消耗资源。如图 6-10 (e)、(f) 所示。

2. 箭线

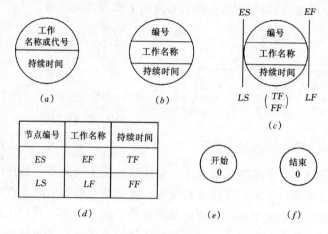

图 6-10　节点的表示方法

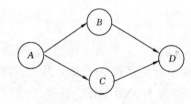

图 6-11　节点所表示的工作关系

箭线在单代号网络图中，仅表示工作或事件之间的逻辑关系，既不占用时间，也不消耗资源。单代号网络图中不用虚箭线。箭线的箭头表示工作的前进方向，箭尾节点表示的工作为箭头节点的紧前工作。箭头节点表示的工作为箭尾节点的紧后工作。有关箭线前后节点所表示的工作关系如图 6-11 所示。图中 A 为 B、C 的紧前工作；B、C 为平行工作；D 为 B、C 的紧后工作。

3. 编号

在单代号网络图中，节点仍须编号，一项工作只能有一个代号，不能重复。代号仍用数码表示，箭头节点的号码要大于箭尾节点的号码。

4. 线路

从开始节点到结束节点，沿着联系箭线的指向所构成的若干条"通道"，即称为线路。单代号网络图也有关键线路和关键工作，非关键线路和非关键工作。

第二节　网络图的绘制

网络图的绘制是网络计划方法应用的关键。要正确绘制网络图，必须正确反映逻辑关系，遵守绘图的基本规则。

一、逻辑关系的正确表示方法

（一）逻辑关系

逻辑关系是指工作之间的先后顺序或同时进行的关系。这种顺序关系可划分为两大类：

146

1. 工艺逻辑

工艺逻辑是由施工工艺所决定的各个施工过程之间客观上存在的先后顺序关系。

2. 组织逻辑

组织逻辑是施工组织安排中，考虑劳动力、机具、材料或工期等影响，在各工作之间主观上安排的先后顺序关系。这种关系不受施工工艺的限制，不是工程本身性质决定的，而是在保证施工质量、安全和工期等前提下，可以人为安排的顺序关系。

要给出一个正确地反映工程实际的施工网络图，首先必须解决每项工作和别的工作所存在的三种逻辑关系：（1）本工作必须在哪些工作之前进行；（2）本工作必须在哪些工作之后进行；（3）本工作可以与哪些工作同时进行。

（二）逻辑关系的正确表示

表 6-2 列出了网络图中常见的一些逻辑关系及其表示方法，并将单代号网络图表示方法和双代号网络的表示方法对照列出，作为绘图和阅读时的参考。表中的工作编号与名称均以字母来表示。掌握了基本逻辑关系的表示方法，才具有绘制网络图的基本条件。

网络图中常见的一些逻辑关系及其表示方法　　　　　　　表 6-2

序号	逻 辑 关 系	在单代号网络图中表示	在双代号网络图中表示
1	A 完成后，B 才能开始；或 B 紧跟 A。		
2	A 完成前，B、C 不能开始，但 B、C 可以同时进行；或 B、C 取决于 A。		
3	C 必须在 A、B 完成后才能开始，A、B 可以同时进行；或 C 取决于 A、B		
4	在 A、B 完成前，C、D 不能开始，但 A、B 或 C、D 可同时进行。		
5	只有当 A 和 B 都完成后，C 才能开始，但只要 B 完成后 D 就可以开始。		

147

序号	逻 辑 关 系	在单代号网络图中表示	在双代号网络图中表示
6	A 和 B 可以同时进行，在 A 完成以前，C 不能开始。		
7	A、B 均完成进行后 D；A、B、C 均完成后进行 E；D、E 均完成后进行 F。		
8	A、B 均完成后进行 C；B、D 均完成后进行 E。		
9	A 完成后进行 C；A、B 均完成后进行 D；B 完成后进行 E。		
10	A、B 两项工作；按三个流水段进行流水施工。		

二、单代号网络图的绘制

（一）绘制单代号网络的基本规则

绘制单代号网络图时，必须正确地反映节点之间的逻辑关系和遵循有关的绘图规则。

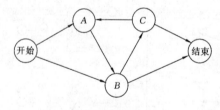

图 6-12　循环路线

（1）网络图中不允许出现循环线路。所谓循环线路是指从一个节点出发，顺着某一线路又能回到出发节点的线路。如图 6-12 循环路线中的 $A \rightarrow B \rightarrow C \rightarrow A$ 就是循环线路。它表示的逻辑关系是错误的，在工艺上是相互矛盾。

（2）工作代号不允许重复。任何一个编号只能表示一项工作，不能出现代号相同的工作。

（3）网络图中不得出现双向箭线。

（4）设置"开始"和"结束"节点。在网络图中不允许出现不连通的中间节点。

（二）绘制单代号网络图的步骤

绘制某安装工程施工网络图，工作步骤如下：

1.确定工作名称并编号

该工程施工中有 20 个施工过程，各施工过程（工作）的名称及编号分别为 A、B、C、D、E、F、G、H、I、J、K、L、M、N、O、P、Q、R、S、T。

2.确定各工作间的逻辑关系，绘出分部网络图该工程中各工作的逻辑关系和相应的分部网络图如表 6-3 所示。

逻辑关系和相应的分部网络图　　　　　　　　　　　　　　　　表 6-3

序号	逻辑关系	分部网络图	序号	逻辑关系	分部网络图
1	A 是开始的第一项工作	开始 → A	11	M 紧跟在 F 和 G 后面	F, G → M
2	B 和 C 完成后，F 才能开始	B, C → F	12	B 紧跟 A	A → B
3	J 紧跟在 I 后面	I → J	13	C 在 G 前面	C → G
4	R 取决于 L 和 Q	L, Q → R	14	H 紧跟 D	D → H
5	Q 在 S 前面	Q → S	15	T 是最后一项工作	T → 结束
6	E 在 I 前面	E → I	16	L 紧跟 K	K → L
7	O 在 S 前面	O → S	17	O 紧跟 M	M → O
8	K 取决于 J 和 N	J, N → K	18	P 只在 M 和 N 完成后才能开始	M, N → P
9	T 紧跟 R 和 S 后面	R, S → T	19	F、G 和 H 结束后 N 才能开始	F, G, H → N
10	P 和 K 完成前 Q 不能开始	P, K → Q	20	C、D、E 同时进行都在 A 后	A → C, D, E
			21	F 紧限 B	B → F

3. 分部网络图的拼接

根据表 6-3 所示的各分部逻辑关系，拼成一个完整的施工网络图。其拼图步骤为：

（1）从事件"开始"开始，将包含有"开始"的分部网络图绘出，把"开始"节点绘在图纸左边的中间位置；

（2）仔细检查全部分部网络图，将包含有工作 A 的分部网络图绘出；

（3）依次考虑 A 的紧后工作，如工作 B、C、D、E，将其紧后工作拼入图内；

（4）同法，将 F、G、H、I 的紧后工作拼入图内，等等。直到全部节点绘出，并符合绘图规则为止。

在拼图时为使施工网络图不至于凌乱，一般应将图纸在纵的方向，从左到右分出若干个区段。如本例分成如图 6-13 为网络图拼接时划分区段示意图所示的 0～9 个区段。拼图时把各节点按先后顺序关系，分别均匀地拼入图内，稍加调整就可得到如图 6-14 所示的一张比较令人满意的网络图。

在图 6-13 中，只有一项开始工作 A 和一项结束工作 T，则"开始"和"结束"两虚拟节点可省略，如图 6-14 为某工程施工网络计划。

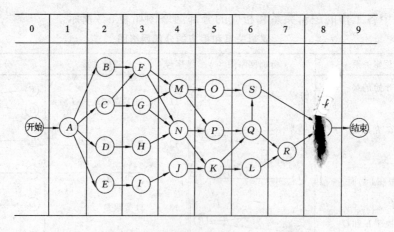

图 6-13　网络图拼接时划分区段示意图

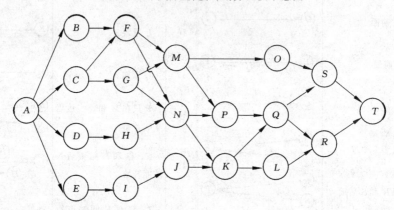

图 6-14　某工程施工网络计划

三、双代号网络图的绘制

（一）绘图的基本规则

（1）按工作的逻辑顺序连接箭线。

（2）网络图中不允许出现循环线路。

（3）在网络图中不允许出现相同编号的箭线。如图 6-15（a）中，A、B、C 三项工作均用①→②代号表示是错误的，正确的表达应如 6-15（b）或（c）所示，虚箭线起区分作用。

（4）在一个网络图中，只允许有一个起点节点和一个终点节点。图 6-16 中出现了①、

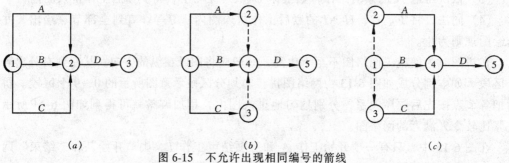

（a）　　　　　　　　　　　（b）　　　　　　　　　　　（c）

图 6-15　不允许出现相同编号的箭线

（a）错误；（b）、（c）正确

②两个起点节点是错误的，出现⑦、⑧两个终点节点也是错误的。

（5）在网络图中，不允许出现双向箭头及无箭头的线段，如图 6-17 中③—⑤工作无箭头，②—⑤工作有双向箭头，均是错误的。

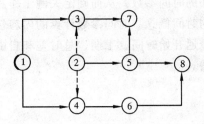

图 6-16　只允许有一个起点节点
（或终点节点）

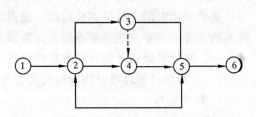

图 6-17　不允许出现双向箭头及无箭头

（二）绘制双代号网络图的步骤

与单代号网络图一样，双代号网络图的绘制过程，也要先绘制分部网络图，再拼接成一个完整的施工网络图。例如，某工程施工中，各工作的逻辑关系和分部网络图，如表6-4 所示。

各工种的逻辑关系和分部网络图　　　　　　　　　　　　　　表 6-4

序号	逻辑关系	分部网络图	序号	逻辑关系	分部网络图
1	A 完成后，C、D 才能开始	A → C、D	3	B、C 完成后，可同时进行 E、F 两项工作	B、C → E、F
2	A、B 可同时进行，并且是首先进行的两项工作	A、B	4	D、E 完成后，可以同时进行 G、H 两项工作，且 F 完成后可进行 H	D、E、F → G、H

根据表 6-4 所示的各分部网络图，可拼接成如图 6-18 所示的某工程双代号网络图。

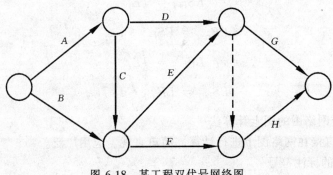

图 6-18　某工程双代号网络图

第三节　网络计划的计算

网络计划计算的目的在于确定各项工作和各个事件的时间参数，从而确定关键工作和关键线路，为网络计划的执行、调整和优化提供必要的时间概念。时间参数计算的内容包括：最早开始时间、最早完成时间、最迟完成时间、最迟开始时间、工期、总时差和自由时差的计算。计算方法通常有图上计算法和表上计算法。

一、双代号网络计划时间参数的计算

（一）网络计划各项时间参数及其符号

1. 常用符号

设有线路 $h \to i \to j \to k$，则：

t_{i-j}——工作 $i \sim j$ 的持续时间；

t_{h-i}——工作 $i \sim j$ 的紧前工作 $h \sim i$ 的持续时间；

t_{j-k}——工作 $i \sim j$ 的紧后工作 $j \sim k$ 的持续时间；

TE_i——节点 i 的最早开始时间；

TL_i——节点 i 的最迟开始时间；

ES_{i-j}——工作 $i \sim j$ 的最早开始时间；

EF_{i-j}——工作 $i \sim j$ 的最早完成时间；

LS_{i-j}——工作 $i \sim j$ 的最迟开始时间；

LF_{i-j}——工作 $i \sim j$ 的最迟完成时间；

TF_{i-j}——工作 $i \sim j$ 的总时差；

FF_{i-j}——工作 $i \sim j$ 的自由时差。

2. 时间参数的关系

从节点时间参数的概念出发，现以时间参数关系简图图 6-19 来分析各时间参数的关系：工作 B 的最早开始时间等于节点 i 的最早时间；工作 B 的最早完成时间等于其最早开始时间加上工作 B 的持续时间；而工作 B 的最迟完成时间等于节点 j 的最迟开始时间，工作 B 的最迟开始时间等于其最迟完成时间减去工作 B 的持续时间、从上述分析可以得出节点时间参数与工作时间的关系为：

$$ES_{i-j} = TE_i \tag{6-1}$$

$$EF_{i-j} = ES_{i-j} + t_{i-j} \tag{6-2}$$

$$LF_{i-j} = TL_j \tag{6-3}$$

$$LS_{i-j} = LF_{i-j} - t_{i-j} \tag{6-4}$$

（二）双代号网络图的图上计算法

这种方法是直接在网络图上进行计算，简单直观、应用广泛。

1. 时间参数的标注符号

双代号网络图的图上计算法，可采用时间参数标注符号图，如图 6-20 所示的方法标注各时间参数。

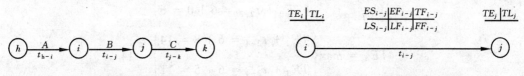

图 6-19　时间参数关系简图	图 6-20　时间参数标注符号

各节点最早开始时间、最迟开始时间用符号"⊥"直接标注在节点上方。在箭线上方用符号"卄"分别记入工作的最早开始时间、最早完成时间、最迟开始时间、最迟完成时间、总时差和自由时差。

2. 计算步骤

计算之前，在网络图上应先画好时间参数的标注符号。

（1）计算各个节点的最早开始时间 TE_i

节点的最早开始时间就是该节点前面的工作全部完成，后面的工作最早可能开始的时间。

1）假定原起点节点①的最早开始时间为零，即 $TE_1 = 0$，

2）中间节点 j 的最早开始时间为：

当节点 j 前面节点只有一个时，则

$$TE_j = TE_i + t_{i-j} \tag{6-5}$$

当节点 j 前面不止一个节点时，则

$$TE_j = \max(TE_i + t_{i-j}) \tag{6-6}$$

计算各个节点的最早开始时间应从左到右依次进行，直至终点。计算方法可归纳为："顺着箭头相加，逢箭头相碰的节点取最大值"。

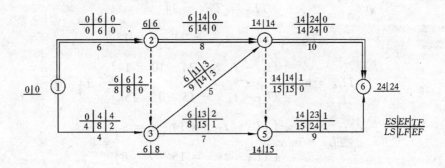

图 6-21　双代号网络图的图算法

在图 6-21 所示的双代号网络图的图算中，各节点最早开始时间计算如下，并及时记入各节点左上方。

$$TE_1 = 0$$

$$TE_2 = TE_1 + t_{1-2} = 0 + 6 = 6$$

$$TE_3 = \max \left\{ \begin{array}{l} TE_1 + t_{1-3} = 0 + 4 = 4 \\ TE_2 + t_{2-3} = 6 + 0 = 6 \end{array} \right\} = 6$$

$$TE_4 = \max \left\{ \begin{array}{l} TE_2 + t_{2-4} = 6 + 8 = 14 \\ TE_3 + t_{3-4} = 6 + 5 = 11 \end{array} \right\} = 14$$

$$TE_5 = \max \left\{ \begin{array}{l} TE_3 + t_{3-5} = 6 + 7 = 13 \\ TE_4 + t_{4-5} = 14 + 0 = 14 \end{array} \right\} = 14$$

$$TE_6 = \max \left\{ \begin{array}{l} TE_4 + t_{4-6} = 14 + 10 = 24 \\ TE_5 + t_{5-6} = 14 + 9 = 23 \end{array} \right\} = 24$$

（2）计算各个节点的最迟开始时间 TL_i

节点的最迟开始时间，就是对前面工作最迟完成时间所提出的限制。

1）终点节点 n 的最迟开始时间 $TL_n = TE_n$（或规定工期）；

2）中间节点 i 的最迟开始时间：

当节点 i 后面的节点只有一个时，则

$$TL_i = TL_j - t_{i-j} \tag{6-7}$$

当节点 i 后面的节点不止一个时，则

$$TL_i = \min \ (TL_j - t_{i-j}) \tag{6-8}$$

计算各个节点的最迟开始时间从右向左，依次进行，直至起点节点。计算方法可归纳为："逆着箭头相减，逢箭尾相碰的节点取最小值"。

在图 6-21 所示网络中，各节点最迟时间计算如下，并将计算结果及时记入各节点右上方。

$$TL_6 = TE_6 = 24$$

$$TL_5 = TL_6 - t_{5-6} = 24 - 9 = 15$$

$$TL_4 = \min \left\{ \begin{array}{l} TL_6 - t_{4-6} = 24 - 10 = 14 \\ TL_5 - t_{4-5} = 15 - 0 = 15 \end{array} \right\} = 14$$

$$TL_3 = \min \left\{ \begin{array}{l} TL_4 - t_{3-4} = 14 - 5 = 9 \\ TL_5 - t_{3-5} = 15 - 7 = 8 \end{array} \right\} = 8$$

$$TL_2 = \min \left\{ \begin{array}{l} TL_4 - t_{2-4} = 14 - 8 = 6 \\ TL_3 - t_{2-3} = 8 - 0 = 8 \end{array} \right\} = 6$$

$$TL_1 = \min \left\{ \begin{array}{l} TL_2 - t_{1-2} = 6 - 6 = 0 \\ TL_3 - t_{1-3} = 8 - 4 = 4 \end{array} \right\} = 0$$

（3）计算各工作的最早开始时间 ES_{i-j} 和最早完成时间 EF_{i-j}

1）各项工作的最早开始时间等于其开始节点最早开始时间，即 $ES_{i-j} = TS_i$

2）各项工作的最早完成时间等于其最早开始时间加上工作持续时间，即

$$EF_{i-j} = ES_{i-j} + t_{i-j} \qquad (6\text{-}9)$$

图 6-21，中各工作的最早开始时间 ES_{i-j} 和最早完成时间 EF_{i-j} 计算如下：

$$ES_{1-2} = TS_1 = 0 \qquad\qquad EF_{1-2} = ES_{1-2} + t_{1-2} = 0 + 6 = 6$$

$$ES_{1-3} = TS_1 = 0 \qquad\qquad EF_{1-3} = ES_{1-3} + t_{1-3} = 0 + 4 = 4$$

$$\vdots \qquad\qquad\qquad\qquad \vdots$$

$$ES_{5-6} = TS_5 = 14 \qquad\qquad EF_{5-6} = ES_{5-6} + t_{5-6} = 14 + 9 = 23$$

将所得计算结果标注在图中。

（4）计算各工作的最迟完成时间 LF_{i-j} 和最迟开始时间 LS_{i-j}

1）各项工作的最迟完成时间等于其结束节点的最迟开始时间，即 $LF_{i-j} = TL_j$

2）各项工作的最迟开始时间等于其最迟结束时间减去工作持续时间，即

$$LS_{i-j} = LF_{i-j} - t_{i-j} \qquad (6\text{-}10)$$

图 6-21 中各工作的最迟完成时间 LF_{i-j} 和最迟开始时间 LS_{i-j} 计算如下，从右向左，依次计算并将计算结果标注在箭线上方。

$$LF_{5-6} = TL_6 = 24 \qquad\qquad LS_{5-6} = LF_{5-6} - t_{5-6} = 24 - 9 = 15$$

$$LF_{4-6} = TL_6 = 24 \qquad\qquad LS_{4-6} = LF_{4-6} - t_{4-6} = 24 - 10 = 14$$

$$\vdots \qquad\qquad\qquad\qquad \vdots$$

$$LF_{1-2} = TL_2 = 6 \qquad\qquad LS_{1-2} = LF_{1-2} - t_{1-2} = 6 - 6 = 0$$

（5）计算各工作的总时差 TF_{i-j}

总时差就是在不影响计划工期的前提下，各项工作所具有的机动时间（富裕时间）。一项工作可以利用的时间范围是从最早开始时间到最迟完成时间。而工作实际需要的持续时间是 t_{i-j}，扣去 t_{i-j} 后，余下的一段时间就是工作可以机动利用的时间，称为总时差。其计算公式如下：

$$
\begin{aligned}
TF_{i-j} &= LF_{i-j} - ES_{i-j} - t_{i-j} \\
&= LS_{i-j} - ES_{i-j} \\
&= LF_{i-j} - EF_{i-j}
\end{aligned}
\qquad (6\text{-}11)
$$

图 6-21 各工作的总时差计算如下：

$$TF_{1-2} = LS_{1-2} - ES_{1-2} = 0 - 0 = 0$$

$$TF_{1-3} = LS_{1-3} - ES_{1-3} = 4 - 0 = 4$$

$$\vdots$$

$$TF_{5-6} = LS_{5-6} - ES_{5-6} = 15 - 14 = 1$$

（6）计算自由时差（局部时差）FF_{i-j}

自由时差是反映各项工作在不影响其紧后工作最早开始时间的条件下所具有的机动时间。利用自由时差，变动其开始时间或增加其工作持续时间均不影响其紧后工作的最早开始时间。有自由时差的工作可占用的时间范围是从工作最早开始时间至其紧后工作的最早开始时间，而该工作实际需要的持续时间是 t_{i-j}，那么扣去 t_{i-j} 后，尚有的一段时间就是自由时差。其计算公式为：

$$FF_{i-j} = ES_{j-k} - ES_{i-j} - t_{i-j}$$
$$= ES_{j-k} - EF_{i-j}$$

如图 6-21 中，各工作的自由时差计算如下：

$$FF_{1-2} = ES_{2-3} - EF_{1-2} = 6 - 6 = 0$$
$$FF_{1-3} = ES_{3-4} - EF_{1-3} = 6 - 4 = 2$$
$$\vdots$$
$$FF_{5-6} = TE_6 - EF_{5-6} = 24 - 23 = 1$$

（7）确定关键工作和关键线路

网络图中总时差为零的工作就是关键工作。如图 6-21 中工作①—②、②—④、④—⑥为关键工作。这些工作在计划执行中不具备机动时间。关键工作一般用双线箭线或粗箭线表示。由关键工作组成的线路即为关键线路。如图 6-21 中①—②—④—⑥为关键线路。

二、单代号网络计划的图上计算法

如图 6-22 所示为单代号网络图图上计算法。图上计算法按以下 4 个步骤进行，各项时间参数的计算结果直接标注在图上。

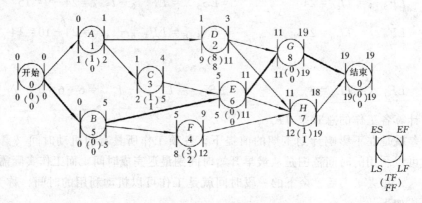

图 6-22　单代号网络图图上计算法

（一）最早时间进度计算

即计算各节点的最早开始时间 ES 和最早完成时间 EF。计算时从左到右顺着箭头方向依次进行。计算的时间参数标在节点的上方，并规定：

1. 开始节点（事件）

$$ES_{开始} = 0$$

因为"开始"作为一个里程事件，其持续时间为 0，所以其最早完成时间

$$EF_{开始} = ES_{开始} + 0 = 0 + 0 = 0$$

2. 中间节点和结束节点

若 i 为 j 的紧前工作时，节点 j 的最早开始时间和最早完成时间分别为：

156

$$ES_j = \max(EF_i)$$
$$EF_j = ES_j + t_j \tag{6-12}$$

如图 6-22 所示，按以上规定计算其最早时间进度，将计算的 ES 和 EF 分别标在各节点上方的左、右两边。

$$ES_A = \max(EF_{开始}) = 0$$
$$EF_A = ES_A + t_A = 0 + 1 = 1$$
$$ES_B = \max(EF_{开始}) = 0$$
$$EF_B = ES_B + t_B = 0 + 5 = 5$$
$$ES_C = \max(EF_A) = 1$$
$$EF_C = ES_C + t_C = 1 + 3 = 4$$
$$ES_D = \max(EF_A) = 1$$
$$EF_D = ES_D + t_D = 1 + 2 = 3$$
$$ES_E = \max(EF_C, EF_B) = \max(4,5) = 5$$
$$EF_E = ES_E + t_E = 5 + 6 = 11$$
$$ES_F = EF_B = 5$$
$$EF_F = ES_F + t_F = 5 + 4 = 9$$
$$ES_G = \max(EF_D, EF_E) = \max(3,11) = 11$$
$$EF_G = ES_G + t_G = 11 + 8 = 19$$
$$ES_H = \max(EF_D, EF_E, EF_F) = \max(3,11,9) = 11$$
$$EF_H = ES_H + t_H = 11 + 7 = 18$$
$$ES_{结束} = \max(EF_G, EF_H) = \max(19,18) = 19$$
$$EF_{结束} = ES_{结束} + 0 = 19$$

该网络计划的工期为 19 个时间单位。

（二）最迟时间进度计算

即计算各节点的最迟完成时间 LF 和最迟开始时间 LS。计算时，从右向左，从"结束"到"开始"逆箭头方向依次进行。计算的时间参数标注在节点下方，并规定：

1. 结束节点

（1）当有规定期限，结束节点的最迟完成时间等于规定期限；

（2）当没有规定期限时，结束节点的最迟完成时间等于其最早完成时间，即

$$LF_{结束} = EF_{结束} \tag{6-13}$$
$$LS_{结束} = ES_{结束} \tag{6-14}$$

2. 中间节点和开始节点

若 i 为 j 的紧前节点时，节点 i 的最迟完成时间 LF_i 和最迟开始时间 LS_i，分别为：

$$LF_i = \min(LS_j) \tag{6-15}$$
$$LS_i = LF_i - t_i \tag{6-16}$$

按照上式，对图 6-22 单代号网络图作最迟时间进度计算，计算结果标注在各节点下方。节点右下方标注最迟完成时间，左下方标注最迟开始时间。

$$LF_{H} = \min(LS_{结束}) = \min(19) = 19$$

$$LS_{H} = LF_{H} - t_{H} = 19 - 7 = 12$$

$$LF_{G} = \min(LS_{结束}) = 19$$

$$LS_{G} = LF_{G} - t_{G} = 19 - 8 = 11$$

$$LF_{E} = \min(LS_{G}, LS_{H}) = \min(11, 12) = 11$$

$$LS_{E} = LF_{E} - t_{E} = 11 - 6 = 5$$

$$LF_{F} = \min(LS_{H}) = 12$$

$$LS_{F} = LF_{F} - t_{F} = 12 - 4 = 8$$

$$LF_{D} = \min(LS_{G}, LS_{H}) = \min(11, 12) = 11$$

$$LS_{D} = LF_{D} - t_{D} = 11 - 2 = 9$$

$$\vdots$$

$$LF_{开始} = \min(LS_{A}, LS_{B}) = \min(0, 0) = 0$$

$$LS_{开始} = LF_{开始} - 0 = 0 - 0 = 0$$

（三）时差计算

1. 总时差按下式计算

$$TF_{i} = LS_{i} - ES_{i} = LF_{i} - EF_{i} \tag{6-17}$$

即表示，某节点的总时差等于其最迟开始时间与最早开始时间的差，也等于其最迟完成时间与最早完成时间之差。计算时将节点左边或右边对应的参数相减即得。

2. 自由时差计算

某 i 节点的自由时差等于其紧后节点 j 最早开始时间的最小值，与本身的最早完成时间之差，即

$$FF_{i} = \min(ES_{j}) - EF_{i} \tag{6-18}$$

按式（6-17）、式（6-18）计算图 6-22 中各节点的总时差和自由时差。计算结果标注在各节点下面圆括号内。

（四）确定关键工作和关键线路

网络图中总时差为零的工作称为关键工作。图 6-22 中的关键工作是 B、E、G。事件可以看成是持续时间为零的活动或工作。所以，当"开始"和"结束"的总时差为零时，也可以把它们当作关键工作来看待。

从网络图的开始节点起到结束节点止，沿箭线顺序连接各关键工作的线路称为关键线路。关键线路用粗箭线或双线箭线表示，以便实施时一目了然。

三、网络计划的表上计算法

不管是单代号还是双代号网络图，都可采用表上计算法。表上计算法和图上计算法的步骤一样，计算公式如前所述。

现对图 6-22 单代号网络图图上计算法和图 6-23 双代号网络计划的表上计算法，如表 6-5 所示。

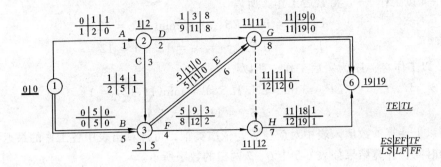

图 6-23　双代号网络计划

计算时，首先按表 6-5 的格式列出表头的 1～9 栏内容。然后根据网络计划中各工作的逻辑关系、持续时间，填出 1、2、3 栏内容。即可开始计算：

（一）最早时间进度计算

即计算表 6-5 中的 4、5 两栏参数。

因为开始节点的持续时间为 0，计算时是以 $ES=0$ 为起点进行推算的，所以表 6-5 中 4、5 两栏的 ES、EF 时间为 0。

在表中 2 栏内，工作 A、B 紧前工作是开始，双代号网络计划的工作 1—2、1—3 也分别与开始节点 1 相连，所以

$$ES_A = ES_{1-2} = 0$$
$$ES_B = ES_{1-3} = 0$$
$$EF_A = EF_{1-2} = 0 + 1 = 1$$
$$EF_B = EF_{1-3} = 0 + 5 = 5$$

将以上计算参数填入表中，如表 6-5 中对应的数字表示。

表中工作 E、F 以 B、C 为紧前工序，其最早开始时间和最早完成时间为：

$$ES_E = ES_F = \max(EF_B, EF_C) = \max(5, 4) = 5$$
$$EF_E = 5 + 6 = 11$$
$$EF_F = 5 + 4 = 9$$

将以上计算参数填入表中。依次类推可从上到下计算出表中各工作的最早开始和最早完成时间。

（二）最迟时间进度计算

由表最后一行可见"结束"的最早开始时间等于其最早完成时间，即

$$ES_{结束} = EF_{结束} = 19$$
$$LF_{结束} = LS_{结束} = 19$$

所以最后一行的 6、7 两栏填上 19。

表中 H、G 以结束为紧后工序，所以

$$LF_H = LF_G = LS_{结束} = 19$$
$$LS_H = LF_H - t_H = 19 - 7 = 12$$
$$LS_G = 19 - 8 = 11$$

工序 5—4 以工作 5—6 为紧后工作，所以

$$LF_{4-5} = \min(LS_{5-6}) = \min(12) = 12$$

$$LS_{4-5} = LF_{4-5} - t_{4-5} = 12 - 0 = 12$$

工作 E 以工作 G、H 为紧后工作，所以

$$LF_E = \min(LS_G, LS_H) = \min(11,12) = 11$$

$$LS_E = 11 - 6 = 5$$

将以上计算参数填入表中对应位置，依次类推，可计算出表中各工作的最迟完成和最迟开始时间，计算结果如表 6-5 中 6、7 两栏的数字所示。

网络计划的表上计算法　　　　　　　　　表 6-5

序　号	单代号网络计划		双代号网络图工作	工作持续时间	ES	EF	LF	LS	TF	FF
	紧前工作	本工作								
	1		2	3	4	5	6	7	8	9
1	—	开始		0	0	0	0	0	0	0
2	开始	A	1～2	1	0	1	2	1	1	0
3	开始	B	1～3	5	0	5	5	0	0	0
4	A	C	2～3	3	1	4	5	2	1	1
5	A	D	2～4	2	1	3	11	9	8	8
6	B、C	E	3～4	6	5	11	11	5	0	0
7	B、C	F	3～5	4	5	9	12	8	3	2
8	D、E	—	4～5	0	11	11	12	12	1	0
9	D、E	G	4～6	8	11	19	19	11	0	0
10	D、E、F	H	5～6	7	11	18	19	12	1	1
11	G、H	结束		0	19	19	19	19	0	0

（三）时差计算

按式 (6-9) 或式 (6-17) 计算各工作的总时差。计算时，将表 6-5 中第 6 栏和第 5 栏对应数字相减或者将第 7 栏减去第 4 栏的对应数字，即得各工作的总时差，如表中第 8 栏中的数字所示。

按式 (6-10) 或式 (6-18) 计算各工作的自由时差。计算时，首先在表 6-5 的第 4 栏内找出要求工作 i 的紧后工作 j 的最早开始时间，取其紧后工作最早开始时间的最小值与工作 i 的最早完成时间相减，即得 i 工作的自由时差。

例如，求表中 A、B、C、$2\sim4$ 的自由时差

$$FF_A = FF_{1-2} = \min(ES_C, ES_D) - EF_A = \min(1,1) - 1 = 0$$

$$FF_B = FF_{1-3} = \min(ES_E, ES_F) - EF_B = \min(5,5) - 5 = 0$$

$$FF_{2-4} = FF_D = \min(ES_{4-5}, ES_{4-6}) - EF_{2-4} = \min(11,11) - 3 = 8$$

依次类推，可求得各工作的自由时差，如表 6-5 第 9 栏的数字所示。

表上计算法的全部结果填在表 6-5 中，与图 6-22 单代号网络图和图 6-23 双代号网络图的图上计算法的结果相同。在实际应用时可根据习惯任选一种方法。表中第 8 栏所示工作 B (1-3)、E (3-4)、G (4-6) 的总机动时间为零，它们是网络计划的关键工作，由开

始到结束，经过它们所组成的线路为网络计划的关键线路。

第四节 双代号时标网络计划

时标网络计划是以时间坐标为尺度表示工作时间的网络计划。双代号时标网络计划图图 6-25 是双代号网络计划图图 6-24 的时标网络计划。

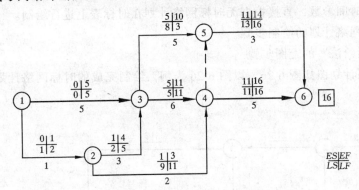

图 6-24 双代号网络计划图

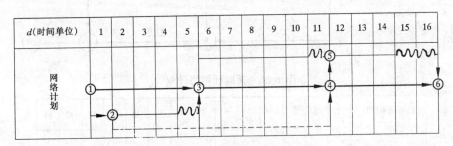

图 6-25 双代号时标网络计划图

一、时标网络计划的特点

时标网络计划是一般网络计划与横道图计划的有机结合，它在横道图的基础上引进了网络计划中各施工过程之间逻辑关系的表达方法。这样既解决了横道图计划中各施工过程关系表达不明确，又解决了网络计划时间表达不直观的问题。它具有以下特点：

（1）时标网络图中工作箭线的长度与工作持续时间长度一致，表达施工过程比较直观，时间参数一目了然，容易理解，具有横道计划的优点，使用方便。

（2）可以直接在时标网络计划上统计劳动力、材料、机具资源等需要量，便于绘制资源消耗动态曲线，也便于计划的控制和分析。

（3）由于箭线的长短受时标的制约，绘制、修改和调整不如一般网络计划方便。

由于时标网络计划的上述优点,加之过去人们习惯使用横道计划,故在我国应用较广。

二、时标网络计划的绘制方法

（一）绘图的基本规定

（1）时间长度是以所有符号在时标表上的水平位置及其水平投影长度表示的，与其所代表的时间值对应。

（2）节点的中心必须对准时标的刻度线。

（3）虚工作必须以垂直虚箭线表示，有时差时加水平波形线表示。

（4）时标网络计划宜按最早时间编制。

（5）时标网络计划编制前，必须先绘制无时标网络计划。

（6）绘制时标网络计划可以在以下两种方法中任选一种：

1）先计算无时标网络计划的时间参数，再按该计划在时标表上进行绘制。

2）不计算时间参数，直接根据无时标网络计划在时标表上进行绘制。

（二）时标网络计划的绘制步骤

1．"先算后绘法"的绘图步骤

无时标网络计划图如图 6-26。以图 6-26 为例，绘制完成的时标网络计划见图 6-27 所示。

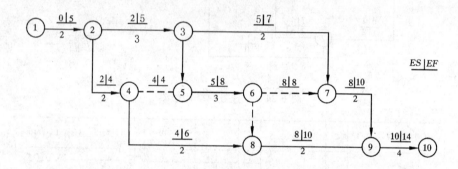

图 6-26　无时标网络计划

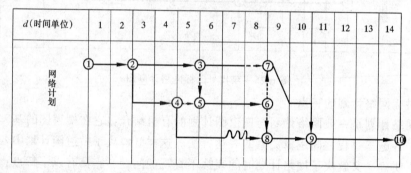

图 6-27　图 6-26 的时标网络计划

（1）绘制时标表

时标表的时间单位根据需要可以是小时、天、周、月或季等。时标可标注在时标表的顶部，也可以标注在底部，还可以在上部和下部同时标注。必要时还可以在顶部时标之上或底部时标之下加注日历的对应时间。时标表中部的刻度线宜为细实线。为使图面清晰，该刻度线可以少画或不画。

（2）计算每次工作的最早开始时间和最早结束时间，见图 6-26。

（3）将每项工作的尾节点按最早开始时间定位在时标表上，其布局应与不带时标的网络计划基本相当，然后编号。

（4）用实线绘制出工作持续时间，用虚线绘制无时差的虚工作，用波形线绘制工作和

162

虚工作自由时差。

2. 不经计算，直接按无时标网络计划编制时标网络计划步骤

（1）绘制时标表。

（2）将起点节点定位在时标表的起始刻度线上，见图 6-27 的节点 1。

（3）按工作持续时间在时标表上绘制起点节点的外向箭线，见图 6-27 的 1—2。

（4）工作的箭头节点，必须在其所有内向箭线绘出后，定位在这些内向箭线中最晚完成的实箭线箭头处，如图 6-27 的节点 5、7、8、9。

（5）某些内向实箭线长度不足以到达该箭头节点时，用波形线补足，如图 6-27 中 3—7、4—8。如果虚箭线的开始节点和结束节点之间有水平距离时，以波形线补足，如箭线 4—5。如果没有水平距离，绘制垂直虚箭线，如 3—5、6—7、6—8。

（6）用上述方法自左至右依次确定其他节点位置，直至终点节点定位，绘图完成。

（7）给每个节点编号，编号与无时标网络计划相同。

第五节　网络计划的优化

网络计划经绘制和计算后，可得出最初方案。最初方案只是一种可行方案，不一定是合乎规定要求的最好方案。要想使工程计划如期实施，获得缩短工期、质量优良、资源消耗少、工程成本低的效果，必须对网络计划进行优化。网络计划的优化，就是在规定的约束条件下，按既定目标，通过不断检查、评价、调整，寻找最优网络计划方案的过程。网络计划优化分为工期优化、资源优化及费用优化。

一、工期优化

工期优化是压缩计算工期，以达到要求工期目标，或在一定约束条件下使工期最短的过程。

工期优化一般通过压缩关键工作的持续时间来达到优化目标。在优化过程中，要注意不能将关键工作压缩成非关键工作。当在优化过程中出现多条关键线路时，必须将各条关键线路的持续时间压缩同一数值，否则不能有效地将工期缩短。

工期优化可按下述步骤进行。

找出网络计划中的关键线路并求出计算工期。

按要求工期计算应缩短的时间 ΔT：

$$\Delta T = T_c - T_r,$$

式中　T_c——计算工期；

　　　T_r——要求工期。

按下列因素选择应优先缩短持续时间的关键工作：

1）缩短持续时间对质量和安全没有影响的工作；

2）有充足备用资源的工作；

3）缩短持续时间所需增加的费用最少的工作；

4）应将优先缩短的关键工作压缩至最短持续时间，并找出关键线路。若被压缩的工作变成了非关键工作，则应将其持续时间延长，使之仍为关键线路；

5）若计算工期仍超过要求工期，则重复以上步骤，直到满足要求工期或工期已不能

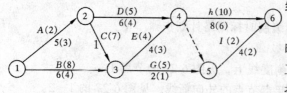

图 6-28　某网络计划

缩短为止；

6) 当几个关键工作已达到最短持续时间而寻求不到继续压缩工期的方案，但工期仍不满足要求工期时，应对计划的原技术、组织方案进行调整，或对要求工期重新审定。

【例】 某网络计划如图 6-28 所示。图中箭线下方为正常持续时间，括号内为最短持续时间，箭线上方括号内为优选系数，优选系数愈小愈应优先选择。若同时缩短多个关键工作，则该多个关键工作的优选系数之和（称为组合优选系数）最小者亦应优先选择。假定要求工期为 15 天，试对其进行工期优化。

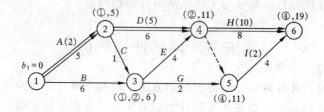

图 6-29　初始网络计划

【解】　（1）用标号法求出正常持续时间下的关键线路及计算工期。初始网络计划，如图 6-29 所示，关键线路为①→②→④→⑥，工期为 19 天。

（2）应缩短的时间：$\Delta T = T_c - T_r$ $= 19 - 15 = 4$ 天。

（3）应优先缩短的工作为优选系数最小的关键工作 A。

（4）将关键工作 A 压缩至最短持续时间 3，用标号法找出关键线路，如图 6-30 所示为将 A 缩短至极限工期。此时

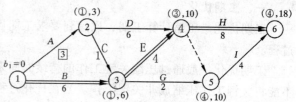

图 6-30　将 A 缩短至极限工期

关键工作 A 压缩后成了非关键工作，故须将其松弛，使之仍为关键工作，现将其松弛至 4 天，找出关键线路，如图 6-31 所示为第一次压缩后的网络图。图中有两条关键线路，既 ADH，BEH。此时计算工期 $T_c = 18$ 天，$\Delta T_1 = 18 - 15 = 3$ 天。

（5）由于计算工期仍大于要求工期，需继续压缩。如图 6-31 所示，有五个压缩方案：①压 A、B，组合优选系数为 2+8＝10；②压 A、E，组合优选系数为 2+4＝6；③压 D、E，组合优选系数为 5+4＝9；④压 H，优选系数为 10，⑤压 D、B，组合优选系数为 13。决定压缩优选系数最小者，即压 A、E。这两项工作都压缩至最短持续时间 3，即各压缩 1 天，用标号法找出关键线路，如图 6-32 所示为第二次压缩后的网络计划，计算工期 $T_c = 17$ 天，仍大于要求工期 2 天，需继续压缩。

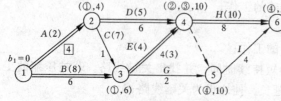

图 6-31　第一次压缩后的网络图

(6) 由于 A 和 E 已达到最短持续时间，不能被压缩，可假定它们的优选系数为无穷大。则前述五个压缩方案中，前三个方案的优选系数都已变为无穷大，现还有方案④压 H 优选系数 10，方案⑤压 B、D，优选系数 13；采用方案④，将 H 压缩 2 天，持续时间变为 6，如图

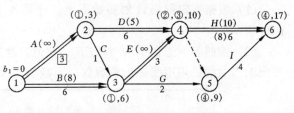

图 6-32　第二次压缩后的网络计划

6-33 所示为优化后的网络计划，计算工期 15 天，满足要求工期 15 天。

二、资源优化

这里所说的资源是指为完成施工任务所需的劳动力、材料、机械设备和资金等的统称。前面对网络计划的计算和调整，一般都假定资源供应是完全充足的。然而在大多数情

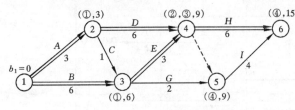

图 6-33　优化后的网络计划

况下在一定时间内所提供的各种资源是有限定的。如相对固定的和有限的工人，一定数量的材料、施工机械设备、检测仪器和资金等。所以，各工作施工进度的安排，不仅受工艺顺序的约束，而且要受到资源供应数量的限制。即使资源能满足供应，但某一时间资源量过大，会造成现场拥挤，二次搬运费用增大，劳动管理复杂、管理费用增加，给施工企业带来不必要的经济损失。因此，就需要根据资源情况对网络计划进行调整，在保证规定工期和资源供应之间寻求相互协调和相互适应，这就是资源优化。

资源优化是指在资源供应有限制的条件下，如何使工期最短（资源有限、工期最短），或在工期规定的条件下如何使资源均衡（工期规定、资源均衡）。

（一）资源有限、工期最短

现举例说明资源有限工期最短的优化方法和步骤。

【例】　如图 6-34 所示为某工程网络计划，箭线上面△内的数据表示该工作每天的资源需要量；箭线下面的数据为工作持续时间。现假定每天可能供应的资源量 $R_t = 8$ 个单位，假设各工作的资源相互通用，工作不允许中断，试进行资源有限，工期最短的优化。优化步骤如下：

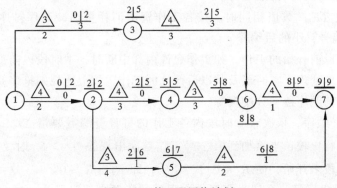

图 6-34　某工程网络计划

165

(1) 根据给定网络计划初始方案，计算各工作最早时间参数、总时差和工期，如图 6-34 所示。

(2) 按照各项工作 ES_{i-j} 和 EF_{i-j} 数值，绘制 $ES-EF$ 时标网络图并在该图下方绘出资源动态曲线，用虚线标出资源供应限额 R_t，如图 6-35 所示为 $ES-EF$ 时标网络图。

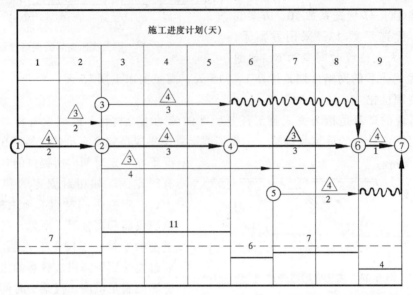

图 6-35　$ES-EF$ 时标网络图

(3) 在资源动态曲线中，找到首先出现超过资源供应限额的资源高峰时段进行调整。

1) 在本时段内，按照资源分配和排队原则，对各工作的分配顺序进行排队并编号，即从 1 到 n 号。

资源分配的级次和顺序：

第一级，关键工作。按每日资源需要量大小，从大到小顺序供应资源。即资源需要量大的先编号，小的后编号。

第二级，非关键工作。其排序规则为：

a. 在优化过程中，正被供应资源而不允许中断的工作在本级优先编号。

b. 当总时差 TF_{i-j} 数值不同时，按总时差 TF_{i-j} 数值递增顺序排序并编号。即总时差小的先编号，总时差大的后编号。

c. 当总时差 TF_{i-j} 数值相同时，按各工作资源消耗量递减顺序排序并编号。即资源需要量大的先编号，小的后编号。

对于本时段以前开始的工作，如工作允许内部中断时，本时段以前部分的工作在原位置不动按独立工作处理；本时段及其以后部分的工作，按上述规则排序并编号。最后，按照排序编号递增的顺序逐一分配资源。

2) 按照编号顺序，依次将本时段内各工作的每日资源需要量 Σr_{i-j}^k 累加、并逐次与资源供应限额进行比较，当累加到第 x 号工作首次出现 $\Sigma r_{i-j}^k > R_t$ 时，则将第 x 至 n 号工作推迟到本时段末开始，使 $R_k = \Sigma r_{i-j}^k \leqslant R_t$，即 $R_k - R_t \leqslant 0$。

从图 6-35 看出，第一个超过资源供应限额的资源高峰时段为 [2, 5] 时段，需进行调整；该时段内有工作 2～4、2～5、3～6 三项工作，根据资源分配规则，将其排序，并分配资源，如表 6-6 所示为 [2，5] 时段工作排序和资源分配表。将工作 3～6 推迟到本时段末 5 天以后开始。

[2，5] 时段工作排序和资源分配表　　　　　　　　　　表 6-6

排 序 编 号	工 作 名 称	排 序 依 据	资 源 重 分 配	
			r_{i-j}	$R_t - \Sigma r_{i-j}$
1	2～4	$TF_{2-4} = 0$	4	$8 - 4 = 4$
2	2～5	$TF_{2-5} = 1$	3	$4 - 3 = 1$
3	3～6	$TF_{3-6} = 3$	4	$1 - 4 = -3$　推迟到第 5 天后开始

（4）绘出工作推移后的时标网络图和资源需要量动态曲线，如图 6-36 所示为 [2，5] 时段调整后时标网络图。

（5）从图 6-36 看出，第一个超过资源供应限额的资源高峰时段为 [5，6] 时段，需进行调整，该时段内有 4—6、3—6、2—5 三项工作，根据资源分配规则，将其排序并分配资源，如表 6-7 所示为 [5，6] 时段工作排序和资源分配表。工作 3—6 推迟到第 6 天后开始。

[5，6] 时段工作排序和资源分配表　　　　　　　　　　表 6-7

排 序 编 号	工 作 名 称	排 序 依 据	资 源 重 分 配	
			r_{i-j}	$R_t - \Sigma r_{i-j}$
1	4～6	TF_{4-6}（关键工作）	3	$8 - 3 = 5$
2	2～5	TF_{2-5}（本时段前已分资源）	3	$5 - 3 = 2$
3	3～6	$TF_{3-6} = 0$	4	$2 - 4 = -2$　推迟 6 天后开始

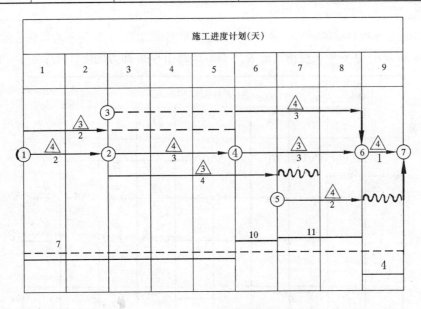

图 6-36　[2，5] 时段调整后时标网络图

（6）绘出工作推移后的时标网络图和资源需要量动态曲线，如图 6-37 所示 [5，6] 时段调整后时标网络图。

（7）从图 6-37 看出，第一个超过资源供应限额的资源高峰为 [6，8] 时段，需进行

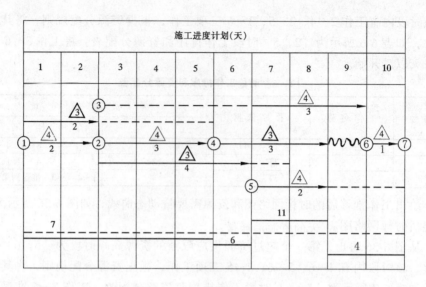

图 6-37　[5，6]时段调整后时标网络图

调整，该时段内有 3—6、4—6、5—7 三项工作，根据资源分配规则，将其排序并分配资源。如表 6-8 所示为 [6，8] 时段工作排序和资源分配表。

[6，8] 时段工作排序和资源分配表　　　　　　　　表 6-8

排序编号	工作名称	排序依据	资源重分配	
			r_{i-j}	$R_t - \Sigma r_{i-j}$
1	4~6	TF_{4-6}（原关键工作段前已分配资源）	3	$8-3=5$
2	3~6	$TF_{3-6}=0$	4	$5-4=1$
3	5~7	$TF_{5-7}=2$	4	$1-4=-3$ 推迟到第 8 天后开始

（8）绘出工作推移后的时标网络图和资源需要量曲线，如图 6-38 所示为优化后的网络图。

从图 6-38 看出，各资源区段均满足 $R_k - R_t \leqslant 0$，故图 6-38 即为优化后的网络 $T=10$ 天。

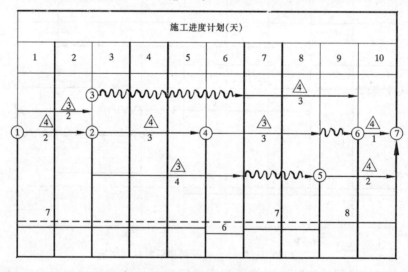

图 6-38　优化后的网络图

从本例可看出，优化的主要工作是重复第 3 步工作，即逐段找出超过资源供应限额的资源高峰，逐段调整，直到满足 $R_k - R_t \leqslant 0$ 为止。

（二）工期固定、资源均衡

即在工期规定的条件下，求物质资源分配最优（均衡）的方案。资源优化时可以方差值最小者作为优化目标。其优化的方法和步骤如下：

（1）根据网络计划初始方案，计算各项工作的 ES_{i-j}、EF_{i-j} 和 TF_{i-j}；

（2）绘制 ES—EF 时标网络图，标出关键工作及其线路；

（3）逐日计算网络计划的每天资源消耗 R_t 列于时标网络图下方，形成"资源动态数列"；

（4）由终点事件开始，从右至左依次选择非关键工作或非关键线路，利用下式计算，判别、调整。

$$R_{L+1} - R_{K+1} + r_{i-j} \leqslant 0 \qquad (6\text{-}19)$$

式中　R_{K+1}——第 $K+1$ 天的资源消耗量；

　　　R_{L+1}——第 $L+1$ 天的资源消耗量；

　　　r_{i-j}——工作 $i \sim j$ 每天的资源消耗量。

为表述清楚参看图 6-39 工作时段示意图，假定某非关键工作 $i \sim j$ 位于时标网络图的 $[K，L]$ 时间区段内，即 $ES_{i-j} = K$，$EF_{i-j} = L$，$L - K = t_{i-j}$

利用式（6-19）即可判定工作能否向后推移。当工作推移一天后，满足式（6-19），说明推移一天可以使方差减小

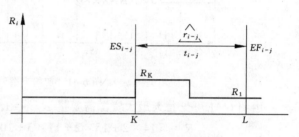

图 6-39　工作时段示意图

或不变，故本次推移予以确认。再在此基础上继续推移，计算及判别。直至 $R_{L+1} - R_{K+1} + r_{i-j} > 0$，说明本次推移会使方差增大，此次推移便予以否认，只确认本次推移前的各项累计推移值。画出第一项调整后的时标网络图，计算出资源动态数列。

选择非关键工作的原则为：以同一完成节点的若干非关键工作中最早开始时间数值大者先行调整；当最早开始时间相同时，以时差较小者先行调整；而时差亦相同时，又以每日资源量大的先行调整，直至起点工作为止。

（5）依次进行第二轮、第三轮…资源调整，直至最后一轮不能再调整为止。画出最后的时标网络图和资源动态数列。

【例】　某工程网络计划初始方案如图 6-40 所示,试确定工期固定,资源均衡优化方案。

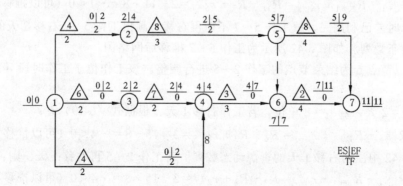

图 6-40　某工程网络计划初始方案

【解】

(1) 计算 ES_{i-j}、EF_{i-j} 和 TF_{i-j}，填入图 6-40。

(2) 绘制 $ES—EF$ 时标网络图，计算出资源动态数列（或资源动态曲线），如图 6-41 所示初始方案时标网络图。

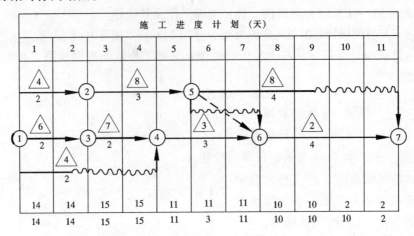

图 6-41　初始方案时标网络图

由图 6-41 可见每天最大资源需要量 $R_{\max}=15$ 个单位，每天平均需要量为：

$$R=（14×2+15×2+11×3+10×2+2×2）/11=10.45$$

资源需要量不均衡系数为：

$$K=15/10.45=1.44$$

(3) 从终点开始，从右至左进行调整。

第一轮资源调整

1) 对以节点 7 为结束点的 5～7 工作进行调整（6～7 为关键工作，不考虑调整）。该工作位于工作时段 $[K，L]=[5，9]$，$TF_{5-7}=2$ 天，$r_{5-7}=8$ 单位，若工作右移 1 天，根据式 (6-19) 有：

$$R_{L+1}-R_{K+1}+r_{i-j}=R_{10}-R_6+r_{5-7}=2-11+8=-1<0（可以推移）$$

在图 6-41 上注明右移 1 天的资源动态数列。

若工作 5～7 再右移 1 天，根据式 (6-19) 有：

$$R_{L+1}-R_{K+1}+r_{i-j}=R_{11}-R_7+r_{5-7}=2-11+8=-1<0（可以推移）$$

由于总时差已利用完，故工作 5～7 不能再右移。画出工作 5～7 右移 2 天的时标网络图和资源动态数列。如图 6-42 所示为工作 5～7 推移后网络图。

2) 对以节点 5 为结束节点的工作 2～5 进行调整。该工作位于工作时段 $[K，L]=[2，5]$，

$TF_{2-5}=2$ 天，$r_{2-5}=8$ 单位，若工作右移 1 天，根据式 (6-19) 有：

$$R_{L+1}-R_{K+1}+r_{i-j}=R_6-R_3+r_{2-5}=3-15+8=-4<0（可以推移）$$

在图 6-42 中注明右移 1 天的资源动态数列。若工作 2～5 再右移 1 天，则：

$$R_{L+1}-R_{K+1}+r_{i-j}=R_7-R_4+r_{2-5}=3-15+8=-4<0（可以推移）$$

由于总时差已利用完，不能再右移。画出工作 2～5 右移 2 天的时标网络图和资源动

态数列如图 6-43 所示为工作 2~5 推移后网络图。

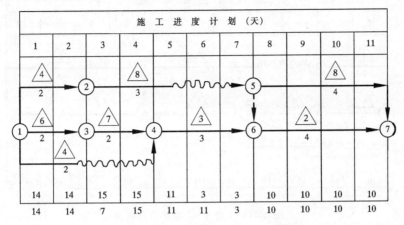

图 6-42　工作 5~7 推移后网络图

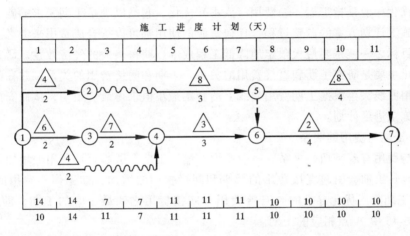

图 6-43　工作 2~5 推移后网络图

3）对以节点 4 为结束节点的非关键工作 1~4 进行调整。该工作位于工作时段 $[K,$ $L]=[0,2]$，$TF_{1-4}=2$，$r_{1-4}=4$，若工作右移 1 天，则：

$$R_{L+1}-R_{K+1}+r_{i-j}=R_3-R_1+r_{1-4}=7-14+4=-3<0（可以推移）$$

在图 6-43 注明右移 1 天的资源动态数列。若工作 1~4 再右移 1 天，则 $R_{L+1}-R_{K+1}$ $+r_{i-j}=R_4-R_2+r_{1-4}=7-14+4=-3<0$（可以推移）

由于总时差已利用完，不能再右移。画出工作 1~4 右移 2 天的时标网络图和资源动态数列，如图 6-44 所示为工作 1~4 推移后网络图。

4）对以节点 2 为结束节点的非关键工作 1~2 进行调整。该工作位于 $[0,2]$ 工作时段，$TF_{1-2}=2$，$r_{1-2}=4$，若工作右移 1 天，根据式（6-19）有：

$$R_{L+1}-R_{K+1}+r_{i-j}=R_3-R_1+r_{1-2}=11-10+4=5>0（不能右移）$$

观察网络图再无调整的可能，故优化结束。优化后的时标网络图即为图 6-44 所示的网络计划。从图中可以看出，优化后的资源最大需要量 $R_{\max}=11$ 不均衡系数为：

$$K=11/10.45=1.05<1.44$$

171

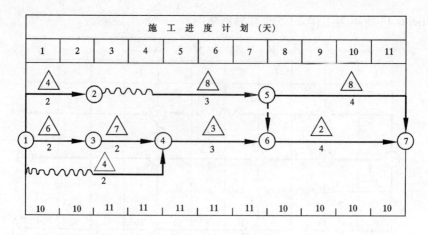

施 工 进 度 计 划（天）										
1	2	3	4	5	6	7	8	9	10	11

图 6-44　工作 1～4 推移后网络图

三、费用优化

费用优化一般是指工期——费用（成本）优化，它是以满足工期要求的施工费用最低为目标的施工计划方案的调整过程，任何资源的使用都可以折合成费用来考虑。工程施工所追求的目标之一就是要最大限定地降低工程成本以获得最大的经济效益。研究工期——费用的优化主要是研究工期和直接费用的关系、工期和间接费用的关系，并在此基础上求得工期费用曲线，再根据工期费用曲线上的费用最小值求得最优工期，从而安排出最优工期对应的施工进度计划。

（一）工期与费用的关系

工期与费用有着密切的关系。一般来说，缩短工期会引起直接费用的增加和间接费用的减少，延长工期会引起直接费用的减少和间接费用的增加，如工作与费用的关系图 6-45 所示。工期费用优化寻求的是直接费用和间接费用之和最小时的工期，即最优工期，也即与图 6-45 中 A 点相应的工期。

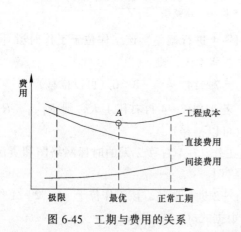

图 6-45　工期与费用的关系

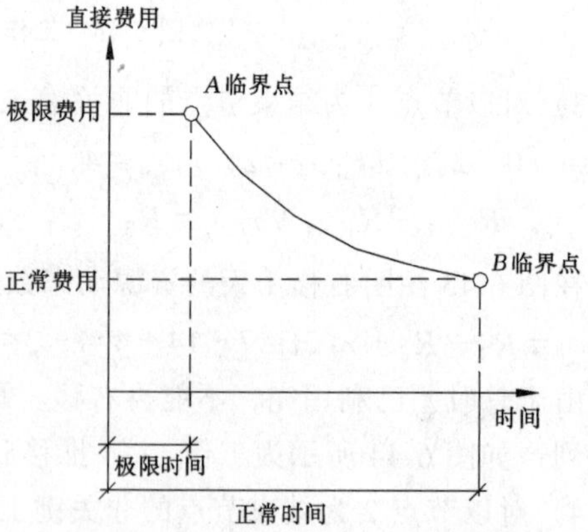

图 6-46　直接费用与时间的关系

网络计划中工期的长短，取决于关键线路的延续时间。而关键线路通常是由许多持续时间和费用各不相同的工作所构成。为此应研究和分析各项工作的持续时间与直接费用的关系。

一般来说，一项工作的直接费用随着其持续时间改变而变化。如直接费用与时间的关系图 6-46 曲线所示。要缩短时间，即加快速度，通常要增加工人、机械和材料等，直接费用也跟着增加。然而工作时间缩短至某一极限，则无论增加多少直接费用，也不能再缩短工期，此极限称为临界点，此时的时间为极限时间，此时的费用叫做极限费用。反之，若延长时间，则可减少直接费用。然而时间延长至某一极限，则无论将工期延至多长，也不能再减少直接费用。此极限称为正常点，此时的最小直接费用称为正常费用，与此相对应的时间称为正常时间。

连接正常点与临界点之曲线，称为费用曲线。事实上此曲线并非光滑的曲线，即为一折线。但为了计算方便，可近似地将它假定为一直线，如费用曲线图 6-47 所示。

假定图 6-47 中 AB 两点为直线连接，这样单位时间内费用的变化是固定的。所以把单位时间内费用的变化称为费用率，用 C 表示，其计算公式如下：

$$C = (C_c - C_n) / (T_n - T_c) \tag{6-20}$$

式中　C_c——某项工作的极限费用；

　　　C_n——某项工作的正常费用；

　　　T_n——某项工作的正常时间；

　　　T_c——某项工作的极限时间；

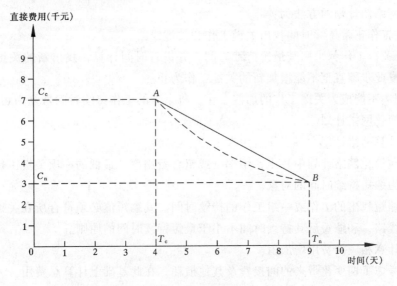

图 6-47　费用曲线

如图 6-47 所示，某项工作根据其工程量、有关定额、工作面及合理劳动组织等条件确定的正常时间为 9 天，相应正常费用为 3000 元；若增加劳动人数、机械台数或工作班数等措施后可能达到极限时间为 4 天，相应的极限费用为 7000 元。则其单位时间费用率 C 为：

$$C = (7000 - 3000) / (9 - 4) = 4000/5 = 800 \text{ 元/天}$$

即：时间缩短一天，增加费用 800 元；反之时间增加一天，直接费用降低 800 元。

不同工作的费用率是不同的。费用率越大，表示工作时间缩短一天，所增加的费用越大，或工作时间增加一天，所减少的费用越大。因此要缩短计划工期，首先要缩短位于关键线路上的 C 值最小的那项工作的持续时间，这样才能使直接费用增加最少。

工期——费用的优化，就是以工作时差为基础，以费用率为依据，通过计算来进行的。

（二）工期——费用优化的方法和步骤

从成本的观点来分析问题，目的就是要使整个工程的总成本最低。具体问题可以有下列几方面：

（1）在规定工期条件下，求出工程的最低成本。

（2）如希望进一步缩短工期，则应考虑如何使所增加的成本最小。

（3）要求以最低成本完成整个工程计划时，如何确定它的最优工期。

（4）如准备增加一定数量的费用，以缩短工程的工期，它可以比原计划缩短多少天？

这就是我们要解决的问题。为了使时间——费用调整工作能付诸实施，我们介绍一种手算方法。工作的步骤是：首先求出不同工期下的最低直接费用，然后考虑相应的间接费的影响，最后再通过叠加求出不同工期的最低工程成本。

费用优化计算步骤如下：

（1）简化网络计划：不同工期的最低直接费用是通过各个不同工期在最小费用率下压缩关键工作的持续时间取得的。因此在缩短工期过程中，有些非关键工作变成关键工作，而有些工作不能变成关键工作。简化网络计划的目的在于删去那些不能转变成关键工作的非关键工作。这样无论用手工计算或电子计算机计算将减少不少计算量。

简化网络图计划的方法为：

1）按工作正常持续时间找出关键工作和关键线路。

2）令关键工作都采用其最短持续时间，并进行时间计算，找出新的关键工作及关键线路。重复此步骤直至不能增加新的关键工作为止。

3）删去不能成为关键工作的那些工作，将余下的工作持续时间恢复为正常持续时间，组成新的简化网络计划。

（2）计算网络计划中各工作费用率 C_{i-j}。

（3）在简化网络计划中找出费用率（或组合费用率）最低的一项关键工作或一组关键工作，作为缩短持续时间的对象。

（4）缩短找出的工作或一组工作的持续时间。其缩短值必须符合所在关键线路不能变成非关键线路，和缩短后其持续时间不小于最短持续时间的原则。

（5）计算相应的费用增加值。

（6）考虑工期变化带来的间接费及其他损耗，在此基础上计算总费用。

（7）重复（3）、（4）、（5）、（6）步骤直到总费用不再降低或已满足要求工期为止。

现结合示例说明计算方法和步骤。

【例】 已知网络计划如图 6-48 所示。

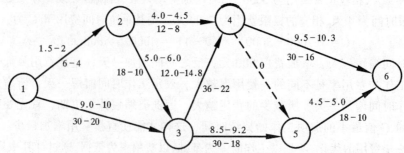

图 6-48 已知网络计划

174

试求出费用最少的工期。图中箭线上方为工作的正常费用和最短时间的费用，箭线下方为工作的正常持续时间和最短的持续时间。已知间接费率为 120 元/天。

【解】　第一步　简化网络图

首先按正常持续时间计算网络计划，找出关键线路及关键工作。如图 6-49 所示。

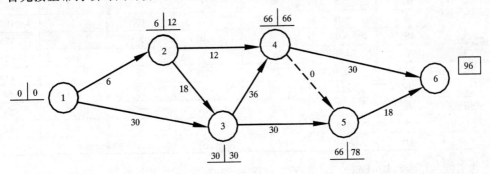

图 6-49　按正常持续时间计算的网络计划

其次，从图 6-49 中可以看出，关键线路为①———③———④———⑥，关键工作为 1～3、3～4、4～6。用最短的持续时间置换那些关键工作的正常持续时间，重新计算找出关键线路及关键工作。重复本步骤，直至不能增加新的关键工作为止。

经计算，图 6-49 中的工作 2～4 不能转变为关键工作，故删去它，重新整理成新的网络计划，如新的网络计划图 6-50 所示。

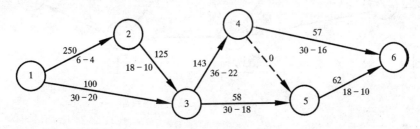

图 6-50　新的网络计划

第二步：计算各工作费用率

工作 1～2 的费用率 C_{1-2} 为：

$$C_{1-2} = (C_c - C_n) / (T_n - T_c)$$
$$= (2 - 1.5) / (6 - 4)$$
$$= 250 \text{ 元/天}$$

其他工作费用率也进行相应计算，然后标注在图 6-50 中相应的箭线上方。或采用表 6-9 计算各工作费用率 C。

第三步：找出关键线路上工作费用率最低的关键工作。图 6-51 为按新网络图确定关键线路为①———③———④———⑥，工作费用率最低的关键工作是 4～6。

第四步：确定缩短时间的大小。其原则是原关键线路不能变为非关键线路。

已知关键工作 4～6 的持续时间可缩短 14 天。由于工作 5～6 的总时差只有 12 天（96 − 18 − 66 = 12）。因此，第一次缩短只能是 12 天（当缩短 14 天时就变成非关键工作）。

工期费用优化原始资料   表 6-9

工作编号	正气常情况下		极限情况下		相　差		费用率 C （元/天）
	时间 T_n （天）	费用 C_n （千元）	时间 T_c （天）	费用 C_c （千元）	$T_n - T$	$C_c - C_n$ （千元）	
1~2	6	1.5	4	2	2	0.5	250
1~3	30	9.0	20	10	10	1	100
2~3	18	5.0	10	6.0	8	1	125
2~4	12	4.0	8	4.5	4	0.5	125
3~4	36	12.0	22	14.0	14	2	143
3~5	30	8.5	18	9.2	12	0.7	58
4~6	30	9.5	16	10.3	14	0.8	57
5~6	18	4.5	10	5.0	8	0.5	62
		54.0		61.0			

工作 4~6 的持续时间改为 18 天，见图 6-52 为第一次工期缩短的网络计划。

计算第一次缩短工期后，增加的费用 ΔC

$$\Delta C_1 = C_{4-6} \times 12 = 57 \times 12 = 684 \ \text{元}$$

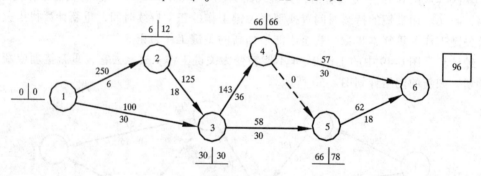

图 6-51　按新网络图确定关键线路

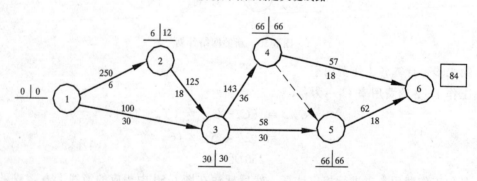

图 6-52　第一次工期缩短的网络计划

第二次缩短

通过第一次缩短，图 6-52 中关键线路变成两条，即①——③——④——⑥和①——③——④——⑤——⑥。如果使该图的工期再缩短，必须同时缩短两条关键线路上的时间。有三个缩短工期方案可供选择：

第一方案：缩短 1~3 工作，费用率 100 元/天；

176

第二方案：缩短 3~4 工作，费用率 143 元/天；

第三方案：缩短 4~6 和 5~6，费用率为 $57 + 62 = 119$ 元/天。

第一方案费用率最小优先考虑。工作 1~3 持续时间可允许缩短 10 天，但考虑工作 1~2 和 2~3 的总时差有 6 天（$12 - 0 - 6 = 6$ 或 $30 - 18 - 6 = 6$），因此工作 1~3 持续时间只可缩短 6 天，工作 1~3 的持续时间改为 24 天，见图 6-53 为第二次工期缩短的网络图。

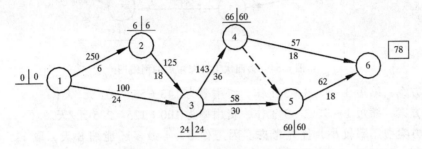

图 6-53　第二次工期缩短的网络图

计算第二次工期缩短后增加的费用 ΔC_2

$$\Delta C_2 = \Delta C_1 + \Delta C_{1-3} \times 6 = 1284 \text{ 元}$$

第四次缩短

从图 6-53 中可以看到，有四条关键线路，

即：①——②——③——④——⑤——⑥，

①——②——③——④——⑥，

①——③——④——⑤——⑥，

①——③——④——⑥。

有三个缩短工期的方案可供选择：

第一方案，缩短 3~4 工作，费用率 143 元/天。

第二方案，缩短 4~6、5~6 工作，费用率为 $57 + 62 = 119$ 元/天。

第三方案：缩短 1~3、2~3 工作，费用率为 $100 + 125 = 225$ 元/天。

第四方案：缩短 1~2、1~3 工作，费用率为 $250 + 100 = 350$ 元/天。

第二方案费用率最小，优先考虑。4~6 工作最多可缩短 2 天。故将 4~6 缩短 2 天，取 $t_{4-6} = 18 - 2 = 16$ 天；同样 5~6 也只能缩短 2 天，取 $t_{5-6} = 16$ 天，计算后得工期为 76 天。

计算第三次缩短后增加的费用 ΔC_3

$$\Delta C_3 = \Delta C_2 + (C_{4-6} + C_{5-6}) \times 2 = 1284 + (57 + 62) \times 2 = 1522 \text{ 元}$$

第四次缩短

缩短工作 3~4 的持续时间 6 天，取 $t_{3-4} = 30$ 天，如图 6-54 所示为第四次工期缩短后的网络图，计算工期为 70 天。

计算第四次缩短后增加的费用 ΔC_4

$$\Delta C_4 = \Delta C_3 + C_{3-4} \times 6 = 1522 + 143 \times 6 = 2380 \text{ 元}$$

第五次缩短

从图 6-54 中可以看到，有五条关键线路，有两个缩短工期的方案可供选择：

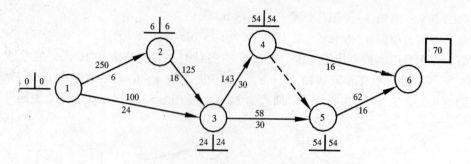

图 6-54 第四次工期缩短后的网络图

第一方案：缩短 3~4、3~5 工作，费用率为 $143 + 58 = 201$ 元/天；

第二方案：缩短 1~3、2~3 工作，费用率为 $100 + 125 = 225$ 元/天。

第一方案费用率较小，优先考虑。因工作 3~4 最多还能缩 8 天，取 $t_{3-4} = 22$ 天，$t_{3-5} = 22$ 天，计算第五次缩短后增加的费用 ΔC_5

$$\Delta C_5 = \Delta C_4 + (C_{3-4} + C_{3-5}) \times 8 = 2380 + (143 + 58) \times 8 = 3988 \text{ 元}$$

第六次缩短

缩短工作 1~3、2~3 的持续时间 4 天，取 $t_{1-3} = 20$ 天，$t_{2-3} = 14$ 天，如图 6-55 所示为第六次工期缩短后的网络计划，计算工期为 58 天。

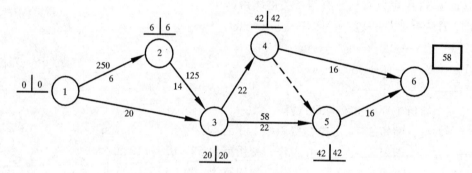

图 6-55 第六次工期缩短的网络计划

计算第六次缩短后增加的费用 ΔC_6

$$\Delta C_6 = \Delta C_5 + (C_{1-3} + C_{2-3}) \times 4 = 3988 + (100 + 125) \times 4 = 4988 \text{ 元}$$

从图 6-55 可以看到，经过六次工期缩短，工作 1~3、3~4、4~6 都已达到极限时间，工期不能再减少了。

第五步 考虑不同工期增加费用及间接费用影响，见表 6-10 为工期与费用汇总表，选择其中组合费用最低的工期作为最佳方案。

工 期 与 费 用 汇 总 表　　　　　　　　　　　　　表 6-10

工期（天）	96	84	78	76	70	62	58
直接费（天）	54000	54684	55284	55522	56380	57988	58888
间接费（天）	11520	10080	9360	9120	8400	7440	6960
工程总费用	65520	64764	64664	64642	64780	65528	65948

从表6-10中可以看出,工期76天时工程总费用最少。费用最低的网络计划如图6-56所示。

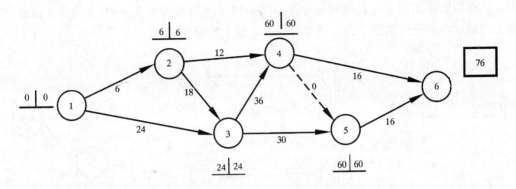

图 6-56 费用最低的网络计划

优化后网络计划的工期费用曲线如图 6-57 所示。

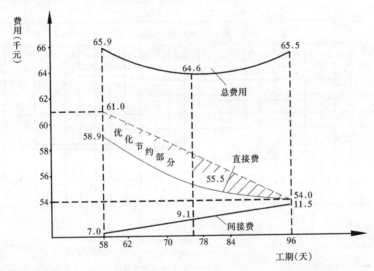

图 6-57 优化后网络计划的工期费用曲线

（三）资源可变，费用最小的优化

对于某种资源来说，本企业是有限的，但是需要时可采用租赁的方式得到补充。在这种情况下，就应比较增加工期的费用和增加单项资源的费用。从中选择费用最少的方案以解决工期和费用的矛盾。现举例说明。

【例】 某工程施工网络计划如图6-58所示。在施工中工作 E、F 均需2台起重机作业。本施工单位仅有3台起重机可以使用。预计该工程延期完工的费用为2400元/天，而租赁一台起重机的费用为800元/天。试判断施工中是否存在使用起重机冲突，并用最优方案解决可能出现的冲突。

网络计划的优化一般采用双代号网络计划。当一项工程的某几项工作需要优化时采用单代号网络计划更为方便。本例采用单代号网络计划，在优化时需要横道图计划配合。

【解】 由题知：该工程在施工中仅有 E、F 工作使用起重机。因此首先做出使用资

179

源的工作 E、F 的时间进度横道图表，如图 6-59 所示为某工程施工网络计划。

其次，按最早进度统计，检查有无资源冲突。

从使用资源工作 E、F 的时间进度图图 6-59 中可以看到在 36～48 天均需 4 台起重机施工，超过本企业可供数 3 台，故在这段存在资源冲突。

开始
0
A
10
B
15
C
13
D
12
E
13
F
15
G
13
结束
0

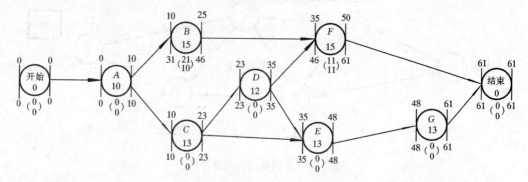

图 6-58　某工程施工网络计划

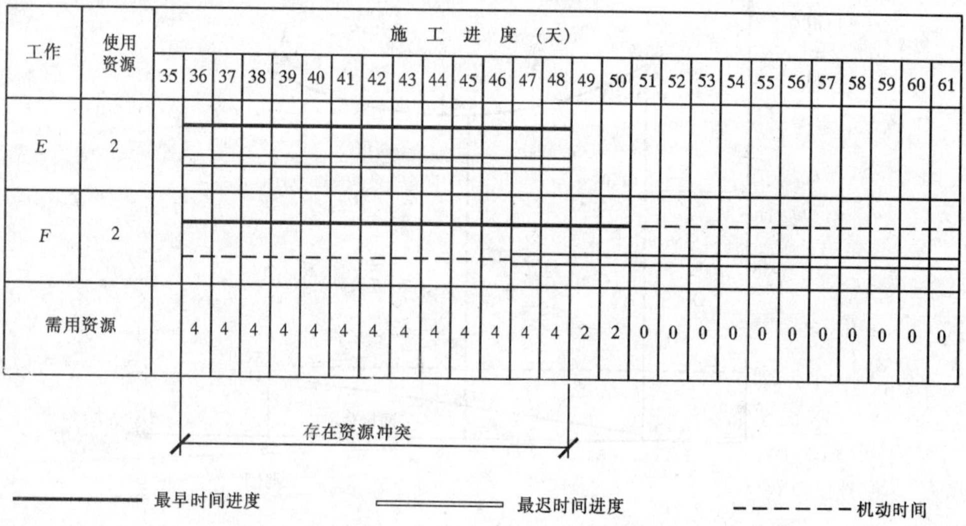

工作
使用资源
施 工 进 度 (天)
35 36 37 38 39 40 41 42 43 44 45 46 47 48 49 50 51 52 53 54 55 56 57 58 59 60 61
E 2
F 2
需用资源
4 4 4 4 4 4 4 4 4 4 4 4 4 2 2 0 0 0 0 0 0 0 0 0 0 0
存在资源冲突
最早时间进度
最迟时间进度
机动时间

图 6-59　使用资源工作 E、F 的时间进度图

再次，调整资源冲突。

由于资源冲突期间，E、F 工作使用起重机施工。用下式可计算出 E、F 利用机动时间先后施工时，是否还存在使用资源冲突。

$$\Delta T = EF_{\mathrm{E-min}} - LS_{\mathrm{F-max}} = 48 - 46 = 2\text{ 天}$$

计算结果表明，若将工作 F 放在工作 E 完成后再开始施工，资源冲突可解决。但工期将增加 2 天。增加的费用为：

$$\Delta C_1 = 2400\text{ 元/天} \times 2\text{ 天} = 4800\text{ 元}$$

若不增加工期，在第 47、48 两天内租赁起重机一台，让 F 工作按最迟进度施工，资源冲突也可解决，而工期不增加，其他工作的进度也不改变，租赁起重机的费用为：

$$\Delta C_2 = 800\text{ 元/天} \times 2\text{ 天} = 1600\text{ 元}$$

若不改变 E、F 时间进度，仍让它按最早时间进度施工，在不增加工期的情况下，租赁起重机的费用为：

$$\Delta C_3 = 800 \text{ 元/天} \times 13 \text{ 天} = 10400 \text{ 元}$$

可见 $\Delta C_3 > \Delta C_1 > \Delta C_2$

显然采用在第47、48两天内租用一台起重机方案解决资源冲突增加的费用最小。应采用这种方案，而不必延长工期。

假若增加工期，则需将增加的逻辑关系加入原网络计划中，重新计算网络图，安排新的进度计划。

第六节　网络计划的控制

网络计划的控制主要包括网络计划的检查和网络计划的调整两个方面。

一、网络计划的检查

网络计划的检查内容主要有：关键工作进度，非关键工作进度及时差利用，工作之间的逻辑关系。

对网络计划的检查应定期进行。检查周期的长短应视计划工期的长短和管理的需要决定，一般可按天、周、旬、月、季等为周期。在计划执行过程中突然出现意外情况时，可进行"应急检查"，以便采取应急调整措施。上级认为有必要时，还可进行"特别检查"。

检查网络计划时，首先必须收集网络计划的实际执行情况，并进行记录。

当采用时标网络计划时，可采用实际进度前锋线（简称前锋线）记录计划执行情况。前锋线应自上而下地从计划检查时的时间刻度线出发，用点画线依次连接各项工作的实际进度前锋，直至到达计划检查时的时间刻度线为止。前锋线可用彩色标画，相邻的前锋线可采用不同的颜色。

当采用无时标网络计划时，可采用直接在图上用文字或适当符号记录、列表记录等记录方式。

例如已知初始网络计划如图 6-60 所示，在第 5 天检查计划执行情况时，发现 A 已完成，B 已工作 1 天，C 已工作 2 天，D 尚未开始。则据此绘出带前锋线的时标网络计划，如图 6-61 所示。

网络计划检查后应列表反映检查结果及情况判断，以便对计划执行情况进行分析判断，为计划的调整提供依据。一般宜利用实际进度前锋线，分析计划的执行情况及其发展趋势，对未来的进度情况做出预测判断，找出偏离计划目标的原因及可供挖掘的潜力所在。

例如根据图 6-61 所示检查情况，可列出该网络计划检查结果分析表，如表 6-11 所示。

网络计划检查结果分析表　　　　　　　　　　　　　　　　　表 6-11

工作代号	工作名称	检查计划时尚需作业天数	到计划最迟完成时尚有天数	原有总时差	尚有总时差	情况判断
2~3	B	2	1	0	-1	影响工期一天
2~5	C	1	2	1	1	正常
2~4	D	2	2	2	0	正常

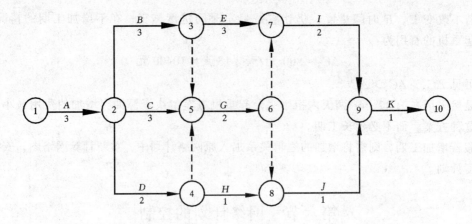

图 6-60　初始网络计划

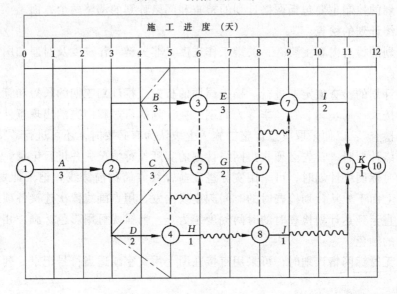

图 6-61　带前锋线的时标网络计划

表中"检查计划时尚需作业天数"等于工作的持续时间减去该工作已进行的天数。

表中"到计划最迟完成时尚有天数"等于该工作的最迟完成时间减去检查时间。

表中"尚有总时差"等于"到计划最迟完成时尚有天数"减去"检查计划时尚需作业天数"。

在表中"情况判断"栏中填入是否影响工期。如尚有总时差≥0，则不会影响工期，在表中填"正常"；如尚有总时差＜0，则会影响工期，在表中填明影响工期几天，以便在下一步调整。

二、网络计划的调整

网络计划的调整时间一般应与网络计划的检查时间一致，根据计划检查结果可进行定期调整或在必要时进行应急调整、特别调整等，一般以定期调整为主。

网络计划的调整内容主要有：关键线路长度的调整，非关键工作时差的调整，增减工作项目，调整逻辑关系，重新估计某些工作的持续时间，对资源的投入做局部调整。

（一）关键线路长度的调整

关键线路长度的调整方法可针对不同情况选用：

（1）当关键线路的实际进度比计划进度提前时，若不拟缩短工期，则应选择资源占用量大或直接费用高的后续关键工作，适当延长其持续时间以降低资源强度或费用；若要提前完成计划，则应将计划的未完成部分作为一个新计划，重新进行调整，按新计划指导计划的执行。

（2）当关键线路的实际进度比计划进度落后时，应在未完成关键线路中选择资源强度小或费用率低的关键工作，缩短其持续时间，并把计划的未完部分作为一个新计划，按工期优化的方法对它进行调整。

如图 6-60 所示的网络计划，第 5 天用前锋线检查如图 6-61 所示，检查结果分析表如表 6-11 所示，发现会影响工期 1 天，现按工期优化的方法对其进行调整如下：

首先绘制出检查后的网络计划。此网络计划可从检查计划的那一天以后的第 2 天开始，本例从第 6 天开始。因为前面天数已经执行，故可不绘出。本例从第 6 天开始的检查后网络计划如图 6-62 所示，拖延工期 1 天。

然后根据图 6-62，按工期优化的方法进行调整。现将关键线路中持续时间较多的关键工作 E 从 3 天调整为 2 天，得出按原要求工期完成的网络计划，调整后网络计划，如图 6-63 所示。

（二）非关键工作时差的调整

应在时差的范围内进行，以便更充分地利用资源、降低成本或满足施工的需要。每次调整均必须重新计算时间参数，观察调整对计划全局的影响。非关键工作时差的调整方法一般有三种：将工作在其最早开始时间和最迟完成时间范围内移动；延长工作持续时间；缩短工作持续时间。

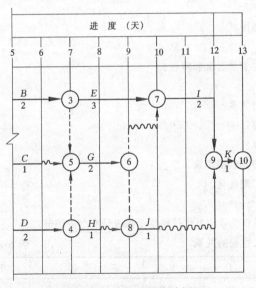

图 6-62　检查后网络计划

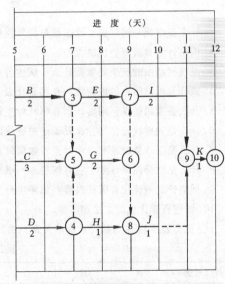

图 6-63　调整后网络计划

（三）其他方面的调整

1. 增减工作项目

增、减工作项目时，要不打乱原网络计划总的逻辑关系，只对局部逻辑关系进行调整；应重新计算时间参数，分析对原网络计划的影响，必要时采取措施以保证计划工期不变。

2．调整逻辑关系

逻辑关系的调整只有当实际情况要求改变施工方法或组织方法时才能进行。调整时应避免影响原定计划工期和其他工作的顺利进行。

3．重新估计某些工作的持续时间

当发现某些工作的原计划持续时间有误或实现条件不充分时，应重新估算其持续时间，并重新计算时间参数。

4．对资源的投入做出了局部调整

当资源供应发生异常情况时，应采用资源优化方法对计划进行调整或采取应急措施，使其对工期的影响最小。

本 章 小 结

网络计划和横道图计划一样，都是编制施工进度计划的方法。横道图计划具有编制容易，绘图简便，排列整齐有序，表达形象直观，便于统计劳动力、材料和机具需要量等优点。网络计划能反映出各工作间的逻辑关系，能分清各工作间的主次关系，抓主要矛盾，能利用工作机动时间优化计划，能在执行过程中修改调整计划。

网络图是由箭线和节点组成的有向、有序的网状图形。网络图按其所用符号的意义不同，分为双代号网络图和单代号网络图。要掌握网络图的表示方法、绘图规则、计算方法。能准确计算出各网络图的时间参数。会调整优化网络计划。

复 习 思 考 题

1．什么是双代号网络图？什么是单代号网络图？

2．网络计划具有哪些优缺点？

3．组成网络图的三个要素是什么？试述各要素的含义和特性？

4．双代号网络图中的虚箭线的作用是什么？

5．什么是逻辑关系？网络计划有哪几种逻辑关系？

6．什么是关键线路？为什么要确定关键线路？

7．什么是工作总时差和自由时差？如何计算？

8．什么是时标网络计划？它有何特点？试述其绘图步骤。

9．网络计划的优化有哪些内容？怎样进行工期优化？

10．试述资源优化的方法和步骤。

11．根据表 6-12 中各施工过程的关系，绘制双代号和单代号网络图并进行节点的编号。

施工过程的关系　　　　　　　　　　　　　表 6-12

施工过程	A	B	C	D	E	F	G	H
紧前过程	无	A	B	B	B	C、D	C、E	F、G
紧后过程	B	C、D、E	F、G	F	G	H	H	无

12．将图 6-21 双代号网络图改成单代号网络图并计算。

13. 根据表 6-13 中所列数据，绘制双代号网络图，计算总工期、总时差和自由时差，并按工作最早可能开始时间绘制带时间坐标的网络图。

表 6-13

工作代号	1~2	1~3	1~4	2~4	2~5	3~4	3~6	4~5	4~7
工作持续时间（天）	5	10	12	0	14	16	13	7	11
每天需要的资源	3	4	5		3	4	5	3	4
工作代号	5~7	5~9	6~7	6~8	7~8	7~9	7~10	8~10	9~10
工作持续时间（天）	17	9	0	8	5	13	8	14	5
每天需要的资源	5	3		4	5	3	4	5	5

14. 根据上题带时间坐标的网络图，试进行资源有限、工期最短和工期固定、资源均衡的优化。

第七章　安装工程施工组织设计

施工组织设计是施工单位为指导工程施工而编制的文件，是安排施工准备和组织工程施工的全面性技术、经济文件。它是建筑安装企业施工管理工作的重要组成部分，是保证按期、优质、低耗地完成建筑安装工程施工的重要措施，是实行科学管理的重要环节。

施工组织设计是一个总的概念，根据拟建工程设计阶段和规模的大小，结构特点和技术复杂程度及施工条件，应相应地编制不同范围和深度的施工组织设计，目前在实际工作中编制的施工组织设计有以下三种：

（1）施工组织总设计：是以一个大型建设项目为对象，在初步设计或扩大初步设计阶段，对整个建设工程在总体战略部署、施工工期、技术物资、大型临时设施等方面进行规划和安排。它是指导整个建设工程施工的一个全面性的技术经济文件；是施工企业编制年度施工计划的依据。因涉及整个工程全局，内容比较粗略概括。

（2）单位工程施工组织设计：是以一个单位工程为对象，在单位工程开工以前对单位工程施工所作的全面安排，如确定具体的施工组织、施工方法、技术措施等。由直接施工的基层单位编制，内容比施工组织总设计详细、具体，是指导单位工程施工的技术经济文件，是施工单位编制作业计划和制定季度施工计划的重要依据。

（3）施工方案：也称施工设计，是以一个较小的单位工程或难度较大，技术复杂的分部（分项）工程为对象，内容比施工组织设计更简明扼要，它主要围绕工程特点，对施工中的主要工作在施工方法、时间配合和空间布置等方面进行合理安排，以保证施工作业的正常进行。

施工组织总设计、单位工程施工组织设计和施工方案三者之间的关系是：前者涉及工程的整体和全局，后者是局部；前者是后者编制的依据，后者是前者的深化和具体化。

第一节　单位工程施工组织设计的编制程序和内容

单位工程施工组织设计是以单位工程为对象，具体指导其施工全过程各项活动的技术、经济文件。是施工单位编制季度、月度施工作业计划，分部分项工程施工设计及劳动力、材料、机具等供应计划的主要依据。单位工程施工组织设计是由工程承包单位或工程项目经理部编制的，是施工前的一项重要准备工作，也是施工企业实现生产科学管理的重要手段。

一、单位工程施工组织设计的编制依据
（1）主管部门的批示文件及建设单位的要求。

（2）施工图纸及设计单位对施工的要求。其中包括：单位工程的全部施工图纸，会审记录和标准图等有关设计资料，设备安装对土建施工的要求以及设计单位对新结构、新材料、新技术和新工艺的要求。

（3）施工企业年度计划对该工程的安排和规定。

（4）施工组织总设计对该工程的安排和规定。

（5）建设单位对工程施工可能提供的条件。如临时房屋数量、水电供应量等。

（6）施工单位的资源配备情况。如劳动力、材料、机具等配备及生产能力。

（7）施工现场条件及勘察资料。如高程、地形、地质、水文、气象、交通运输、现场障碍等情况以及工程地质勘察报告。

（8）有关的国家规定和标准。如工程预算文件和有关定额，施工验收规范，质量标准及操作规程等。

二、单位工程施工组织设计的内容

单位工程施工组织设计，根据工程性质、规模、结构特点和施工条件，其内容和深广度的要求不同。一般应包括下述各项内容。

（1）工程概况；

（2）施工方案和施工方法；

（3）施工进度计划；

（4）施工准备工作及各项资源需要量计划；

（5）施工平面图；

（6）主要技术组织措施；

（7）主要技术经济指标。

对于小型的安装工程，其施工组织设计可以编得简单一些，称"施工方案"设计，其内容一般为：施工方案、施工进度和施工平面图，辅以简明扼要的文字说明。

三、单位工程施工组织设计的编制程序

所谓编制程序，是指单位工程施工组织设计各个组成部分的先后次序以及相互之间的制约关系。单位工程施工组织设计的编制程序如图7-1所示。

四、工程概况

工程概况是对拟建工程的工程特点、地点特征和施工条件等所作的一个简要的、突出重点的文字介绍。有时附以拟建工程简单图表。

（一）工程概述

主要说明工程名称、性质、用途、建设单位、设计单位、施工单位、资金来源、投资额、开竣工日期、施工图纸情况、施工合同、主管部门的有关文件或要求等。

（二）工程特点

主要说明拟建工程的建筑面积、平面形状及外形尺寸；主要工种工程的情况和实物工程量；交付建设单位使用或投产的先后顺序和期限，主体结构的类型、安装位置、主要设备的生产工艺要求等。对采用新材料、新工艺、新技术、施工难度大、要求高的项目应重点说明。

（三）建设地点的特征

主要说明拟建工程的位置、地形、工程地质与水文地质条件，地下水位、水质、气温，雨季时间、冰冻期时间与冻结层深度，主导风向、风力等。

（四）施工条件

主要说明施工现场供水、供电、道路交通、场地平整和障碍物迁移情况；主要材料、

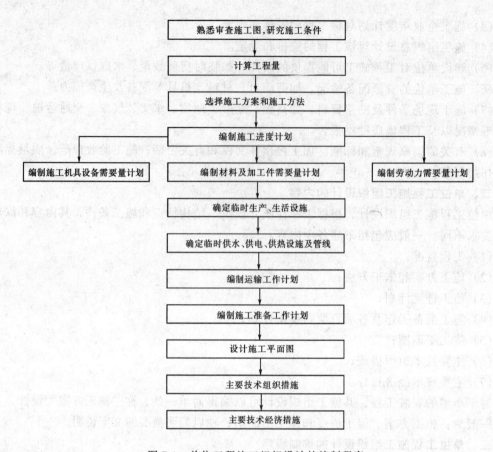

图 7-1　单位工程施工组织设计的编制程序

半成品、设备供应情况；施工企业机械、设备、劳动力落实情况；内部承包方式、劳动组织形式及施工水平等。

五、施工方案和施工方法

单位工程施工组织设计的核心是合理选择施工方案，它包括确定施工流向，施工顺序，流水段划分，施工方法和施工机械等。

（一）确定施工流向

确定施工流向（流水方向）主要解决施工项目在平面上、空间上的施工顺序，现场施工的主要环节。确定单位工程施工流向时，主要考虑下列因素：

（1）生产工艺流程，往往是确定施工流向的关键因素。因此，从生产工艺上考虑，凡影响其他工段试车投产的工段应该先施工。

（2）建设单位对生产或使用急切的工段或部位先施工。

（3）技术复杂、施工进度较慢、工期较长的工段和部位先施工。

（4）满足选用的施工方法、施工机械和施工技术的要求。

（5）施工流水在平面和空间开展时，要符合工程质量与安全的要求。

（6）确定的施工流向不能与材料、构件的运输方向发生冲突。

（二）确定施工顺序

施工顺序是指单位工程中，各分部、分项工程之间进行施工的先后次序。它主要解决工序间在时间上的搭接问题，以充分利用空间、争取时间、缩短工期。单位工程施工中应遵循的程序一般是：

（1）先地下，后地上。地下埋设的管道、电缆等工程应首先完成，对地下工程也应按先深后浅的程序进行，以免造成施工返工或对上部工程的干扰。

（2）先土建，后安装。不论是工业建筑还是民用建筑，一般土建施工应先于水暖电等建筑设备的安装施工。

（3）先安装主体设备，后安装配套设备；先安装重、高、大型设备，后安装中、小型设备；设备、工艺管线交叉作业，边安装设备，边单机试车。

（4）对于重型工业厂房，一般先安装工艺设备，后建设厂房，或设备安装与土建施工同时进行，如冶金车间、发电厂的主厂房、水泥厂的主车间等。

（三）流水段的划分

流水施工段的划分，必须满足施工顺序、施工方法和流水施工条件的要求。其划分原则和方法详见第五章。

（四）选择施工方法和施工机械

施工方法和施工机械的选择是紧密联系的，施工机械的选择是施工方法选择的中心环节。每个施工过程总有不同的施工方法和使用机械，不同的施工方法所用的施工机具不同。在选择施工方法和施工机械时，要充分研究拟安装设备的特征、各种施工机械的性能、供应的可能性及本企业的技术水平、建设工期要求和经济效益等。从施工组织的角度选择机械时，应着重注意以下几方面：

（1）施工方法的技术先进性和经济合理性的统一；

（2）施工机械的适用性与多用性的兼顾；

（3）施工单位的技术特点和施工习惯；

（4）各种辅助机械应与直接配套的主导机械的生产能力协调一致；

（5）同一工地上，所使机械的种类和型号尽可能少一些；

（6）尽量利用施工单位现有机械。

施工方法和施工机械的选择，是一项综合性的技术工作，必须在多方案比较的基础上确定。

在确定施工方法和主导机械后，还必须考虑施工机械的综合使用和工作范围、流动方向、开行路线和工作内容等，使之得到最充分地利用。并拟定保证工程质量与施工安全的技术措施。

（五）施工方案的技术经济分析

任何一个分部分项工程，一般都有几个可行的施工方案。施工方案的技术经济分析的目的就是在它们之间进行优选，选出一个工期短、质量好、材料省、劳动力和机具安排合理、成本低的最优方案。施工方案的技术经济分析常用方法有定性分析和定量分析两种。

1. 定性分析

定性分析是结合施工经验，对几个方案的优缺点进行分析和比较。通常主要从以下几个指标来评价：

（1）工人在施工操作上的难易程度和安全可靠性；

（2）能否为后续工作创造有利施工条件；

（3）选择的施工机械设备是否可能取得；

（4）采用该方案在冬雨季施工能带来多大困难；

（5）能否为现场文明施工创造有利条件；

（6）对周围其他工程施工影响大小。

2. 定量分析

定量分析是通过计算各方案的几个主要技术经济指标，进行综合比较分析，从中选择技术经济指标最优的方案。常用下列几个指标：

（1）工期指标。当要求工程尽快完成以便尽早投入生产或使用时，选择施工方案就要在确保工程质量、安全和成本较低的条件下，优先考虑缩短工期的方案。

（2）劳动量消耗指标。它能反映施工机械化程度和劳动生产率水平。通常，在方案中劳动消耗越小，则机械化程度和劳动生产率越高。劳动量消耗以工日数计算。

（3）主要材料消耗指标。它反映了各个施工方案的主要材料节约情况。

（4）成本指标。它反映了施工方案的成本高低。一般需计算方案所用的直接费和间接费成本指标 C，可按下式计算：

$$C = 直接费 \times （1 + 综合费率） \tag{7-1}$$

式中 C 为某施工方案完成施工任务所需要的成本，直接费 = 定额直接费 × （1 + 所有其他直接费率），式中其他直接费率，按有关文件规定执行，综合费率按各地区有关文件规定执行。

（5）投资额指标。拟定的施工方案需要增加新的投资时，如购买新的施工机械或设备，则需要用增加投资额指标进行比较，其中投资额指标低的方案为好。

六、单位工程施工进度计划

单位工程施工进度计划是在规定施工方案的基础上，根据规定工期和各种资源供应条件，按照施工过程的合理施工顺序及组织施工的原则，用横道图或网络图，对单位工程从开始施工到工程竣工，全部施工过程在时间上和空间上的合理安排。

（一）单位工程施工进度计划的作用

（1）安排单位工程的施工进度，保证如期完成施工任务；

（2）确定各施工过程的施工顺序，持续时间及相互之间的衔接、配合关系；

（3）为编制季、月、旬作业计划提供依据；

（4）为编制施工准备工作计划和各种资源需要量计划提供依据。

（二）单位工程施工进度计划的编制依据

（1）有关设计图纸和采用的标准图集等技术资料；

（2）施工工期要求及开工、竣工日期；

（3）施工组织总设计对本工程的要求及施工总进度计划；

（4）确定的施工方案和施工方法；

（5）施工条件：劳动力、机械、材料、构件供应情况，分包单位情况，土建与安装的配合情况；

（6）劳动定额、机械台班使用定额、预算定额及预算文件。

（三）单位工程施工进度计划的编制内容和步骤

编制单位工程施工进度计划的主要内容和步骤是：首先收集编制依据，熟悉图纸、了解施工条件、研究有关资料、确定施工项目；其次计算工程量、套用定额计算劳动量、机械台班需要量；再次确定施工项目的持续时间、初排施工进度计划；最后按工期、劳动力、机械、材料供应量要求，调整优化施工进度计划，绘制正式施工进度计划。

1. 划分施工项目

施工项目是包括一定工作内容的施工过程，是进度计划的基本组成单元。施工项目的划分见第五章施工过程的划分。

2. 计算工程量

施工项目确定后，可根据施工图纸、工程量计算规则及相应的施工方法进行计算。

计算工程量时应注意以下几个问题：

（1）各分部分项工程的工程量计算单位应与现行定额手册中所规定的单位相一致，以避免计算劳动力、材料和机械数量时进行换算，产生错误。

（2）计算工程量时，应与所采用的施工方法一致。

（3）正确取用预算文件中的工程量。如已编制预算文件，则施工进度计划中的工程量可根据施工项目包括的内容从预算工程量的相应项目内抄出并汇总。

（4）计算工程量时，尽量考虑编制其他计划时使用工程量数据的方便，做到一次计算多次使用。

3. 确定劳动量和施工机械数量

根据计算的工程量、施工方法和现行的劳动定额，结合施工单位的实际情况，即可计算出各施工项目的劳动量和机械台班量。

（1）劳动量的确定

施工项目采用手工操作时，其劳动工日数可按下式计算：

$$P_i = Q_i / S_i = Q_i \cdot H_i \tag{7-2}$$

式中　　P_i——某施工项目所需劳动量，工日；

Q_i——该施工项目的工程量，m^3、m^2、m、t、个等；

S_i——该施工项目采用的产量定额，m^3/工日、m^2/工日、m/工日、t/工日、个/工日等；

H_i——该施工项目采用的时间定额，日/m^3、工日/m^2、工日/m、工日/t、工日/个等。

【例】　某工程法兰阀门安装，其工程量为直径200mm的法兰60个，若平均时间定额为1.43工日/个，试计算完成法兰阀门安装任务所需劳动量。

【解】　$P_{阀门安装} = 60 \times 1.43 = 85.8$ 工日

取86个工日。

当施工项目由两个或两个以上的施工过程或内容合并组成时，其总劳动量可按下式计算：

$$P_{总} = \Sigma P_i = P_1 + P_2 + P_3 + \cdots + P_n \tag{7-3}$$

【例】　有直径为1200mm的供热管道工程1000m，某工程队需完成喷砂除锈、刷漆、保温三项工作。若时间定额为喷砂除锈1.08工日/$10m^2$，刷漆0.489工日/$10m^2$，保温6.76/$10m^2$。试计算该工程队完成三项工作所需劳动量。

【解】 $Q = 1.2 \times \pi \times 1000 = 3768$（m²）$= 376.8$（10m²）

$P = 376.8 \times 1.08 + 376.8 \times 0.489 + 376.8 \times 6.76 = 3138.4$ 工日

取 3138 个工日

（2）机械台班数确定

施工项目采用机械施工时，其机械及配套机械所需的台班数量，可按下式计算：

$$D_i = Q_i / S_i = Q_i \cdot H_i \tag{7-4}$$

式中 D_i——某施工机械所需机械台班量，台班；

      Q_i——机械完成的工程量，m³、m²、t、件等；

      S_i——该机械的产量定额，m³/台班、m²/台班、t/台班、件/台班等；

      H_i——该机械的时间定额，台班/m³、台班/m²、台班/t、台班/件等。

在实际工程计算中产量或时间定额应根据定额的参数，结合本单位机械状况、操作水平、现场条件等分析确定，计算结果取整数。

4. 计算施工项目工作持续时间

施工项目工作持续时间的计算方法一般有经验估计法、定额计算法和倒排计划法。

（1）经验估计法

这种方法是根据过去的经验进行估计，一般适用于采用新工艺、新技术、新结构、新材料等无定额可循的施工项目。为了提高其准确程度，可采用"三时估计法"，即先估计出完成该施工项目的最乐观时间（A）、最悲观时间（B）、和最可能时间（C）三种施工时间，然后按下式确定该施工项目的工作持续时间 t：

$$t = (A + B + 4C) / 6 \tag{7-5}$$

（2）定额计算法

这种方法是根据施工项目所需劳动量和机械台班量，以及配备的机械台数和劳动人数，来确定其工作持续时间。其计算公式如下：

$$t_i = P_i / (R_i \cdot b) = Q_i / (S_i \cdot R_i \cdot b) \tag{7-6}$$

$$t_i = D_i / (G_i \cdot b) = Q_i / (S_i \cdot G_i \cdot b) \tag{7-7}$$

式中 t_i——某施工项目工作持续时间，天；

      P_i——该施工项目所需的劳动量，工日；

      Q_i——该施工项目的工程量；

      S_i——该施工项目的产量定额；

      R_i——该施工项目所配备的施工班组人数，人；

      b——该施工项目的工作班制（1～3班制）；

      D_i——某施工项目所需机械的台班数；

      G_i——该施工项目所配备的机械台数。

在组织分段流水时，也是用上式确定每个施工段的流水节拍。

在应用上式时，必须先确定 R_i、G_i、b 的数值。

1）施工班组人数的确定

在确定班组人数时，应考虑最小劳动组合人数、最小工作面和可能安排的施工人数等因素。

最小劳动组合，即某一施工过程进行正常施工所必需的最低限度的班组人数及其合理组合。人数过少或比例（技工和普工的比例）不当都将引起劳动生产率的下降。

最小工作面，即施工班组为保证安全生产和有效地操作所必需的工作面。最小工作面决定了最高限度可安排多少工人。不能为了缩短工期而无限制地增加工人数，否则将造成工作面不足而产生窝工现象。

可能安排的人数，是指施工单位所能配备的人数。一般只要在上述最低和最高限度之间，根据实际情况确定就可以了。有时为了缩短工期，可在保证足够工作面的条件下组织非专业工种的支援。如果在最小工作面的情况下，安排最高限度的工人数仍不能满足工期要求时，可组织两班制和三班制施工。

2）机械台数的确定

与施工班组人数确定相似，也应考虑机械生产效率、施工工作面、可能安排台数及维修保养时间等因素来确定。

3）工作班制的确定

一般情况下，当工期允许、劳动力和机械周转使用不紧迫、施工工艺上无连续施工要求时，采用一班制施工。当组织流水施工时，为了给第二天连续施工创造条件，某些施工准备工作或施工过程可考虑在夜班进行，即采用二班制施工。当工期较紧或为了提高施工机械的使用率及加快机械的周转使用，或工艺上要求连续施工时，某些施工项目可考虑二班甚至三班制施工。由于采用多班制施工，必须加强技术、组织和安全措施，并增加材料或构件的供应强度，增加夜间施工（如现场灯光照明）等费用及有关设施。因此，必须慎重采用。

【例】 某设备安装工程需 690 个工日，采用一班制施工，每班出勤人数为 22 人（技工 10 人、普工 12 人、比例为 1:1.2）。如果分五个施工段完成施工任务，试求完成任务的持续时间和流水节拍。

【解】 $T_{安装} = 690/(22 \times 1) = 31.4$ 天   取 31 天

$t_{安装} = 31/5 = 6.2$ 天   取 6 天

上例流水节拍平均为 6 天，总工期为 $5 \times 6 = 30$ 天，则计划安排劳动量为 $30 \times 22 = 660$ 工日，比计划定额需要的劳动量减少 30 工日。能否少用 30 工日完成任务，即能否提高工效 4%（$30/690 = 4\%$），这要根据实际分析研究后确定。一般应尽量使定额劳动量和实际安排劳动量相接近。如果有机械配合施工，则在确定施工时间或流水节拍时，还应考虑机械效率，即机械能否配合完成施工任务。

（3）倒排计划法

这种方法是根据流水施工方式的总工期要求，先确定施工时间和工作班制，再确定施工班组人数或机械台数。其计算公式如下：

$$R_i = P_i/(t_i \cdot b) \tag{7-8}$$

$$G_i = D_i/(t_i \cdot b) \tag{7-9}$$

式中符号同式（7-6）、式（7-7）。

如果计算需要的施工人数超过了本单位现有的数量，除了要求上级单位调度、支援外，应从技术上、组织上采取措施。如组织平行立体交叉施工，某些项目采用多班制施工等。

【例】 某安装工程劳动量为 690 个工日，要求在 20 天内完成，采用一班制施工，试求每天施工人数。

【解】 $R_{安装} = 690 / (20 \times 1) = 34.5$ 人　　取 35 人

上例施工人数为 35 人若配备技工 15 人，普工 20 人，其比例为 1:1.33。是否有这些劳动人数，是否有 15 个技工，工作面是否满足，都需要经过分析研究后确定。现实际采用劳动量为 $35 \times 20 = 700$ 个工日，比计划劳动量 690 个工日多 10 个工日，相差不大。

5. 编制施工进度计划

上述内容确定后，即可编制施工进度计划的初步方案。一般的编制方法有以下三种：

（1）按经验直接安排法

这种方法是根据各施工项目持续时间、先后顺序和搭接的可能性，直接按经验在横道图上画出施工时间进度线。其一般步骤是：

1）根据拟定的施工方案、施工流向和工艺顺序，将各施工项目进行排列。其排列原则是：先施工项先排，后施工项后排，主要施工项先排，次要施工项目后排。

2）按施工顺序，将排好的施工项目从第一项起，逐项填入施工进度计划图表中。要注意各施工项目的起止时间，使各项目符合技术间隙和组织间隙时间的要求。

3）各施工项目尽量组织平面、立体交叉搭接流水施工，使各施工项目的持续时间符合工期要求。

（2）按工艺组合组织流水施工方法

这种方法是将某些在工艺上有关系的施工过程归并为一个工艺组合，组织各工艺组合内部流水施工，然后将各工艺组合最大限度地搭接起来，组织分别流水。例如，平整场地、修建临时设施等，可以归并为一个施工准备工艺组合；设备开箱、检查、拆卸、清洗、组装等可以归并为一个工艺组合；工艺管线安装也可以作为一个工艺组合等等。

按照对整个工期的影响大小，工艺组合可以分为主要工艺组合和搭接工艺组合两种类型。前者对单位工程的工期起决定性作用，相互基本不能搭接施工；而后者对整个工期虽有一定影响，但不起决定性作用，并且这种工艺组合能够和主要工艺组合彼此平行或搭接施工。

在工艺组合确定以后，首先可以从每个工艺组合中找出一个主导施工过程；其次确定主导施工过程的施工段数及持续时间；然后尽可能地使其余施工都采用相同的施工段和持续时间，以便简化计算和施工组织工作；最后按固定节拍流水施工、成倍节拍流水施工或分别流水施工的计算方法，求出工艺组合的持续时间。为了计算和组织的方便，对于各个工艺组合的施工段数和持续时间，在可能的条件下，也应力求一致。

（3）按网络计划技术编制施工进度计划

采用这种方法编制施工进度计划，一种是直接网络图表述，另一种是将已编横道图计划改成网络计划以便于优化。详见第六章。

6. 施工进度计划的检查和调整

施工进度计划初步方案编出后，应根据上级要求、合同规定、经济效益及施工条件等，先检查各施工项目的安排是否正确合理、工期是否满足要求、劳动力等资源需要量是否均衡；然后进行调整，直至满足要求；最后编制正式施工进度计划。检查调整步骤如下：

（1）从全局出发，检查各施工项目的先后顺序是否合理，持续时间是否符合工期要求。

（2）检查各施工项目的起、止时间是否正确合理，特别是主导施工项目是否考虑必需的技术和组织间隙时间。

（3）对安排平行搭接、立体交叉的施工项目，是否符合施工工艺、质量、安全的要求。

（4）检查、分析进度计划中，劳动力、材料和机械的供应与使用是否均衡。应避免过分集中，尽量做到均衡。

经上述检查，如发现问题，应修改、调整优化，使整个施工进度计划满足上述条件的要求为止。

由于建安工程施工复杂，受客观条件的影响较大。在编制计划时，应充分、仔细调查研究，综合平衡，精心设计。使计划既要符合工程施工特点，又要留有余地，使施工计划确实起到指导现场施工的作用。

七、施工准备工作及各项资源需要量计划

单位工程施工进度计划编出后，即可着手编制施工准备工作计划和各项资源需要量计划。这些计划也是施工组织设计的重要组成部分，是施工单位安排临时设施及资源供应的主要依据。

（一）施工准备工作计划

单位工程施工前，应编制施工准备工作计划。施工准备工作计划主要反映开工前和施工中必须做到的有关准备工作。内容一般包括现场准备、技术准备、资源准备及其他准备。

（二）劳动力需要量计划

单位工程施工时所需各种技工、普工人数，主要是根据确定的施工进度计划要求，按月分旬编制的。编制方法是以单位工程施工进度计划为主，将每天施工项目所需的施工人数，并按时间进度要求汇总后编出。单位工程劳动力需要量计划表见表7-1所示。它是控制劳动力平衡、调配的依据。

单位工程劳动力需要量计划　　　　　　　　　　表 7-1

序号	工程名称	人数	需用人数及时间									...	备注
			月　份			月　份			月　份				
			上旬	中旬	下旬	上旬	中旬	下旬	上旬	中旬	下旬		

（三）主要材料及非标设备需要量计划

确定单位工程所需的主要材料及非标设备需用量是为储备、供应材料，拟定现场仓库与堆放场地面积，计算运输工程量提供依据。编制方法是按施工进度计划表中所列的项目，根据工程量计算规则，以定额为依据，经工料分析后，按材料的名称、规格、数量、使用时间等要求，分别统计并汇总后编出。单位工程主要材料需要量计划见表 7-2。非标设备需用量计划见表 7-3。

单位工程主要材料需要量计划表　　　　　　　　　　　　　　表 7-2

序号	材料名称	规格	需要量		需 用 时 间						备 注
			单位	数量	月　份			月　份			
										...	
					上旬	中旬	下旬	上旬	中旬	下旬	

非标设备需用量计划　　　　　　　　　　　　　　表 7-3

序　号	加工件名　称	规　格	图　号	需 用 量		使用部位	加工单位	供应日期	备　注
				单位	数量				

（四）主要机具设备需要量计划

单位工程所需施工机械、主要机具设备需用量是根据施工方案确定的施工机械、机具形式，以施工进度计划、主要材料及构配件运输计划为依据编制。编制方法，是将施工进度表中每一项目所需的施工机械、机具的名称、型号规格、需用量、使用时间等分别统计汇总。单位工程主要机具设备需要量计划见表 7-4。它是落实机具来源、组织机具进场的依据。

单位工程主要机具设备需用量计划　　　　　　　　　　　　　　表 7-4

序　号	机具设备名称	型号规格	电动机功率	需 用 量		来　源	使用时间	备　注
				单位	数量			

八、施工平面图设计

单位工程施工平面图是对拟建工程的施工现场所作的平面规划和布置，是施工组织设计的重要内容，是现场文明施工的基本保证。

（一）设计内容

施工平面图设计内容主要包括：

（1）建筑总平面图上已建和拟建的地上、地下的一切房屋、构筑物及其他设施的位置、尺寸和方位。

（2）自行式起重机、卷扬机、地锚及其他施工机械的工作位置。

（3）各种设备、材料、构件的仓库、堆场和现场的焊接或组装场地。

（4）临时给排水管线、供电线路、蒸汽及压缩空气管道等布置。

（5）生产和生活性福利设施的布置。

（6）场内道路的布置及与场外交通的连接位置。

（7）一切安全及防火设施的位置。

（二）设计依据

（1）施工组织总设计及原始资料。

（2）土建施工平面图。了解一切已建和拟建的房屋、构筑物、设备及管线基础的位置、尺寸和方位。

（3）本工程的施工方案、施工进度计划、各种物资需要量计划。

（三）设计原则

（1）在保证施工顺利进行的前提下，现场布置尽量紧凑、减少施工用地及施工用各种管线。

（2）材料仓库或成品件的堆放场地，尽量靠近使用地点，以便减少场内运输费用。

（3）力争减少临时设施的数量，降低临时设施的费用。

（4）临时设施布置应尽量便于生产、生活和施工管理的需要。

（5）符合环保、安全和防火需求。

（四）设计步骤

安装工程施工主要围绕拟安装设备的二次搬运、现场组装或焊接、垂直吊装、检测和调试等项目进行。施工平面是一个变化的动态系统，施工平面布置图具有阶段性。施工内容不同，施工平面布置的实际情况也不一样，一般应反映施工场地复杂、技术要求高、施工最紧张时期的施工平面布置情况。如大型设备安装，使用机械较多。设计施工平面图时，可按下列步骤进行：

（1）确定施工现场实际尺寸的大小，用 1:200～1:500 的绘图比例绘图，图幅为 1～2 号图。

（2）绘出施工现场一切已建和拟建的房屋、构筑物、设备及管线基础和其他设施的位置。

（3）绘出主要施工机械的位置。施工现场常用的主要施工机械有自行式起重机、塔式起重机、桅杆式起重机、龙门吊车、卷扬机等。这些对地面、附近平面及空间有特殊的要求，而这些机械设备在施工中又往往起着主导的作用。它们的位置直接影响着设备的卸车、组装和焊接、保温及吊装等施工过程的开展，并影响着道路、水、电、气管网及临时设施的布置等，应首先考虑。对于自行式起重机，由于具有灵活性大的特点，在施工平面图上应确定其工作的先后位置、行驶道路，减少其往返转移时间。对于塔式起重机，其平面位置主要取决于安装设备（或装置）的平面形状和四周场地条件。一般应在场地较宽的一面布置，并明确其回转半径及服务范围，使其所有参数均满足吊装要求。对于施工中使用的卷扬机和各种钢丝绳等，占用空间位置较多，应根据这些机具安装的技术要求，布置在平面上，并使它与已建房屋、构筑物等不发生矛盾。为减少地锚的设置和改善绳索的受力条件，地锚和缆风绳尽量对称布置。为便于施工时的观察和指挥，卷扬机应相对集中布置。

（4）绘出构配件、材料仓库、堆场和设备组装场地的位置。施工现场仓库、堆场和设备组装场地的位置主要考虑便于运输装卸，并使设备、材料等在工地上的转运符合施工安全要求等。

（5）布置运输道路。施工现场使用的运输道路应尽量利用永久性道路和建好的路基，需要设置时，应考虑是否通过管沟、设备基础和架空部分。凡是大型设备运输线路上的建筑物、管沟、基础及管线等，如有碍运输的进行，应在大型设备安装后再施工。布置的道路应保证行驶畅通，使大型设备的运输有足够的转弯半径，路面宽度不小于 3.5m。为使运输不受堵塞，露天施工现场最好布置成环形运输道路。

（6）布置行政、生活及福利用临时设施。

（7）布置水电等管线位置：

1）给水管布置：一般由建设单位的干管或自行布置的干管接到用水点，布置时应力求管网总长度最短，管径的大小和龙头数目的设置需视工程规模大小通过计算确定。工地内要设置消防栓，消防栓距离建筑物不小于 5m，也不要大于 25m，距离路边应不大于 2m。有时为了满足生产和消防用水的需要，可在建筑物附近设置简单的蓄水池。

2）排水管布置：为了便于排除地面水和地下水，要及时修通永久性下水道，并结合现场地形在建筑物周围设置排泄地面水和地下水沟渠。

3）供电布置：单位工程施工用电应在全工地性施工总平面图上一并考虑。

在施工平面图上应绘出变压器和输电线路的位置。变压器应设在使用负荷的中心地带附近，不宜设在交通要道口。所有输电线路均应按电容量计算确定，并应满足敷设的有关规定。

以上内容不一定在平面图上全部反映出来。具体内容应根据工程性质，现场条件，按照满足工程需要来确定。

九、主要技术经济指标计算

评价单位工程施工设计可用技术经济指标来衡量，技术经济指标的计算应在编制相应的技术组织措施计划的基础上进行。一般主要有以下指标：

（一）工期指标

指单位工程从开始施工到完成全部施工过程，达到竣工验收标准为止，所用的全部有效施工天数与定额工期或参考工期相比的百分数，即

$$工期指标 = \frac{设计工期}{定额工期} \times 100\%$$

（二）工程成本指标

（1）总工程费用：即完成该单位工程施工的全部费用。

（2）降低成本指标：

$$降低成本额 = 预算成本额 - 计划成本额$$
$$降低成本率 = 降低成本额/预算成本额 \times 100\%$$

（3）日产值：

$$日产值 = 计划成本/工期（元/日、万元/日）$$

（4）人均产值。

（三）劳动消耗指标

（1）单位产品劳动力消耗。

（2）劳动力不均衡系数 K：

$$K = 最多工人数/平均工人数 \times 100\%$$

（四）主要施工机械利用指标

（1）主要施工机械利用率；

（2）施工机械完好率；

（3）施工机械化程度；

（4）质量安全指标。

第二节　管道安装工程施工组织设计

管道在国民经济建设中和人民生活中是不可缺少的设施，它涉及的领域较为广泛。例如热能的传递，给排水，各种气体、液体和物料的输送，均要靠管道的输送来完成。本节以某单位供热网为例，介绍管道安装工程施工组织设计。

一、工程概况

本工程为北方某单位室外供热管网安装工程。供热面积为 $9 \times 10^4 \text{m}^2$，总热负荷为 $79 \times 10^3 \text{kW}$。锅炉房提供 95℃/70℃、工作压力为 1MPa 的热水作为热媒。该工程的供热管网布置简图如图 7-2 所示。工程量包括管沟槽挖土，管沟砌筑，管道安装，支架、伸缩器、仪表、阀件等安装，以及保温防水处理等。

管网总长度为 1200m。主要项目工程量见表 7-5。总工期为 60 天。

主要项目工程量　　　　　　　　　　　　表 7-5

序　号	项　目　名　称	单　位	工　程　量	备　注
1	管沟槽挖土	m^3	3050	
2	混凝土垫层（100mm 厚）	m^3	130	
3	管沟壁砌体	m^3	630	
4	管道敷设安装	m	1200	
5	补偿器、阀门、管件安装	件	112	
6	检查井	个	10	
7	管道防腐、保温	m^3	1200	
8	回填土	m^3	1145	
9	余土外运	m^3	1905	

地质条件为Ⅱ级湿陷性黄土，地耐力为 12t/m^2。外网布置形式采用枝状管网，管道敷设于半通行地沟内，为便于检修，每 60m 设一人孔，在阀门密集处设检查井。管道沿

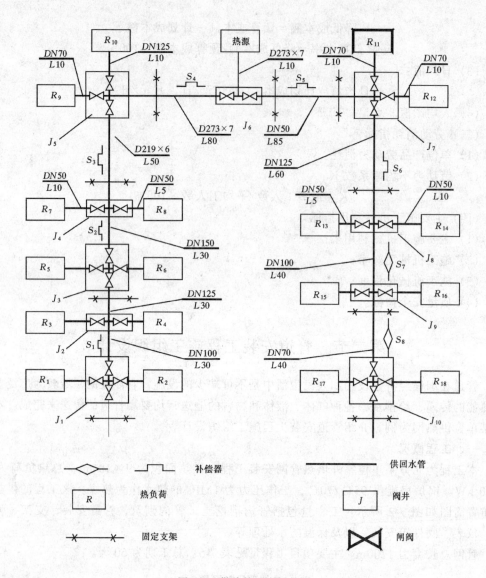

图 7-2　供热管网布置简图

建筑物布置，距基础不小于 2m。干管坡度尽量沿地形布置，最小坡度 0.003。

管道采用焊接钢管，干支线采用闸阀。管道与阀门以及橡胶接头采用法兰连接，其余采用焊接，质量应符合施工验收规范要求。

地沟采用 I 型半通行地沟，如图 7-3 所示为地沟剖面图。具体做法见 87SR416—2。补偿器采用方形补偿器和 GXT$_2$ 型管道橡胶柔性减振接头；三通采用 GXST 型橡胶接头；弯头采用 GXWT 橡胶接头；检查井采用国标 87SR416—2 大样图；管道固定支架采用角钢（$D < 159$）和曲面槽（$D \geqslant 159$）固定支架；活动支架采用丁字托（$D < 159$）和曲面槽（$D \geqslant 159$）支架；管道保温采用岩棉管壳保温瓦、油毡玻璃丝布保护层；管道除锈后刷红丹防锈漆两遍；管道涂色：供水管涂蓝色，回水管涂蓝色红环，环宽 50mm，环间距 1m，箭头间距 5m。

管道安装完毕后，需作水压试验，试验压力为 1.25MPa。

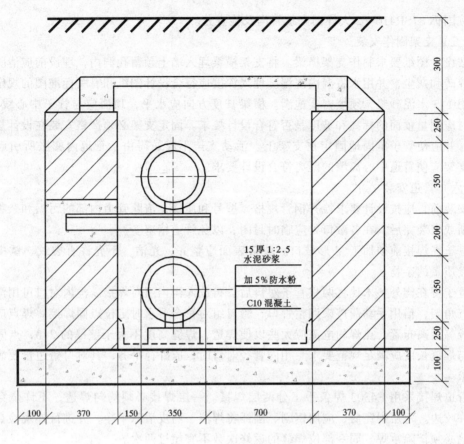

图 7-3 地沟剖面图

二、施工程序和施工方法

（一）管网定位测量

在附近永久建筑物上，找出城市标高控制点和坐标，作为管网测量的基准点。然后根据施工图纸，用经纬仪、水准仪定位放线。每个测量点，应按顺序编号并栽木桩作标记；管沟平面定位应设龙门板，并标出管道中心、管沟边缘定位尺寸。每隔 50m 设坡度龙门板，并标注下返深度数值。

（二）管沟挖土

在两个龙门板的管沟边缘位置上挂线，并用白灰沿线撒出，作为管沟开挖记号。土方开挖应按放线及测量高程进行。管沟槽应按规定放坡，开挖中出现事先未查出的障碍物影响施工时，应经现场技术负责人处理后，再进行开挖。土方开挖至槽底后，应进行检查验收。对软的地基，要采取加固措施，对槽底的坑穴应挖填夯实。

（三）混凝土垫层

管沟挖完后，应进行检查，符合要求时才能做垫层。首先原土夯实，然后按图纸要求做 100mm 厚 C10 混凝土垫层，要求沿坡度厚薄均匀平直。

（四）砌筑管沟墙、检查井

当混凝土垫层达到一定强度后，即可砌筑管沟墙。砌筑时应根据最小间距留洞，以便安设管道支架。所留墙洞高度及尺寸应符合图纸要求；保证所有墙洞处于上下两条直线上。按国标 87SR416—2 大样图砌筑管沟及检查井。

（五）支架制作安装

按设计图纸要求制作支架横梁。将支架横梁埋入墙上预留孔洞内，埋设前应清除孔洞内的碎砖和灰尘，并用水将洞内浇湿。埋入深度应符合设计图纸和有关标准图的规定。塞填使用 1:3 水泥砂浆，须填密实饱满。横梁长度方向应水平，顶面应与管子中心线平行。安装时应测量顶面的标高和坡度是否符合设计要求。固定支架必须严格安装在设计规定的位置，并应使管子牢固地固定在支架上。活动支架不应妨碍由于管道内膨胀所引起的移动。支架应使管道中心离墙的距离符合设计要求。

（六）管道安装

安装前，应按设计要求检查钢管规格、型号和质量，清除管道内部的污垢和杂物。安装中断或安装完后，在各敞口处应临时封闭，以免管道堵塞。

管子在焊接前须加工 V 形坡口。坡口表面应整齐、光洁，不允许有裂纹、锈皮及影响焊接质量的杂物。

管子可在沟外垫木枕将两根管子对口后，再放入沟内组对焊接。沟内对口可用沟外的活动三角架，借用手动葫芦来调整管口，管口组对符合要求时定位点固焊接。焊点应按管子周长等距离布置，点焊的电流应大些以便焊透，焊缝高度不大于壁厚的 2/3，点固焊的点数与焊缝长度应满足规范要求。相同管径对口时，应外径平齐，其对口错边量要满足规范要求。

管道焊接采用 E4303 焊条手工分两层焊接。一层焊接必须均匀焊透，不许烧穿；二层不许咬边。每层焊完后，应用钢刷、刨锤将焊渣、药皮清除干净，并进行外观检查，发现缺陷必须铲除重焊。同一部位焊缝的返修次数不宜超过两次。

焊缝表面应完整，高度不得低于母材表面并与母材圆滑过渡。焊缝按 II 级焊缝无损检验。每个焊工至少检验一个转动焊口和一个固定焊口。检验不合格时应加倍抽检，返修后焊缝百分之百探伤检验。管网无损伤检验数量为：固定焊口 15%，转动焊口 5%（抽样）。

管道焊接经检验合格后，可按图纸要求安放在支架上。

（七）阀门、补偿器安装

阀门均为法兰连接，应在关闭状态下安装。阀门应有制造厂的产品合格证，安装前按设计图纸规定的参数进行水压试验，并作好试验记录。管道与法兰为焊接，法兰端面应平行，偏差不大于法兰外径的 1.5%。

方形补偿器在安装时应采取冷拉措施，冷拉的数值必须符合设计要求，保证每侧 $\Delta x/4$ 的拉伸尺寸，允许误差应小于 ±10mm。冷拉前应将管道调直，固定支架应完全固定好。冷拉焊口应距补偿器弯点 2～2.5m 为宜。方形补偿器水平安装时必须保持与管道相同的坡度，以完全排净凝结水。在补偿器管道保温层之外及补偿器四周均应保持有一定空间间隙，否则会影响补偿器工作。

GXT2 型管道橡胶柔性减振接头、GXST 型橡胶三通接头及 GXWT 型橡胶弯头均按产品说明书有关规定安装使用。

（八）水压试验

管网安装完毕后，应按设计规定对系统进行强度、严密性试验，以检查管道系统及各连接部位的工程质量。常用水作介质进行强度及致密性试验。试验前应用水冲洗，水流速度为 1~1.5m/s，直到排出的水干净为止（冲洗时可用铜锤敲打管道）。

本系统可分五段进行强度试验。管网试验压力为工作压力的 1.25 倍，即试验压力为 $1 \times 1.25 = 1.25$MPa。试压用的压力表必须校验，精度不低于 1.5 级，表的满刻度值为最大被测压力的 1.5~2 倍，压力表不少于 2 块。试压前应检查各连接件接口。当符合要求时，将试验压段的阀门调到试压状态。系统注水时，应打开管道各高处的排气阀，将空气排尽。待水灌满后，关闭排气阀和进水阀。用试压泵加压。压力应逐渐升高，加压到一定数值时，应停下来对管道进行检查。无问题再继续加压，一般分 2~3 次升到试验压力。当压力达到试验压力 1.25MPa 时停止加压；保持 30min。如管道未发现泄漏现象，压力表指针不下降，且目测管道无变形可认为强度试验合格。

然后，把压力降到工作压力 1MPa 时进行严密性试验；在工作压力下对钢管进行全面检查。并用重 1.5kg 以下的圆头小锤在距焊缝 15~20mm 处沿焊缝方向轻轻敲击。到检查完毕时，如压力表指针下降不超过 0.02MPa，管道的焊缝及法兰连接处未发现渗漏现象，即可认为严密性试验合格。

在水压试验中，有渗漏或不符合要求时，应做记号，然后排水泄压进行修补。泄压排水方法是：打开排水阀，缓慢降压，将水排至检查井集水坑内，再用潜水泵提升排放到附近排水管网中。渗漏管道修补完毕后，仍按上述方法进行水压试验，直到符合规定要求为止。

施工过程、工程量一览表　　　　　　　　　　　　　　　　表 7-6

序　号	施工过程	工　程　量		定额工日	备　注
		单　位	工程量		
1	挖掘机挖沟槽、余土外运	m³	3050	50	10 个台班
2	混凝土垫层（包括夯实）	m³	130	167	
3	砌管沟、检查井	m³	610	740	
4	支架制作安装	kg	850	24	
5	管道敷设安装	m	1200	120	
6	补偿器制作安装	个	12	149	
7	阀门及三通安装	个	88	93	
8	水压试验（包括冲洗）	m	1200	60	
9	涂漆、防腐	m²	890	82	
10	矿棉保温安装	m³	50	102	
11	玻璃布安装、刷油	m³	1510	162	
12	盖板、回填土	m²	54	108	
		m³	1125	188	
	合计			2027	

（九）管道涂漆防腐绝热

涂料施工一般应在管道试压合格后进行，管道安装后不易涂漆的部位，可预先涂漆。涂漆施工前应将管道表面的油垢及氧化物等清除干净。焊缝处不得有焊渣、毛刺，表面个别部分凹凸不平的长度不得超过 5mm。根据设计要求正确选择使用涂料。根据施工要求、涂料的性能、施工条件、管道情况正确选择涂漆方法。

管道绝热施工应在管道试压及涂漆合格后进行，管道绝热一般按绝热层、防潮层、保护层的顺序施工。绝热材料的种类、规格、性能应符合设计要求。应按设计规定的位置、大小和数量设置绝热膨胀缝，并填塞导热系数相近的软质材料。油毡玻璃布防潮层应搭接，搭接宽度为 30～50mm，并用沥青玛琋脂粘结密封。

（十）盖板、回填土及余土外运

三、编制施工进度计划

（一）划分施工过程、计算工程量

根据上述施工顺序，划分施工过程、工程量一览表见表 7-6。

（二）划分流水段、确定流水节拍

根据工程量大小，可将支架制作安装合并在管道安装中，将阀门与水压试验合并为一个施工过程；将涂漆保温合并为一个施工过程。将 600m 管沟分成 6 个施工段，组织流水施工，每段 100m。确定班组人数及流水节拍见表 7-7 所示。

确定班组人数及流水节拍　　　　　　　　　　　　　　表 7-7

序号	施工过程	施工段数	班组人数（人）	流水节拍（天）	计划工日（天）	备　注
1	挖沟槽	1	5	10	50	
2	混凝土垫层	6	7	4	168	
3	砌管沟	6	30	4	720	
4	管道安装	6	6	4	144	
5	补偿器安装	6	6	4	144	
6	阀门、水压试验	6	6	4	144	
7	涂漆、保温	6	7	4	168	
8	保护层	6	7	4	168	
9	盖板、回填土	6	12	4	288	
	合计				1994	

（三）编制施工进度计划

施工进度计划及劳动力动态曲线见图 7-4，总工期为 56 天，符合工期要求。

四、编制主要资源需要量计划

（一）劳动力需要量计划

本工程根据建筑安装工程预算定额和劳动定额计算，定额工日为 2027 工日。采用流水施工计划用工 1994 工日。与定额相比，节约 33 工日。各班组劳动力需要量参见表 7-7 和图 7-4。

（二）施工机具需要量计划

施工机具需要量计划见表 7-8 所示。

施工机具需要计划　　　　　　　　　　　　　　　　表 7-8

序　号	施工机具名称	规　格	单　位	数　量	备　注
1	液压挖掘机	YW100	台班	10	挖管沟
2	自卸汽车	8t	台班	40	
3	载重汽车	5t	辆	1	
4	汽车起重机	QY5	台	1	
5	交流电焊机	BX500	台	3	
6	空压机		台	1	
7	潜水泵	3BA-13	台	2	排水
8	手动倒链	3t	台	2	
9	手提砂轮机	125	台	2	
10	钢盘尺	100m	把	1	

序　号	施工机具名称	规　格	单　位	数　量	备　注
		50m	把	1	
11	经纬仪	精度1～2级	台	1	
12	水准仪	精度1～2级	台	1	
13	混凝土搅拌机	JZ350	台	1	
14	灰浆搅拌机	200	台	1	
15	管子切断机	250	台	1	
16	三角架		个	2	
17	手动试压泵	2.5MPa	台	1	
18	液压千斤顶	1t	台	2	
19	电焊把线		m	50	
20	气焊把线		m	50	
21	氧气瓶		个	6	
22	乙炔瓶		个	6	

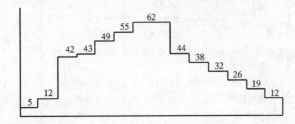

图 7-4　施工进度计划及劳动力动态曲线

（三）主要材料需要量计划

主要材料需要量见表7-9所示。

主要材料需要量　　　　　　　　　表 7-9

序　号	施工机具名称	规　格	单　位	数　量	备　注
1	无缝钢管	D273×7	m	180	
2	无缝钢管	D169×6	m	100	
3	焊接钢管	DN150	m	230	
4	焊接钢管	DN125	m	200	

序　号	施工机具名称	规　格	单　位	数　量	备　注
5	焊接钢管	$DN100$	m	140	
6	焊接钢管	$DN70$	m	140	
7	焊接钢管	$DN50$	m	210	
8	闸　阀	Z44T10	个	2	
		$DN250$	个	2	
9	闸　阀	$DN200$	个	2	
10	闸　阀	$DN150$	个	4	
11	闸　阀	$DN125$	个	2	
12	闸　阀	$DN100$	个	8	
13	闸　阀	$DN70$	个	30	
14	闸　阀	$DN50$	个	2	
15	方形补偿器	$D273 \times 7$	个	2	
16	方形补偿器	$D219 \times 6$	个	4	
17	方形补偿器	$D169 \times 4.5$	个	4	
18	方形补偿器	$D140 \times 4.5$	个	2	
19	橡胶柔性减振接头	$GXT2DN100$	个	2	
20	橡胶柔性减振接头	$DN70$	个	2	
21	橡胶三通	$DN250$	个	6	
22	橡胶三通	$DN200$	个	4	
23	橡胶三通	$DN125$	个	8	
24	橡胶三通	$DN125$	个	8	
25	橡胶三通	$DN100$	个	8	
26	橡胶三通	$DN70$	个	4	
27	角　钢	L20×4	kg	9	
		L30×4			
		L30×4			
28	扁　钢	60×4	kg	110	
		60×6			
		200×6			
		200×6			
29	Ⅰ字钢	50×50×8	kg	272	
30	矿棉瓦块		m³	45	
31	镀锌铁丝	13～17	kg	145	
32	玻璃丝布	0.5	m²	1935	
33	钢丝刷		把	30	
34	砂　布		kg	30	
35	酚醛防锈漆		kg	220	
36	汽　油		kg	60	
37	煤焦沥青漆		kg	1040	
38	动力苯		kg	170	
39	检查井盖		个	10	

五、技术组织措施

（一）保证质量措施

（1）认真做好原材料、半成品件的检验工作，不合格产品，不允许使用。

（2）认真做好技术交底工作，使工人掌握管网工程的技术要求。

(3) 严格按国家规定的技术标准、操作规程、验收规范施工。

(4) 电焊、气焊严格按工艺要求操作，施焊用的焊条规格、电流大小符合技术要求。

(5) 管道焊缝上不允许开孔及连接支管，两环向焊缝间距≥100mm。焊层间要清除焊渣，每道焊缝要求一次焊完，避免漏焊。

(6) 做好各项施工记录，安排专人进行质量检查，确保管网一次试压合格。

（二）安全措施

(1) 土方工程应按规定放坡，不能放坡处应根据土质情况采取措施，防止塌方伤人。

(2) 检查吊车、吊具使用情况。吊装前应进行试吊。

(3) 严格执行各项安全管理制度和安全操作规程，在技术交底的同时，做好安全交底工作。

(4) 电气设备应有防护设施，防止发生漏电、触电事故。

(5) 电、气焊要严格执行操作制度，明火作业应有专人看护。

(6) 施工人员必须戴安全帽，避免工具或其他物品掉入管沟伤人。

(7) 下管时要有专人指挥，防止管道伤人。

（三）雨季施工措施

(1) 用土将管沟围起，避免地面水流入管沟。管沟每隔 60m 设集水坑，用潜水泵将雨水排入附近下水管网中。

(2) 雨天焊接要搭设简易防雨棚，施工人员穿绝缘水靴，戴绝缘电焊手套施工。

(3) 电气设备做好接零保护，电焊机、电闸箱应设防护罩，防止触电发生事故。

（四）降低成本措施

(1) 安排好土方回填和余土外运工作，避免重复倒运。

(2) 合理使用机械，来回不空车，提高机械利用率。

(3) 管材尽量运到现场、减少二次搬运。采用流水施工，对施工班组实行经济承包制，降低材料损耗率。

第三节　电梯安装工程施工组织设计

随着建筑业的发展，高层建筑不断涌现，电梯的使用和需求也日益增多。

电梯作为高层建筑垂直运输的主要交通工具，是由许多机构组合成的复杂机器。它的主要工作机构是悬挂在钢丝绳一端的轿厢和悬挂在钢丝绳另一端的对重，钢丝绳搭在曳引机的曳引绳轮上，如图7-5所示。其工作原理是：借助于曳引绳轮与钢丝绳之间的摩擦力来传动钢丝绳，从而使轿厢运行，完成提升和下放载荷的任务。

电梯属于起重运输类设备，安装工艺复杂，安装技术高，精度高。施工中，必须按"保证安装质量，提高安装速度"的原则选择适当的安装方法，编制合理的施工设计。现以某大厦电梯为例，介绍安装工程设计。

一、工程概况

某金融大厦安装 4 台 M-BD2 型客梯，置于主楼正厅两侧，每侧两台。其性能和技术参数为：

(1) 载重：1000kg；

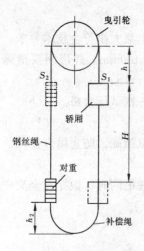

图 7-5　电梯的工作原理

(2) 速度：1.75m/s；

(3) 层站：26 层 26 站（地上 24 层，地下 2 层）；

(4) 提升高度 93.6m；

(5) 控制方式：微机程控；

(6) 驱动方式：交流调速；

(7) 曳引机位置：有齿轮曳引机安装在井道正上方；

(8) 桥门种类：自动中分式，开度 1100mm；

(9) 梯井全高 97.5m；

(10) 一层高度 5.5m；

(11) 顶层高度 5.2m；

(12) 底坑深度 2.8m；

(13) 电源：交流 380V、220V、50Hz。

二、施工程序与施工方法

（一）清理井道、井道验收、搭脚手架

由建设单位向安装单位提交电梯井道及机房土建施工技术资料有：混凝土强度报告、测定位记录、几何尺寸实测值、质量评定表、测量定位基准点等。根据电梯土建总体布置图复核井道内净尺寸，层站、顶层高度，地坑深度是否相符，如果有不合图纸要求需进行修正者，应及时通知有关部门进行修正。

安装电梯是一种高空作业，为了便于安装人员在井道内进行施工作业，一般需在井道内搭脚手架。对于层站多，提升高度大的电梯，在安装时也有用卷扬机作动力，驱动轿厢架和轿厢底盘上下缓慢运行，进行施工作业。也可以把曳引机安装好，由曳引机驱动轿厢架和轿底来进行施工作业。

搭脚手架之前必须先清理井道，清除井壁或机房楼板下因土建施工中所留下的露出表面的异物，特别是底坑内的积水杂物一般比较多，必须清理干净。在井道中按图 7-6 脚手架形式搭设。

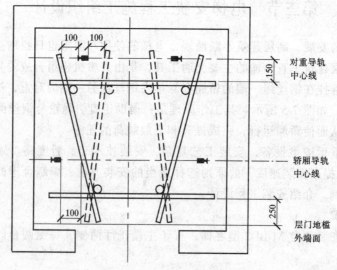

图 7-6　脚手架形式

脚手架杆用 $\phi48\times4$ 钢管或杉木搭设。脚手架的层高（横梁的间隔）一般为 1.2m 左右。

脚手架横梁上应铺放两块以上 $\delta=50\mathrm{mm}$，宽 200～300mm，长 2m 的脚手板，并与横梁捆扎牢固。厅门口处的脚手架应符合图 7-7 的要求。

随着脚手架搭设，设置工作电压不高于 36V 的低压照明灯，并备有能满足施工作业需要的供电电源。

（二）开箱点件

根据装箱单开箱清点，核对电梯的零部件和安装材料。开箱点件要由建设单位和施工单位共同进行。清理、核对过的零部件要合理放置和保管，避免压坏或使楼板的局部承受过大载荷。根据部件的安装位置和安装作业的要求就近堆放。可将导轨、对重铁块及对重架堆放在底层的电梯厅门附近，各层站的厅门、门框、踏板堆放在各层站的厅门附近。轿厢架、轿底、轿顶、轿壁等堆放在上端站的厅门附近。曳引机、控制柜、限速装置等搬运到机房，各种安装材料搬进安装工作间妥为保管，防止损坏和丢失。

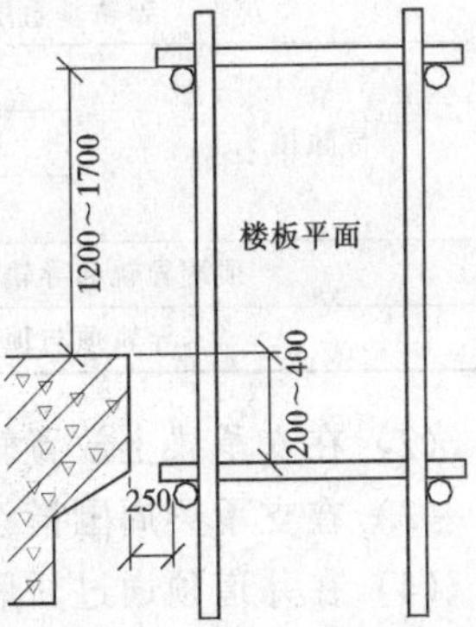

图 7-7　厅门口处的脚手架

（三）安装样板架、放线

样板是电梯安装放线的基础。制作样板架和在样板架上悬挂下放铅垂线，必须以电梯安装平面布置图中给定的参数尺寸为依据。由样板架悬挂下放的铅垂线是确定轿厢导轨和导轨架、对重导轨和对重导轨架、轿厢、对重装置、厅门门口等位置，以及相互之间的距离与关系的依据。样板采用 $100\mathrm{mm}\times100\mathrm{mm}$ 无节、干燥的红白松木制成，方木必须光滑平直、不易变形、四面刨平、互成直角。

在样板上，将轿厢中心、对重中心以及各放线点找出。用 $\phi1\mathrm{mm}$ 的琴钢线和 25kg 重线坠放线至坑底。并用两台激光准直仪校正。

（四）轨道安装

（1）设置 8 个 25kg 线坠，选用 $\phi1\mathrm{mm}$ 的琴钢线。

（2）按照安装图对导轨支架坐标精确放线。

（3）首先在井道壁上安装导轨支架底座。底座的数量应保证间距不大于 2.5m，且每根导轨至少有两个。

（4）在支架底座上安装导轨支架，其要求是支架背衬的坐标和整个井道内同侧的全部支架中心线，要与导轨底面中心线重合后临时固定。

（5）松开压板安装导轨。

（6）主导轨两侧都用压板临时固定后，即可固定支架。

（7）按导轨安装要求表（表 7-10）要求精确调整找导轨后固定压板。

（8）主导轨间距 1680mm，对重导轨间距 820mm，其允差均为 +2～0mm。

（9）导轨安装前要对其直线度及两端接口处进行尺寸校正。

（五）轿厢组装

（1）拆除第 24 站中的脚手架，然后用两根道木（$300\times200\times3000$）由厅门口伸入设置支承梁。道木一端搭在厅门地面上，一端插入厅门对面的井道壁预留孔中。

导 轨 安 装 要 求 表　　　　表 7-10

项　　目		允差（mm）	检 查 方 法
导轨垂直度		0.7/5m 全长≤1	线坠和游标尺
导轨接头	局部间隙	0.5	塞　尺
	台　阶	0.05	钢板尺和塞尺
	允许修光长度	≥200	
顶端导轨和导轨顶允距		≤500	
导轨顶与顶板		50～300	

（2）在支承梁上放置轿厢下梁，并将其调正找平。

（3）在支承梁周围搭设脚手板组成安装组对平台。

（4）在井道顶通过轿厢中心的曳引绳孔借用楼板上承重架用手拉葫芦悬挂轿厢架，组装轿厢架。

（5）安全钳安装：电梯安全钳为预先组装的 GK1 型，安装时必须恰当地装配于紧固托架的下底。

（6）下梁与轿底安装：将轿底安放在导轨之间的支承梁上，用水平尺检测其水平度。调节导轨与安全钳楔块滑动面之间的间隙。调节导靴与导轨之间的间隙。

（7）轿壁安装：轿壁安装前对后壁、前壁和侧壁分别进行测量复验，控制尺寸。装配顺序为：后壁、侧壁、前壁、扶手。

（8）轿顶安装：当轿壁安装完毕之后，安装轿顶，并将轿厢照明固定在轿顶上。然后在轿顶上盖上保护顶板（木板）。最后安装轿顶固定装置和附件。

（9）检查验收轿厢。

（六）机房设备安装

1．承重梁安装

承重梁是承载曳引机、轿厢和额定载荷、对重装置等重量的机件。承重梁一端必须牢固地埋入墙内，埋入深度应超过墙厚中心 20mm，且不小于 75mm。本梯承重梁为 30 号槽钢焊制而成，另一端稳固在混凝土承重地梁上。

2．曳引机安装

承重梁经安装、稳固和检查符合要求后，安装曳引机。曳引机底座与承重梁之间由橡胶板作弹性减震，安装时按说明书要求布置。曳引机纵向和横向水平度均不应超过1/1000。曳引轮的安装位置取决于轿厢和导向轮。曳引轮在轿厢空载时垂直度偏差必须≤0.5mm，曳引轮端面对于导向轮端面的平行度偏差不大于 1mm。制动器应按要求调整，制动时闸瓦应紧密地贴合于制动轮工作面上，接触面大于 70%，松闸时两侧闸瓦应同时离开制动轮表面，其间隙应均匀，且不大于 0.5mm。

3．限速器导向轮安装

限速器绳轮、导向轮安装必须牢固，其垂直度偏差不大于 0.5mm。限速器绳轮上悬挂下放铅垂线，使铅垂线穿过楼板预留孔至轿厢架，并对准安全钳绳头拉手中心孔。

（七）缓冲器和对重装置安装

缓冲器和对重装置的安装都在井道底坑内进行。缓冲器安装在底坑槽钢或底坑地面上。对重在底坑里的对重导轨内距底坑地面 700～1000mm 处组装。安装时用手动葫芦将对重架吊起就位于对重导轨中，下面用方木顶住垫牢，把对重导靴装好，再将每一对重铁块放平、塞实，并用压板固定。

（八）曳引绳安装

当曳引机和曳引轮安装完毕，且轿厢、对重组对完毕后，则可进行曳引绳安装。

（1）曳引绳的长度经测量和计算后，可把成卷的曳引绳放开拉直，按根测量截取。

（2）挂绳时注意消除钢绳的内应力。

（3）将曳引绳由机房绕过曳引轮导向轮悬垂至对重，用夹绳装置把钢丝绳固定在曳引轮上。把连接轿厢端的钢丝绳末端展开悬垂直至轿厢。

（4）复测核对曳引绳的长度是否合适，内应力是否消除，认定合乎要求后作绳头。本梯曳引绳绳径为 $\phi16$，根数为 7 根；

（5）电梯要求绳头用巴氏合金浇注而成。先把钢丝绳末端用汽油清洗干净，然后再抽回绳套的锥形孔内。把绳套锥体部分用喷灯加热。熔化巴氏合金，将其一次灌入锥体。灌入时使锥体下的钢丝绳 1m 长部分保持垂直。灌后的合金要高出绳套锥口 10～15mm。

（6）曳引绳挂好，绳头制作浇灌好后，可借助手动葫芦把轿厢吊起，再拆除支撑轿厢的方木，放下轿厢并使全部曳引绳受力一致。

（九）厅门安装

本梯厅门为中分式结构，安装轿门和厅门应符合下列要求：

（1）厅门地槛的不水平度应控制在 1/1000 之内，厅门地槛比大厅地面略高，其值为 2～5mm。

（2）厅门导轨与门套框架的垂直度和横梁的水平度均应不超过 1/1000。

（3）厅门和轿门的门扇下端与地槛间隙为：6±2mm。

（4）吊门滚轮上的偏心挡轮与导轨下端面的间隙不大于 0.5mm。

（5）开门刀、各层厅门地槛和各层机械电气联动装置的滚轮与轿厢地槛的间隙均在 5～8mm 之内。

（6）轿门底槛与各层厅门的地槛间距，偏差为 +2～1mm。

（7）中分门的门缝上、下一致，控制在 2mm 之内。

（十）电气装置安装

1．施工临时用电

（1）在 1 层和机房各设一个电源分闸箱，每个闸箱的漏电保护开关容量不小于 60A；用电末端的漏电保护开关，其漏电动作电流不得超过 30mA。

（2）梯井内焊接作业，采用在井内放两根 $50mm^2$ 的塑料铜线，再用软地线与井外电焊机连接，哪里用哪里开口，用后将破口包好。坚决杜绝借用钢结构和梯井管架作为地线进行焊接。

（3）井内照明采用一台 5kW 低压变压器，36V 供电，保证井内有足够的照明。

2．安装控制柜和井道中间接线箱

控制柜跟随曳引机，一般位于井道上端的机房内。控制柜除按施工图要求安装外，还要保证：

（1）安装位置尽量远离门窗，其最小距离不得小于 600mm，屏柜的维护侧与墙壁的最小距离不得小于 700mm，屏柜的密封侧不得小于 50mm。

（2）屏柜应尽量远离曳引机等设备，其距离不得少于500mm。

（3）双机同室，双排排列，排间距离不小于5m。

（4）机房内屏柜的垂直度允差为1.5/1000；机房内套管、槽的水平、垂直度允差均为2/1000。

井道中间接线箱安装在井道1/2高度往上1m左右处。确定接线箱的位置时必须便于电线管或电线槽的敷设，使跟随轿厢上、下运行的软电缆在上、下移动过程中不至于发生碰撞现象。

3．安装分接线箱和敷设电线槽或电线管

根据随机技术文件中电气安装管路和接线图的要求，控制柜至极限开关、曳引机、制动器、楼层指示器或选层器、限位开关、井道中间接线箱、井道内各层站分接线箱、各层站召唤箱、指层灯箱、厅门电联锁等均需敷设电线管或电线槽。

（1）按电线槽或电线管的敷设位置（一般在厅门两侧井道壁各敷设一路干线），在机房楼板下离墙25mm处放下一根铅垂线，并在底坑内稳固，以便校正线槽的位置。

（2）用膨胀螺栓，将分线箱和线槽固定妥当，注意处理好分线箱与线槽的接口处，以保护导线的绝缘层。

（3）在线槽侧壁对应召唤箱、指层灯箱、厅门电联锁、限位开关等水平位置处，根据引线的数量选择适当的开孔刀开口，以便安装金属软管。

（4）敷设电线管时，对于竖线管每隔2～2.5m，横线管不大于1.5m，金属软管小于1m的长度内需设有一个支撑架，且每根电线管应不少于两个支撑架。

（5）全部线槽或线管敷设完后，需用电焊机把全部槽、管和箱联成一体，然后进行可靠的接地处理。

（6）电梯导线选用额定电压500V的铜芯导线。

（7）井道内的线管、线槽和分接线箱，为避免与运行中的轿箱、对重、钢丝绳、电缆等相互刮碰，其间距不得小于20mm。

（8）电梯的电源线使用独立电源、并且单机单开关。每台电梯的动力和照明，动力和控制均要分别敷设。

4．装置安装

（1）接线箱和接线盒的安装应牢固平整，不能变形，在墙内安装的箱盒，如指示灯盒、按钮盒等，其外表面应与装饰面平齐。

（2）电气接地。所有供电电源零线和地线要分别设置，所有的电气设备的金属外壳均要接地良好，通过接地线分别直接接至接地端子或接地螺栓上，切勿互相串接后再接地。其接地电阻值不应大于4Ω。

（3）磁感应器和感应板在安装时要注意其垂直、平整。其端间隙为$10\pm2mm$，磁开关和磁环中心距偏差不大于1mm。

（4）限位和限速装置的接线在调整完毕之后，应将余留部分绑扎固定。

5．电缆敷设

（1）井道电缆在安装时应使电梯电缆避免与限速器、钢丝绳、限位和缓冲开关等处于同一垂直交叉引起刮碰的位置上。

（2）轿厢底电缆架的安装方向要与井道电缆一致，并保证电梯电缆随轿厢运行井道底部时，能避开缓冲器并保持一定距离。井道电缆架用螺栓稳固在井道中间接线箱下 0.5m 处的井道墙壁上。

（3）电缆敷设时应预先放松，安装后不应有打结、扭曲现象。多根电缆的长度应一致。非移动部分用卡子固定牢固。

（十一）试运转

1. 电梯在试运转前应达到的条件

（1）机械和电气两大系统已安装完毕，并经质量检查评定合格。

（2）转动和液压部分的润滑油和液压油已按规定加注完毕。

（3）自控部分已作模拟试验，且准确可靠。

（4）脚手架已拆除，机房、井道已清扫干净。

2. 试运转步骤

（1）手动盘车在导轨全程上检查有无卡阻现象。

（2）绝缘电阻复测和接地接零保护复测。

（3）静载试验：将轿厢置于最低层，平稳加入荷载。加入额定荷载的 1.5 倍，历时 10min，检查各承重构件应无损坏或变形，曳引绳在导向轮槽内无滑移，且各绳受力均匀，制动器可靠。

（4）运行：轿厢分别以空载、额定起重量 50％ 即 0.5t 荷载、额定起重量 100％ 即 1t 荷载，在通电持续率 40％ 情况下往复升降各自历时 1.5h。

电梯在启动、运行、停止时，轿厢内应无剧烈地振动和冲击。制动器的动作可靠，线圈温升不超过 60℃，减速器油温温升不超过 60℃，且温度均不高于 80℃（当室温为 20℃ 时）。端站限位开关或选层定向应准确可靠。

厅门机械、电气联锁装置、极限开关和其他电气联锁开关作用均应良好可靠。控制柜、曳引机和调速系统工作正常。

（5）超载试验：轿厢荷载达到额定起重量的 110％ 和通电持续率 40％ 的情况下，历时 30min。电梯应能安全起动和运行，制动器作用应可靠，曳引机工作应正常。

（6）安全钳检查：在空载情况下，以检修速度下降时，在一、二层试验，安全钳动作应可靠无误。

（7）油压缓冲器查验：复位试验：空载运行，缓冲器回复原状所需时间应少于 90s。负载试验：缓冲器应平稳，零件无损伤或明显变形。

（8）平层准确度允许偏差为 ±7mm。

（十二）质监和安全部门核验

由甲、乙双方核验竣工移交手续，请质监部门在质量评定表上认定质量等级，请劳动部门在安全使用证上审定。

三、编制安装工程施工进度计划

电梯安装工程施工进度计划如图 7-8 所示。总工期 120 天。

四、编制主要资源需要量计划

（一）劳动力需要量计划

劳动力需要量计划见表 7-11 所示。

（二）主要工具计划（见表 7-12）

序号	施工过程	施工进度（天）											
		10	20	30	40	50	60	70	80	90	100	110	120
1	清理验收打脚手架	■											
2	开箱点件		■										
3	安装样板放线			■									
4	轨道安装				■								
5	机房设备安装					■							
6	轿厢组装						■						
7	缓冲器、对重安装								■				
8	曳引绳安装									■			
9	厅门、轿门安装								■				
10	施工临时用电		■										
11	控制柜			■									
12	安分接线箱、敷线槽线管					■							
13	装置安装							■					
14	电缆敷设									■			
15	拆脚手架										■		
16	试运行											■	
17	验收移交												■

图 7-8 施工进度计划

劳动力需要量计划表　　　　表 7-11

工　种	人　数	工　种	人　数	工　种	人　数
项目经理	1人	电气工程师	1	焊工	2
兼职质检员	1	钳工	8	材料员	1
兼职安全员	1	起重工	2		
机械工程师	1	电工	4		

主要工具计划　　　　表 7-12

序号	名　称	规　格	数量	备注	序号	名　称	规　格	数量	备注
1	汽车	5t	1辆		11	千斤顶	5t	4台	
2	吊车	8t	1台		12	转速表		1块	
3	手拉葫芦	3t	4只		13	弹簧秤	30kg	1只	
4	线坠	0.25kg	16个		14	噪声测试仪		1只	
5	钳形表		1只		15	找道尺		1只	
6	万用表		2只		16	行灯变压器	2kW	2台	
7	对讲机		2套		17	灭火器		10台	
8	兆欧表	500V	1只		18	喷灯		2台	
9	电焊机	12kW	2台		19	熔缸		1只	
10	手提式焊机		1台		20	电烙铁	20~25W	2只	

五、主要质量安全措施

（一）保证工程质量的措施

（1）健全工地的质量管理体系。

（2）严格执行专业操作规程，主要工种如电工、起重工、钳工和焊工要求持证上岗。

（3）严格执行质量管理中的自检、专检和交接检工作；做到各项检查有记录。

（4）实行挂牌制，做到明确工作内容、质量标准、检验方法和检查验收条件等。

（5）执行原材料、设备进场检查验收制度。

（6）开工前组织全体施工人员学习规范，熟悉图纸，按程序施工。

（7）在施工中，井道验收、导轨安装后验收均请质检站审验。

（8）各工种各工序严格按规范和技术交底操作。

（9）检测用量具和仪器必须经计量部门检查认定合格后，并在合格期内使用。

（二）保证安全生产的措施

（1）严格执行《建筑安装工人安全操作规程》。

（2）对全体施工人员分专业在开工前进行安全交底。

（3）充分利用"三宝"，杜绝违章施工现象。

（4）电动施工机具都要作好接地或接零保护。

（5）焊机的二次接线作好绝缘保护，不准用钢结构、导轨作零线使用。

（6）工地实行安全值班制度。

（7）作好防火工作，现场明火作业严格按公司和上级规定申报批准、并严格按批准规范执行。

（8）井道内脚手架在使用前需要工地安全员检查，认定合格后方可使用。

（9）由于本工程层站多、井道内安装时分层加绳隔离防护。

（10）安装用料和零部件不能过度集中堆放，以防楼板超载。

（11）施工中要注意防潮、防水、现场设备要及时搬到室内，临时存放在室外的设备要注意垫高、并加盖苫布。

（三）降低成本措施

（1）开展全面质量管理，努力提高企业管理和工程质量，避免工程质量事故和安全事故发生。做好现场文明施工工作，从而保证在人力、物力和财力上少支出，达到降低成本的目的。

（2）采取流水施工作业法，既可以确保工期顺利实现，又可以充分发挥人和机具的效率，减少施工机械和工具的使用台班，从而降低机械费。

（3）加强计划管理，在消耗材料的采购供应方面适应进度计划安排，达到流动资金周期缩短，因资金利润率高而降低成本。

（4）严格执行内部承包合同，控制人工费支付也是降低工程成本的一个必不可少的方面。

本 章 小 结

施工组织设计是施工单位为指导工程施工全过程而编制的技术经济文件。是施工管理工作的重要组成部分。施工组织设计是以一个单位工程为对象，在单位工程开工之前，对单位工程施工所作的全面安排。如确定具体施工组织、施工方法、技术措施等。是施工单位编织季度、月度作业计划，分部分项工程设计及劳动力、材料、构件、机具等供应计划的主要依据。

　　根据施工组织设计的编制内容，按照施工组织设计的编制依据、编制程序，编制一个单位工程施工组织设计。重点是确定施工方案和施工方法，编制施工进度计划，编制施工准备工作计划及各项资源需要量计划，绘制施工平面图。

复 习 思 考 题

1. 施工组织设计的任务是什么？
2. 施工组织设计可分为哪几种形式？
3. 单位工程施工方案和施工方法主要包括哪些内容？
4. 单位工程施工进度计划的编制方法有哪几种？
5. 掌握单位工程施工进度计划的编制依据、内容和方法。

第八章 施 工 管 理

施工管理是施工过程中各项组织管理工作的总称。

第一节 施 工 管 理 概 述

一、施工管理的性质

施工企业管理和其他工业企业管理一样具有两重性,第一是具有与生产力、社会化大生产相联系的自然属性;第二是具有与生产关系、社会制度相联系的社会属性。

企业管理二重性,是由商品生产的两重性,即商品既有价值又有使用价值决定的。一方面为了生产使用价值,就要按照社会化大生产的客观要求,合理组织生产力,这就决定了企业管理的自然属性;另一方面为了生产使用价值取得经济效益,最终达到维护一定的生产关系,则决定了企业管理的社会属性。

施工管理是施工企业管理的重要组成部分。正确认识企业管理二重性具有重大意义。企业管理的自然属性,是不同社会制度国家企业所共有的属性。正确认识企业管理的自然属性,能坚定改革开放的理念,大胆吸收和引进发达资本主义国家的先进企业发展生产力和解决社会化大生产方面的理论经验,加速我国现代化建设。正确认识企业管理的社会属性,能够使我们认清不同社会制度企业经营的本质区别。在社会主义市场经济条件下,以人为本发挥社会主义制度优越性,比如建立现代企业制度,企业上市,发行股票等。不断完善社会主义初级阶段的生产关系,促进生产力的发展,总结出具有中国特色的社会主义施工企业的科学管理理论和方法。

二、施工管理的基本任务

由于建筑安装施工企业具有先交易后有商品的企业经营的特性,因此在企业管理上完全有别于物质资本为主的其他类型企业。

施工管理的基本任务是:

(一) 严格履行建设工程施工合同的承诺

遵循建筑安装施工规律,编制施工组织设计,建立高效、精干的指挥系统项目经理部。对参加施工的人员要先培训后上岗。在施工中尽量采用新材料、新工艺、新设备来降低成本、提高工效、确保质量,按施工合同规定时间如期交工或提前交付使用。

(二) 文明施工

文明施工不仅要求现场环境整洁、道路畅通、注意安全、保护环境,而且还要求在整个施工过程中,要有条不紊、有节奏地、均衡地组织施工。

(三) 施工项目要接受建设单位所委托的监理单位监督

监理单位按施工单位与建设单位(业主)签订的工程合同进行监督,以保证正确履行合同。在施工准备中,监理单位工程师的责任是代表业主单位督促施工单位完成准备工作,以便早日开工。当准备工作完成后,协助建设单位与承建单位编写开工报告书,并下达开工令。

在施工期间,业主与施工单位之间不直接打交道,而是由监理单位根据业主授予的权力开展工作。

监理单位与施工单位双方是平等的法人组织,在工程项目管理中相互协作。监理单位在业务上既严格监督施工单位,又积极维护其合法权益。

三、施工管理的主要内容

施工管理工作贯穿于整个施工过程。不同阶段的工作重点和具体内容是不同的。按施工过程的三个阶段划分:一般可分为准备阶段的施工准备工作,施工阶段的施工现场管理工作与结束阶段的竣工验收工作。

施工管理又是综合性管理,现代管理技术内容的重点集中在合同管理、质量管理、进度管理、成本管理、安全管理和信息管理六个方面。

施工管理还包括专业间协调配合,在施工中土建工程要为安装工程创造条件,管道、电气和设备安装工程也需紧密配合土建工程施工,协调双方的施工方案和施工进度以达到总工期的要求。

四、建筑安装企业的组织机构

(一) 企业组织的要素

建筑安装企业组织机构受多种因素的制约,主要因素有以下几个方面:

1. 管理层次

管理层次是指企业最高决策到最低层工作人员间纵向分级管理的级数。我国建筑安装企业,按内部管理机构可分为三级管理制和二级管理制。三级管理制指:公司—分公司—项目经理部;二级管理制:公司—项目经理部。一般大型建筑安装企业设三级管理为宜;中小型建筑安装企业设两级管理为宜。

2. 管理部门

管理部门是指企业组织机构中按管理职能划分的部门。部门的划分以例行性的工作为依据,以实行专业化管理为目的,精细分工、统筹兼顾,发挥专业人员的特长,达到提高工作质量和效率的目的。

3. 管理跨度

管理跨度是指一名领导者直接而有效地管理下级人员的数量。管理跨度过大过小,都会影响工作;一名领导者,其精力、文化知识、经验和能力都有限,能够领导的下级人数也有限。管理跨度过大,会造成领导顾此失彼;管理跨度太小,则不利发挥公司领导者的能力。正确确定管理跨度,是建立企业组织机构必须解决的重要问题。

(二) 组织机构的形式

1. 直线制

直线制组织结构是最早出现的一种企业管理机构的组织形式,其整个组织结构自上而下实行垂直领导,统一指挥,各级主管人员对所属单位的一切问题负责。施工现场管理组织机构由工程处下面的施工队组建,施工队长即为现场施工负责人,有时一个施工队可以管理几个小型项目,这是一种传统的企业管理现场的组织模式,如图 8-1 所示直线制组织机构。

这种形式一般适用小型的,专业性较强,不需要涉及众多部门的施工项目。其优点是施工队组相对稳定，人事关系熟悉，任务下达后，很快即可运转，工作易于协调；而且责任明确，职能专一，易于实现单一领导。缺点是不能适应大型项目管理的需要。

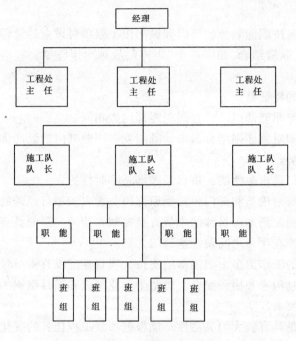

图 8-1　直线制组织机构

2．职能制

职能制是在各级领导者之下按专业分工设置管理部门，由职能管理部门在所管辖业务范围内指挥下级，下级要服从多个职能部门的领导。其优点是，管理人员工作单一、易于专业管理。缺点是造成多头领导，下级执行者接受多方指令，无法统一行动，责任不清。

3．直线职能制

直线职能制是在直线制和职能制的基础上发展起来的一种组织形式。各级领导者之下，设置各专业职能部门，作为该级领导者的参谋部，即领导者对下级进行垂直领导的同时，职能部门对下级机构进行业务指导，如图 8-2 所示为直线职能制管理机构。

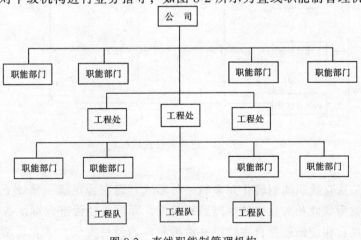

图 8-2　直线职能制管理机构

这种形式的优点是，既保证了集中统一领导，又发挥了职能部门的专业作用。不足之处是各职能部门的横向联系差。

4. 矩阵制

矩阵制是一种横向按职能划分的部门和纵向按工程项目设立的管理机构有机结合起来的一种组织机构形式，纵横结合，如同一个"矩阵"，故称为矩阵制。其形式如图 8-3 所示矩阵制管理机构。

矩阵式组织机构的特征是：

（1）项目经理部与职能部门的结合同职能部门数相同。

（2）把职能原则和对象原则结合起来，既能发挥职能部门的纵向优势，又能发挥项目经理部组织的横向优势。

（3）专业职能部门是永久性的，项目经理部是临时性的。

（4）矩阵制中的每个成员和部门，接受原部门负责人和项目经理的双重领导。

（5）项目经理对调配到本项目部的成员有权控制和使用。部门负责人有权根据不同项目的需要和忙闲程度，在项目之间调配本部门人员。

（6）项目经理部的工作由多个职能部门支持，项目经理没有人员包袱，但要求在纵横两个方向有良好的信息沟通和协调配合，对整个企业组织和项目组织的管理水平和组织渠道畅通提出了较高的要求。

这种形式的优点是具有较大的灵活性。能根据项目工程任务的变化组建与之相适应的机构，使上下左右、集权与分权进行最优的结合，利于协调机构内各类人员的工作关系，调动积极性。

不足之处是机构不稳定，业务人员接受双重领导，使领导关系上容易出现矛盾。这种形式比较适合建筑安装企业的经营管理，一般适用于大型复杂的工程项目和同时承担多个需要进行项目管理工程的企业。需要集中各方面专业人员共同参加的大型建设项目。

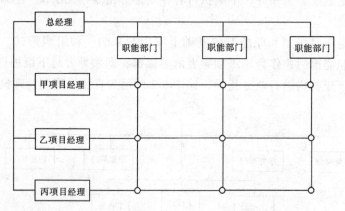

图 8-3 矩阵制管理机构

5. 事业部制

事业部制是从直线职能制转化而来的一种形式，是在公司统一领导下，按地区或工程的（产品）类型成立相对独立的生产经营单位，即设立经营事业部。各事业部在公司统一领导下，具有相应的经营自主权，并承担相应的经济责任，事业部制管理机构如图

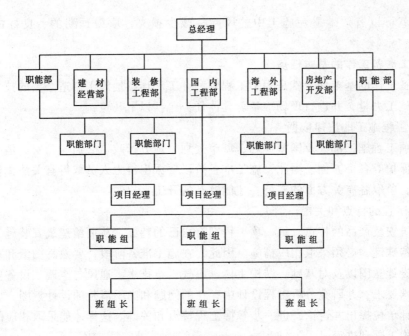

图 8-4 事业部制管理机构

8-4 所示。

这种组织形式的优点是：使企业领导摆脱日常事务性工作，集中精力研究战略性决策，利于专业分工和协作相结合；各事业部独立核算，互相竞争，利于发挥其主动性和积极性促进整体效率的提高。不足之处是部门设置重复，增加了管理费用；公司集权相对削弱，不易控制下级单位。这种形式一般适用于规模大、市场分散、产品类型多的跨地区的大型施工企业。

第二节 施 工 准 备 工 作

施工准备工作，是为了保证工程项目顺利进行而必须事先做好的工作，它不但存在于开工之前，而且贯穿于整个施工过程中。

一、施工准备工作的意义

现代建筑安装工程是一项综合的、复杂的大型生产活动，不仅耗用大量物资，而且伴随着复杂的技术问题需要处理；施工项目总包、分包，各工种都使用众多的人力，又涉及广泛的社会关系。因此，需要通过周密的准备，才能使工程顺利开工，开工后才能连续施工而又有各方面条件的保证，取得施工的主动权。

"运筹于帷幄之中，决胜于千里之外"，这是人们对战略准备和战术决胜的科学概括。实践证明，凡是重视和做好施工准备工作，能细致周到地为施工创造一切必要条件，则该工程的施工任务就能顺利完成。反之，如果违背施工程序，忽视施工准备工作，工程仓促开工又不及时做好施工中的各项准备，则虽有加快工程进度的主观愿望，但往往造成事与愿违的客观结果，给工程施工带来麻烦和损失。

通过加强施工准备工作，做好规划，对施工中可能出现的问题采取预防措施，增强应变能力，就可以有效地避免施工中的风险，减少损失，取得预期的、良好的施工效果。

二、施工准备工作的基本任务

施工准备工作的基本任务就是为了工程顺利开工和连续地施工创造必要的技术、物质条件，组织施工力量，并进行现场准备。具体任务包括以下几点：

1．取得工程施工的法律依据

任何一项工程施工都涉及国家计划、城市规划、地方行政、交通、公安、消防、公用事业和环境保护等各个方面。因此，施工准备阶段要派出得力人员取得有关法律依据，办好各种手续，争取各有关方面的支持，才能顺利的开工。

2．掌握工程的特点和关键

由于建筑安装产品的特点，每一项工程都有自己的特征，从而给建筑安装施工工艺和管理上带来特殊性，必须采取相应措施。因此，在施工准备阶段，要熟悉图纸和有关工程资料，了解设计意图以及对基础、结构主体、电气、给排水、通风与空调、设备安装和装修方面的特殊要求；并研究分析工程设计中存在的问题和尚不清楚的设计意图，以便会审图纸时向设计单位提出并讨论，进一步掌握工程特点和关键。这样才能采取相应的施工措施，以保证施工顺利进行。

3．调查并创造施工条件

工程施工是在一定环境下进行的，构成了施工现场的复杂条件，其中包括社会条件、投资条件、经济条件、技术条件、自然条件、现场条件、资源供应条件等。因此，在施工前必须进行广泛的调查研究，分析施工有利条件和不利条件；积极创造条件，像计划、技术、资金、场地的准备；材料和设备采购；参加施工的人员组织等。以保证满足施工需要。

4．合理部署和使用施工力量

认真确定分包单位，合理调配劳动力，完善劳动组织，按施工要求培训人员是施工力量准备的主要内容，其任务就是保证供给施工全过程的人力资源。

5．预测施工中可能发生的变化，做好应变准备

由于施工周期长和施工的复杂性，必然会遇到各种风险，使施工现场情况发生变化。因此，在施工准备阶段进行预测，采取必要的措施和对策，防止或减少风险损失；加强计划性，做好应变筹划，提高施工中应变和动态控制能力。

三、施工准备工作的范围

（一）作业条件的准备工作

1．全场性施工准备

全场性施工准备是以一个建筑安装工地为对象而进行的各项施工准备，目的是为全场性施工服务，也兼顾各单位工程施工条件的准备。

2．单位工程施工条件准备

单位工程施工条件准备是以一个单位工程为对象而进行的施工准备。目的是为该单位工程施工服务，也兼顾分部（项）工程施工作业条件的准备。

3．分部（项）工程作业条件准备

分部（项）工程作业条件准备是以一个分部（项）工程或冬雨季施工工程为对象而进

行的作业条件准备。

（二）阶段性的施工准备

1．开工前的施工准备

开工前的施工准备是建筑安装工程正式开工前所进行的一切施工准备，目的是为工程正式开工创造必要的施工条件。它是全场性的施工准备，也是单位工程施工条件的准备。

2．各施工阶段前的准备

各施工阶段前的准备是在建筑安装工程开工后各个施工阶段正式开始前所进行的施工准备。其目的是为施工正式开工创造必要的施工条件。

施工准备工作既要有阶段性，又要有连续性。因此，施工准备工作必须有计划、有步骤，分期和分阶段地进行，要贯穿于建筑安装工程的全过程。

四、施工准备工作的具体内容

（一）组织准备

建筑安装企业与建设单位签订工程承包合同后，应根据工程任务的目标要求、工程规模大小、工程特征、施工地点、技术要求和施工条件等，结合企业具体情况，由企业经理任命该工程项目的项目经理，由项目经理组成施工项目经理部（施工现场管理班子）与企业经理签订工程内部承包合同，明确管理目标和经济责任。

施工项目经理部是工程项目施工现场的一次性具有弹性的临时组织机构。工程项目施工结束，施工项目经理部的目标完成，即可解体。施工项目经理部的专业技术人员应根据工程项目需要，从企业的各职能部门聘用。当工程施工到某一阶段，某专业技术人员任务结束，即可回到原来单位或调往其他施工项目经理部。使施工现场组织机构保持良好的弹性。有了完善的组织机构和人员分工，才能保证繁重的施工准备任务顺利完成。

（二）技术、规划准备

技术、规划准备亦称施工现场的内业，包括以下主要内容：

1．熟悉、审查图纸和有关资料

通过熟悉、审查图纸和有关资料，要达到如下目的：

（1）检查设计图纸和资料内容是否符合国家有关法规、政策；设计图纸是否齐全，图纸本身及专业相互之间有无错误和矛盾；图纸与说明书是否一致，将所发现的问题提出来，参加图纸会审，请设计单位说明情况或修改；

（2）搞清设计意图和工程特点以及对施工的特殊要求；了解生产工艺流程和生产单位的要求；

（3）熟悉土建和安装各专业配合施工点；

（4）明确业主对建设期限（包括分批、分期建设）及投产或使用要求。

2．收集资料

进行施工准备时，不仅要从已有的图纸、说明书等技术资料上了解施工现场情况和工程要求，还必须进行实地调查，需调查的资料包括：

（1）自然条件等资料的收集。如现场的地形、地质、水文和气象等资料；

（2）技术经济条件方面的资料收集。如现场的环境、地区的资源供应情况，施工地区的交通运输条件，动力、燃料及水的供应情况，施工地区的通讯条件，地方工业对工程项目施工的支援条件，地方劳务市场及生活保障等情况。

3．编制施工组织设计

施工组织设计是指导工程项目进行施工准备和组织施工的重要技术经济文件，是施工准备工作的中心内容。具体编制要求和内容见第七章安装工程施工组织设计。

4．编制施工预算

施工预算是编制施工作业计划的依据，是施工项目经理部向班组签发任务单和限额领料的依据，是包工、包料的依据；是实行按劳分配的依据；还是施工项目经理部开展施工成本控制，进行"两算"对比的依据。

（三）施工现场准备

施工现场准备主要是为了工程项目正常施工，亦称施工现场管理的外业。具体工作内容有：

1．清除障碍物

这一工作通常由建设单位或土建施工单位完成，但有时也要委托安装施工单位完成。清除时，一定要摸清情况，尤其是原有障碍物复杂、资料不全时，应采用相应的措施，防止事故发生。

2．搞好"三通一平"

所谓"三通一平"是指建设区域内的道路、水、电要通畅和施工现场要平整。

（1）路通：按施工平面布置图的要求，修好施工现场的永久性道路（包括厂区铁路、厂区公路），以及必要的临时性道路，形成通畅的交通运输网，为材料、设备进场、堆放和施工、现场消防创造有利条件；

（2）水通：施工现场的生产和生活用水的管路要按照施工平面布置图的要求铺设，尽可能与城市永久性给水系统结合起来，施工现场用水量大时，还应考虑增容。要十分注意地面排水系统的设计，使施工中污水不得污染、堵塞城市排水系统，地面水排除迅速，为文明施工现场创造条件；

（3）电通：按照施工组织设计要求，接通电力和电讯设施，并做好其他能源的供应，确保施工现场动力设备和通讯设备正常运行；

（4）平整场地：按照建筑总平面图设计中确定的标高和土方竖向设计，进行挖、填土方量的计算，平整场地，最后清除地面上障碍物，达到"一平"的要求。

3．施工现场测量

按照建筑总平面和已有的永久性、经纬坐标控制网和水准控制基桩进行建设区域的施工测量，设置该建设区域的永久性经纬坐标桩，水准基桩和工程测量控制网；按建筑施工平面图进行建筑、管路、线路定位放线。

4．搭设临时设施

按照施工总平面图的布置，建造临时设施作为生产、办公、生活和仓库等临时用房。以及设置消防保安设施。

5．冬、雨季施工准备

根据冬雨季施工特点，冬、雨季施工前和施工中，要编制季节性施工组织技术措施，做好施工现场的供热、保温、排水、防汛、篷盖等临时设施的准备工作，供应冬、雨季必须的材料和机具，配备必要的专职人员，组织有关人员进行冬、雨季施工技术的培训学习。

6．落实消防和保安措施

按照施工组织设计要求和施工平面图的安排，建立消防和保安等组织机构和有关规章制度，落实好消防、保安设施。

（四）施工队伍的准备

施工队伍准备亦劳动力的准备，应根据工程任务实物量编制劳动力需用计划，落实施工队伍，保证供应符合施工需要的人力资源。

（1）确定分包单位

由于施工单位本身力量所限，有些单项工程或专业工程的施工、安装和运输等均需要向外单位分包，签订分包合同，明确分包单位的责任和权益。

（2）组织劳动力进场

按照开工日期和劳动力需要量计划，组织劳动力分期、分批进场。同时，要进行安全、防火和文明施工等方面的教育，并按照劳动保护法安排好现场施工工人的生活。

（3）组织培训

对技术工种要持证上岗，对施工中所需的特殊技术工种和新技术工种，要按计划组织培训，合格后上岗。

（4）动员和交底工作

施工项目开工前，要向参与施工的全体人员进行动员，宣传该施工项目的地位和施工项目经理部的管理目标，以及经济承包责任制中的奖罚条款，调动全现场职工的积极性。对于单项工程（或单位工程）开工前，应由施工项目经理部的技术负责人组织技术交底，详细地向施工队、组和工人讲解拟建工程的设计意图、施工计划和施工技术等要求，落实技术责任制，健全岗位责任制和保证措施。

（五）施工物资准备

材料、构件、机具、设备等物资是保证施工顺利进行的物质基础。这些物资的准备工作必须开工之前进行。根据各种物资的需要量计划，分别落实货源，组织运输和安排储备，使其满足连续施工的需要。对特殊材料更应提早准备。

材料、构件等除了按需用量计划分期分批组织进场外，还要根据施工平面布置图规定的位置堆放。要按计划组织施工机具进场及各机具的位置安排，并根据需要搭设操作棚，接通动力和照明线路，做好机械的试运转工作。

五、做好施工准备工作的措施

（一）编制施工准备工作计划

施工准备工作千头万绪，各项准备工作之间又有相互依存关系。因此，必须制定周密的工作计划（施工准备工作计划表表8-1），明确地表示出工作内容、责任者，及必须完成的工期。应提倡应用网络计划技术编制施工准备工作网络计划，便于找出关键的施工准备工作。

施工准备工作计划表   表 8-1

序 号	项 目	施工准备工作内容	负责单位	负责人	配合单位	起止时间				备 注
						月	日	月	日	

（二）严格执行开工报告和审批制度

施工准备工作随施工项目的大小不同，复杂程度的差别而有繁有简。通常，施工项目的施工准备工作具备以下条件后，即可向企业领导部门提出开工报告，经过审批后，才能开工。对于实行建设监理的施工项目，还须将开工报告送给该项目的监理单位，由该项目总监理工程师下达开工令（或开工通知书）后，在限定时间内必须开工，不得拖延。施工项目开工条件如下：

（1）初步设计（或扩大初步设计）已批准，施工图纸经过会审，图纸上问题和错误业已由设计单位修改；

（2）施工组织设计已经批准并进行交底；施工预算已经编制完成；

（3）"三通一平"已满足开工后的需要；

（4）材料、成品、半成品和工艺设备已落实，已进场的能满足连续施工要求；

（5）大型临时设施已建成，并能满足施工和生活的要求；

（6）施工机械、设备已进场，并经过检查能保证正常运转；

（7）施工力量已调集进场，并经过必要的技术、安全、防火教育，安全消防设备已经具备；

（8）场外协作配合工程（输电、通讯线路、给水、排水、道路及生活服务设施相继落实，并签订协议或合同）；

（9）永久性或半永久性坐标和水准点已经设置；

（10）现场施工管理班子已建立并有效运转。

（11）提出开工报告（表8-2）。

只有在上述10个方面工作经检查，确实已经完成，才能由项目经理提出开工报告。

开 工 报 告　　　　　　　　　　　　　表 8-2

开工报告	年　月　日　　编号		
建设单位		总包单位	
工程名称		工程造价	
工程地点		申请开工时间	
工程内容			
施工准备情况			
监理（建设）单位 （公章）	总包单位 （公章）		安装单位 （公章）
施工负责人		制表人	

（三）建立施工准备工作的管理制度

1. 施工准备工作责任制

施工准备工作项目多、范围广、期限长，有时施工准备工作的期限比正式施工期限还长，故必须建立严格的责任制。根据施工准备工作计划，成立严密的指挥协调机构，明确部门分工，专人负责，相互配合，保证按计划要求的内容及完成时间进行施工准备工作。

2. 建立施工准备工作检查制度

施工准备工作不但要有计划、有分工，而且要有布置、有检查，以利于经常督促、发现薄弱环节，不断改进工作。

第三节 施工阶段的管理

施工阶段的管理就是现场施工过程的管理，它是根据施工计划和施工组织设计，对拟建工程项目在施工过程中的进度、质量、安全、成本和现场平面布置等方面进行指挥、协调和控制，以达到保证工程质量、工期和不断提高施工过程的经济效益的目的。

一、施工阶段的管理程序

（一）施工任务书

根据月度总施工进度计划，在土建进度计划的基础上，安排安装工程施工进度，按班组签发施工任务书。

1. 施工任务书的性质与作用

施工任务书是向班组贯彻作业计划的有效形式，也是企业实行定额管理，贯彻按劳分配、开展劳动竞赛和班组经济核算的主要依据。通过施工任务书可以把生产计划、技术、质量、安全、降低成本等各种技术经济指标分解为班组指标，并将其落实到班组和个人，使企业各项指标的完成同班组和个人的日常工作和物质利益紧密地连在一起，达到高质量、低成本和按劳分配的要求。

2. 施工任务书的内容

任务书的形式很多,总的来说要简单扼要,填写方便,通俗易懂,一般包括下列内容：

（1）任务书

是班组进行施工的主要依据。内容有：工程项目；工程数量；劳动定额；计划工日数；开、竣工日期；质量及安全要求等。

（2）小组记工单

是班组的考核记录，也是班组分配计件工资或奖励工资最基本的依据。

（3）限额领料卡

是班组完成任务所必须的材料限额，是班组领料的凭证。

施工任务书见表 8-3，限额领料卡见表 8-4，小组记工单见表 8-5。

施 工 任 务 书　　　　　　　　　　　　　表 8-3

_____施工队_____组　　　　　　　　　_____年_____月_____日

定额编号	分项工程	单位	计划用工数			实际完成			附注
			工程量	时间定额	定额工日	工程量	时间定额	定额工日	
合计									

各项指标完成情况	实际用工	完成定额（%）	出勤率（%）
	质量评定	安全评定：	限额用料：

签发_____组长_____审核_____验收_____

				限额领料卡						表 8-4		

材料名称	规格	计量单位	单位用量	限额用量		领料记录						定额数量	执行情况		
				按计划工程量	按实际工程量	第一次		第二次		第三次			实际消耗量	节约或浪费（+）（-）	其中返工损失
						日 / 数量 月		日 / 数量 月		日 / 数量 月					

小 组 记 工 单　　　　　　　表 8-5

验收日期 ＿＿＿＿＿ 年 ＿＿＿＿＿ 月 ＿＿＿＿＿ 日

工程部位及项目	期合计用工	实际用工									
		工种	1日	2日	3日	4日					31日
	技 工										
	合同工										
	技 工										
	合同工										
	技 工										
	合同工										
班组记录		班（组长）： 考勤员：									

3. 施工任务书的签发和验收

施工任务书一般由工长（施工员）会同有关业务人员，根据月、旬作业计划、定额进行签发和验收，在签发流通过程中，必须遵循下列要求：

（1）签发施工任务书，必须具备正常的施工条件。

（2）施工任务书必须以月、旬作业计划为依据，按分部分项工程进行签发；任务书签发后，不宜中途变更，并要在开工前签发，以便班组进行施工准备工作。

（3）向班组下达任务时，要做好交底工作。通常进行"五交"，"五定"，即交任务、交操作规程、交施工方法、交质量安全、交定额。实行定人、定时、定质、定量、定责任，目的是做到任务明确，责任到人。

（4）任务书在执行过程中，各业务部门必须为班组创造正常的施工条件，使工人完成或超额完成定额。

（5）班组完成任务后，应进行自检。工长（施工员）、定额员、质量检查员等在班组自检的基础上，及时验收工程质量、数量和实际工日数，计算定额完成数量。

（6）项目经理部劳资员将经过验收的任务书收回登记，汇总核实完成的工时，同时记载有关质量、安全、材料节约等情况，作为核发工资和奖金的依据。

任务书及时正确地反映了班组工时利用和定额完成情况，以及质量安全等原始资料，是企业分析劳动生产率、质量、安全等的重要依据，也是统计部门进行工程统计的原始凭证。

施工任务书的签发和验收程序是：

（1）工长（施工员）于月末或开工前2～3天，根据月、旬作业计划的要求，参照有关施工技术措施方案及技术资料签发任务书。

（2）项目经理部负责生产的副经理，审批工长（施工员）签发的任务书。

（3）项目经理部定额员将批准的任务书进行登记，并按照工程项目查套定额，按工程量计算出计划工日数后，将任务书返回工长（施工员）。

（4）工长（施工员）将任务书连同作业计划向施工班组下达施工任务书，并进行任务、技术、质量、安全等全面交底，施工班组对如何执行任务书进行研究讨论。

（5）在施工过程中，班组应严格考勤，如有停工、请假、公出、加班等涉及工资增减的应如实记载，工长（施工员）、定额员、质量检查员、安全员应经常检查执行情况。

（6）班组完成任务后，由工长（施工员）、定额员、质量检查员、安全员、材料员等及时地进行验收签证；如签发任务书需跨月时，月末可实行中间验收，工长（施工员）及时准确地验收工程量，并填入实际完成量栏内；质量检查员应进行质量检查签证；材料员检查班组领料退料手续并签证；最后交定额员进行工资预、结算，作为劳动者个人和班组发放工资和领取超额奖的依据。

（二）施工过程中的检查与监督

1．施工过程中检查与监督的内容

（1）作业检查监督和质量检查监督

1）工程施工是否遵守设计规定的工艺，是否严格按图施工；

2）施工是否遵守操作规程和施工组织设计规定的施工顺序；

3）材料的验收、储存、发放是否符合质量管理的规定；

4）作业进度是否符合要求；

5）隐蔽工程的施工是否符合质量检查与验收规定；

6）材料、成品和半成品的检验；

7）各种试验、检验、测量仪器仪表和量具的定期检查和用前检修、校验；

8）安装的各种设备检查、试运转；

9）施工过程的检查和复查。

（2）对安全生产的检查监督

1）施工现场安排是否符合安全要求；

2）进入现场的施工人员是否戴好安全帽、穿好工作服；

3）高空作业是否遵守安全操作规程；

4）机电设备和吊装机械防护、绝缘是否良好；

5）施工现场的防火、防爆、防止自然灾害等措施是否良好等。

（3）对节约的检查监督

以施工组织设计为依据，与节约有关的劳动生产率、材料消耗、施工方案、施工进度、施工质量等是否全面实现计划要求。

（4）对场容的检查监督

详见"施工总平面图管理"。

2．施工过程中检查与监督的方法

（1）专业检查与群众检查相结合；

（2）认真执行关键项目隐蔽工程检查验收、班组自检、互检、交接检及质检（工地）、项目经理部月检、公司季检等制度；

（3）日常检查与定期检查相结合；

（4）召开业务交流会和有关协作单位碰头会；

（5）分析提出措施，解决矛盾，协调施工。

（三）施工平面图管理

1．管理原则

（1）要进行经常性的管理和必要的调整工作；

（2）涉及改变总图的各项活动，各单位事先提出申请，经总平面管理部门批准后，方可实施；

（3）总包单位根据进程不断调整、补充、修改总平面图。在施工准备阶段、主体工程阶段、安装阶段、装修阶段等有相应的总平面图规划，并根据施工进度进行修整，以反映施工动态，满足各单位不同时间的需要；

（4）制订总平面图条例，建立和健全场容管理责任制。

2．经常性管理工作

（1）检查施工总平面图规划贯彻情况，督促按总图规定兴建各项临时设施，堆放大宗材料、成品、半成品及生产设备；

（2）审批各单位需用场地的申请，根据时间和要求，合理调整场地；

（3）确定大型临时设施的位置、坐标，并核实复查；

（4）签署建（构）筑物、道路、管路、线路等工程开工申请的审批意见；

（5）审批各单位在规定期限内，对清除障碍物、挖掘道路、断绝交通、断水断电、用火等的申请报告；

（6）对大宗材料、设备和车辆等进场时间作妥善安排，避免拥挤，堵塞交通；

（7）审批大型施工机械、设备进场运行路线；

（8）雨季之前，检查排水系统是否畅通；

（9）掌握现场动态，定期召开总平面图管理检查协调会。

3．场容基本要求

场地要整齐、清洁；

现场防火、安全要有保证；

要注意现场环境卫生、防止污染；

对原材料、临时设施及成品予以保护。

二、按计划组织综合施工

综合施工指所有不同的工种，配备不同的机械设备，使用不同材料的工人队伍，在不同的地方和工程部位，按预定的顺序和时间，协调地从事施工作业。

（一）施工与计划的关系

建筑安装工程项目一般都包括两大部分：一是土建工程；二是安装工程。施工的综合性，要求以施工过程组织的严密性来保证；施工过程组织的严密性，要求以施工计划的周密性来保证。

土建工程有：土石方工程、砌筑工程、钢筋混凝土工程、抹灰工程、屋面防水工程等。

安装工程有：电气工程、给排水工程、采暖通风空调工程、建筑智能化工程等。

土建工程要综合施工，安装工程也要综合施工。土建工程和安装工程之间要协作配合，也要综合施工。土建工程的基础施工、主体施工过程，安装工程的电、水、设备要搞预留预埋。安装工程的线路、管路、设备安装后要土建装修等。

（二）综合施工的工作要求

（1）提高计划的准确性和严密性；

（2）通过施工任务书或承包合同将计划下达到班组；

（3）工长（施工员）要有活动能力、组织能力和协调能力；

（4）加强和提高班组的自身管理能力及班组间协调、配合施工能力；

（5）管理为第一线服务，保证现场施工的供应工作；

（6）健全单位工程责任制和班组承包责任制。

三、做好施工过程的全面控制

施工阶段的全面控制是进度（工期）、质量、成本、安全、现场目标控制。这五项目标是施工项目的约束条件，也是施工效益的象征。现场目标控制在施工阶段的管理已讲过了，安全控制后叙专章讲述，这里只讲述进度控制、质量控制、成本控制。

（一）施工项目进度控制概述

1. 施工项目进度控制的概念

施工项目进度控制是项目施工中的重点控制之一。它是保证施工项目按期完成，合理安排资源供应、节约工程成本的重要措施。施工项目进度控制是指在既定的工期内，编制出最优的施工进度计划，在执行该计划的施工中，经常检查施工实际进度情况，并将其与计划进度相比较，若出现偏差，便分析产生的原因和对工期的影响程度，找出必要的调整措施，修改原计划，不断地如此循环，直至工程竣工验收。施工项目进度控制的总目标是确保施工项目的既定目标工期的实现，或者保证施工质量和不因此而增加施工实际成本的条件下，适当缩短施工工期。

2. 施工项目进度控制方法、措施

（1）施工项目进度控制方法

施工项目进度控制方法主要是规划、控制和协调。规划是指确定施工项目总进度控制目标和分进度控制目标，并编制其进度计划。控制是指在施工项目实施的全过程中，进行施工实际进度与施工计划进度的比较，出现偏差及时采取措施调整。协调是指协调与施工进度有关单位、部门和工作班组之间的进度关系。

（2）施工项目进度控制的措施

施工项目进度控制采取的主要措施有组织措施、技术措施、合同措施、经济措施和信息管理措施。

（二）施工项目质量控制

1．施工项目质量目标控制的依据

施工项目质量目标控制的依据包括技术标准和管理标准。技术标准包括：工程设计图纸及说明书，《建筑工程施工质量验收统一标准》（GB50300—2001），《建筑给水排水及采暖工程施工质量验收规范》（GB50242—2002），本地区及企业自身的技术标准和规程，施工合同中规定采用的有关技术标准。企业主管部门有关质量工作的规定，本企业的质量管理制度及有关质量工作的规定，项目经理部与企业签订的合同及企业与业主签订的合同，施工组织设计等。

2．施工质量控制系统

（1）施工全过程的质量控制，见图8-5。

由图8-5知，施工全过程的质量控制是一个系统，包括投入生产要素的质量控制、施工及安装工艺过程的质量控制和最终产品的质量控制。

图8-5　施工全过程的质量控制

（2）质量因素的全面控制，见图8-6。

由图8-6所示，工程施工是一个物质生产过程，施工阶段的质量控制范围包括影响工程质量5个方面的要素，即4M1E，指人、材料、机械、方法和环境，它们形成一个系统，要进行全面的质量控制。

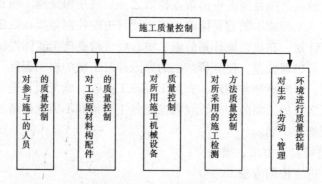

图8-6　质量因素的全面控制

（3）按时间形成的质量控制系统过程，见图8-7。

根据工程质量形成的时间，可以分为施工质量事前控制、事中控制和事后控制，如图8-7所示。

（三）施工项目成本控制的意义

施工项目成本是安装施工企业为完成施工项目的建筑安装工程任务所耗费的各项生产

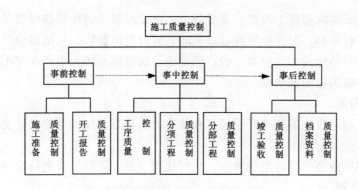

图 8-7　按时间形成的质量控制系统过程

费用的总和，它包括施工过程中所消耗的生产资料转移价值及以工资补偿费的形式分配给劳动者个人消费的那部分活劳动消耗所创造的价值。施工项目成本按经济用途分析其构成，包括直接成本和间接成本。其中直接成本是构成施工项目实体费用，包括材料费、人工费、机械使用费、其他直接费；间接成本是企业为组织和管理施工项目而分摊到该项目上的经营管理性费用。按成本与施工所完成的工程量的关系分析其构成，它由固定成本与变动成本组成，其中固定成本与完成的工程量多少无关，而变动成本则随工程量的增加而增加。

施工项目成本控制，就是在施工过程中，运用必要的技术与管理手段，对物化劳动和活劳动消耗进行严格组织和监督的一个系统过程。施工企业应以施工项目成本控制为中心进行成本控制。成本控制的主要意义有以下几点：

（1）施工项目成本控制是施工项目工作质量的综合反映，施工项目成本的降低，表明施工过程中物化劳动和活劳动消耗的节约，表明劳动生产率提高；物化劳动节约，说明固定资产利用率提高和材料消耗率降低。所以，抓住施工项目成本控制这项关键，可以及时发现施工项目生产和管理中存在的问题，以便采取措施，充分利用人力和物力，降低施工项目成本。

（2）施工项目成本控制是增加企业利润、扩大社会积累的主要途径。在施工项目价格一定的前提下，成本越低，盈利越高。

（3）施工项目成本控制是推行项目经理部承包责任制的动力。项目经理项目承包责任制中，规定项目经理必须承包项目质量、工期与成本三大约束性目标。成本目标是经济承包目标的综合体现，项目经理要实现其经济承包责任，就必须充分利用生产要素市场机制，管好项目，控制投入，降低消耗，提高效率，将质量、工期和成本三大相关目标结合起来进行综合控制。

施工项目成本控制的全过程包括施工项目成本预测，成本计划的编制和实施，成本核算和成本分析等环节，而以成本计划的实施为关键环节。因此，必须具体研究每个环节的有效工作方式和关键措施，从而取得施工项目整体的成本控制效果。

第四节　竣 工 验 收

竣工验收是工程建设的一个主要阶段，是工程建设的最后一个程序，是全面检验工程建设是否符合设计要求和施工质量的重要环节；也是检查承包合同执行情况，促进建设项目及时投产和交付使用，发挥投资效益；同时，通过竣工验收，总结建设经验，全面考核建设成果，为今后的建设工作积累经验。它是建设投资效益转入生产和使用的标志。

一、竣工验收的范围及依据

（一）验收范围

凡新建、扩建、改建的基本建设项目和技术改造项目，按批准的设计文件和合同规定的内容建成。

符合验收标准的必须及时组织验收，交付使用，并办理固定资产移交手续。

（二）验收依据

竣工验收的依据是批准的设计任务书、初步设计、技术设计文件、施工图及说明书；设备技术说明书；现行的施工验收规范及质量验收标准；施工承包合同；设计变更通知书等。

二、竣工验收的条件

建设工程竣工验收应具备下列条件：

1. 完成建设工程设计和合同规定的内容；

2. 有完整的技术档案和施工管理资料；

3. 有工程使用的主要建筑材料、建筑构配件和设备的进场试验报告；

4. 有勘察、设计、施工、工程监理等单位分别签署的质量合格文件；

5. 有施工单位签署的工程保修书。

此外，根据工程项目性质不同，在进行竣工验收时，还有如下具体要求：

（一）工业项目

（1）生产性建设项目及其辅助生产设施，已按设计的内容要求建成，能满足生产需要。

（2）主要工艺设计及配套设施已安装完成，生产线联动负荷试车合格，运转正常，形成生产能力，能够生产出设计文件规定的合格产品，并达到或基本达到设计生产能力。

（3）必要的生活设施，已按设计要求建成，生产准备工作和生活设施能适应投产的需要。

（4）环保设施、劳动、安全、卫生设施、消防设施等已按设计要求与主体工程同时建成交付使用。

（5）已按合同规定的内容建成，工程质量符合规范标准规定，满足合同要求。

（二）非工业项目

已按设计内容建设完成，工程质量和使用功能符合规范规定和设计要求，并按合同规定完成了协议内容。

（三）遗留问题的处理

在工程项目建设过程中，由于各方面的原因，尚有一些零星项目不能按时完成的，应协商妥善处理。

（1）建设项目基本达到竣工验收标准，有一些零星土建工程和少数非主要设备未能按设计规定内容全部完成，但不影响正常生产时，也应办理竣工验收手续，剩余部分按内容留足资金，限期完成。

（2）有的建设项目和单位工程，已建成形成生产能力，但近期内不能按设计要求规模建成，可从实际出发，对已完成部分进行验收，并办理固定资产移交手续。

（3）对引进设备的项目，按合同建成，完成负荷试车，设备考核合格后，组织竣工验收。

（4）已建成具备生产能力的项目或工程，一般应在具备竣工验收条件三个月内组织验收。

三、竣工验收的程序

（一）验收程序

根据建设项目规模的大小和复杂程度，可分为初步验收和正式验收两个阶段进行，规模大的建设项目，一般指大、中型工业、交通建设项目，较复杂的建设项目应先进行初验，然后进行全部建设项目的竣工验收。规模较小、较简单的建设项目，可一次进行全部建设项目的竣工验收。

1．验收准备

建设项目全部完成，经过各单位工程的验收，符合设计要求，经过工程质量核定达到合格标准。施工单位要按照国家有关规定，整理各项交工文件及技术资料，工程盘点清单，工程决算书，工程总结等必要文件资料，提出交工报告；建设单位（监理单位）要督促和配合施工单位、设计单位做好工程盘点，工程质量评价，资料文件的整理，包括项目立项批准书，项目可行性研究报告，土地、规划批准文件、设计任务书，初步（或扩大初步）、设计，概算及工程决算等。建设单位要与生产部门做好生产准备及试生产，整理好工作情况及有关资料，对生产工艺水平及投资效果进行评价最后形成文件等。同时，组织人员整理竣工资料，绘制竣工图，编制竣工决算，起草竣工验收报告等各种文件和表格，分类整理，装订成册，制订验收工作计划等。这是搞好竣工验收的基础，要有专人负责组织，资料数据要准确真实，文件整理要系统规范。专业部门、城建档案有规定的，要按其要求整理。

2．初步验收（预验收）

建设项目在正式召开验收会议之前，由建设单位组织施工、设计、监理及使用单位进行预验收。可请一些有经验的专家参加，必要时，也可请主管部门的领导参加。检查各项工作是否达到了验收的要求，对各项文件、资料认真审查，这是验收的一个重要环节。经过初步验收，找出不足之处，进行整改。然后由建设项目主管部门或建设单位向负责验收的单位或部门提出竣工验收申请报告。

3．正式验收

主管部门或负责验收的单位接到正式竣工验收申报和竣工验收报告书后，经审查符合验收条件时，要及时安排组织验收。组成有关专家、部门代表参加的验收委员会，对《竣工验收报告》分专业进行认真审查，然后提出《竣工验收鉴定书》。

（二）竣工验收报告书

竣工验收报告书是竣工验收的重要文件，通常应包括以下内容：

（1）建设项目总说明。

（2）技术档案建立情况。

（3）建设情况。包括：建筑安装工程完成程度及工程质量情况；试生产期间（一般3

~6个月）设备运行及各项生产技术指标达到的情况；工程决算情况；投资使用及节约或超支原因分析；环保、卫生、安全设施"三同时"建设情况；引进技术、设备的消化吸收、国产化替代情况及安排意见等。

（4）效益情况。项目试生产期间经济效益与设计经济效益比较，技术改造项目改造前后经济效益比较；生产设备、产品的各项技术经济指标与国内外同行业的比较；环境效益、社会评估；本项目中合用技术、工业产权、专利等作用评估；偿还贷款能力或回收投资能力评估等。

（5）外商投资企业或中外合资企业的外资部分，有会计事务所提供的验资报告和查账报告；合资企业中方资产有当地资产部门提供的资产证明书。

（6）存在和遗留问题。

（7）有关附件。

（三）竣工验收报告书的主要附件

（1）竣工项目概况一览表。主要包括：建设项目名称、建设地点，占地面积，设计（新增）生产能力，总投资，房屋建设面积，开竣工时间，设计任务书，初步设计、概算，批准机关，设计、施工、监理单位等。

（2）已完单位工程一览表。主要内容：单位工程名称、结构形式、工程量、开竣工日期、工程质量等级、施工单位等。

（3）未完工程项目一览表。包括工程名称、工程内容、未完工程量、投资额、负责完成单位、完成时间等。

（4）已完设备一览表。主要是设备名称、规格、台数、金额等，引进和国产设备分别列出。

（5）应完未完设备一览表。主要是设备名称、规格、台数、金额，负责完成的单位及完成时间等。

（6）竣工项目财务决算综合表。

（7）概算调整与执行情况一览表。

（8）交付使用（生产）单位财产总表及交付使用（生产）财产一览表。

（9）单位工程质量汇总项目（工程）总体质量评价表。主要内容：每个单位工程的质量评定结果，主要工艺质量评定情况；项目（工程）的综合评价，包括室外工程在内。

四、竣工验收的组织

（一）验收权限的划分

（1）根据项目（工程）规模大小组成验收委员会或验收组。大中型建设项目（工程）、由国家批准的限额以上利用外资的项目（工程），由国家组织或委托有关部门组织验收，省建委参与验收。

（2）地方大中型建设项目（工程）由省级主管部门组织验收。

（3）其他小型项目（工程）由地市级主管部门或建设单位组织验收。

（二）验收委员会或验收组的组成

通常有建设单位、施工单位、设计单位及接管单位参加，请计划、建设、项目（工程）主管、银行、物资、环保、劳动、统计、消防等有关部门组成验收委员会。通常还要请有关专家组成专家组，负责各专业的审查工作。

（三）验收委员会的主要工作

负责验收工作的组织领导，审查竣工验收报告书；实地对建筑安装工程现场检查；查验试车生产情况；对设计、施工、设备质量等做出全面评价；签署竣工验收鉴定书等。

五、竣工验收鉴定书的主要内容

1. 验收时间。

2. 验收工作概况。

3. 工程概况。主要是：工程名称、建设规模，工程地址，建设依据，设计、施工单位，建设工期及实物完成情况，土地利用等内容。

4. 项目建设情况。建筑工程、安装工程，设备安装、环保、卫生、安全设施建设情况等。

5. 生产工艺及水平，生产准备及试生产情况。

6. 竣工决算情况。

7. 工程质量的总体评价。设计质量、施工质量、设备质量，以及室外工程，环境质量的评价。

8. 经济效果评价。经济效益、环境效益及社会效益。

9. 遗留问题及处理意见。

10. 验收委员会对项目（工程）验收的结论。对验收报告逐项检查评价认定，并应有总体评价。是否同意验收。

六、竣工验收中有关工程质量的评价工作

竣工验收是一项综合性很强的工作，涉及到各方面，作为质量控制方面的工作主要有：

（1）做好每个单位工程的质量评价，在施工企业自评质量等级的基础上，由当地工程质量监督站或专业站核定质量等级。做好单位工程质量一览表。

（2）如果是一个工厂或住宅小区、办公区，除将每个单位工程质量评价外，还应将室外工程的道路、管线、绿化及设施小品等都要逐项检查，给予评价。并对整个项目（工程）的工程质量给予评价。

（3）工艺设施质量及安全的质量评价。

（4）督促施工单位做好施工总结，并在此基础上，提出竣工验收报告中的质量部分。

（5）协助建设单位审查工程项目竣工验收资料，其主要内容有：

1）工程项目开工报告；

2）工程项目竣工报告；

3）图纸会审和设计交底记录；

4）设计变更通知单；

5）技术变更核定单；

6）工程质量事故发生后调查和处理资料；

7）水准点位置、定位测量记录、沉降及位移观测记录；

8）材料、设备、构件的质量合格证明资料；

9）试验、检验报告；

10）隐蔽验收记录及施工日志；

11）竣工图；

12）质量检验评定资料；

13）工程竣工验收及资料。

（6）对其他小型项目单位工程的验收。由于项目小内容单一，主要是对工程质量评价及竣工资料的审查。

施工企业在工程完工后，应提出验收通知单，监理工程师根据平时了解现场的情况，对资料审查结果，提出验收意见，请建设单位及有关人员，对工程实物质量及资料进行讨论，给出结论。并共同签认竣工验收证书。

本 章 小 结

施工管理是建筑安装企业生产管理的一项中心内容，它是企业为了完成建筑安装产品的施工任务对施工全过程所进行的生产事务的组织管理。施工管理也就是建筑安装企业的各个施工项目进度、质量、成本、安全和施工现场的管理。每个项目重点做好下述四个方面工作：

（1）做好参加施工项目施工全员的思想工作，明确义务和权利，奖罚分明；

（2）施工准备工作，既要注意施工前的准备工作，又要注意各个施工阶段的准备工作。能像检查施工进度一样，检查施工准备工作；

（3）按计划组织综合施工，做好施工过程进度、质量、成本、安全全面控制；搞好施工现场管理；

（4）做好施工项目竣工验收工作。

复 习 思 考 题

1．施工管理的性质是什么？

2．施工管理的基本任务和主要内容有哪些？

3．建筑安装企业经常采用什么样的组织机构？

4．施工准备工作的意义是什么？

5．施工准备工作有哪些基本任务？

6．施工准备工作的具体内容有哪些？

7．施工准备工作包括施工前的准备和施工各个阶段准备工作，贯穿整个施工过程对不对？为什么？

8．竣工验收应具备什么条件？应有哪些依据和标准？

9．你知道《建设工程文件归档整理规范》吗？

10．竣工验收按什么程序进行，办理哪些交接手续？

11．施工阶段管理程序有哪些？

12．如何按计划组织综合施工？

13．施工过程的全面控制目标是什么？

14．施工项目进度控制方法、措施是什么？

15．施工项目质量目标控制依据是什么？

16．施工质量控制系统有哪几个？

17．施工项目成本控制的意义是什么？

第九章 计 划 管 理

建筑安装企业要通过投标竞争，从市场上取得施工项目的承包权，通过签定项目承包合同明确承发包双方关系，根据履约经营要求制定企业计划，最后以验收交工方式实现项目"销售"。企业的计划是根据企业经营需要进行编制的。

第一节 概 述

一、计划管理的任务

企业的正常经营活动必然与其他有关企业和部门有着互相依赖和制约的关系。企业的计划必须建立在国家宏观计划的指导下，结合企业的本身条件和能力，经过企业的综合平衡，确定企业的经营目标，用以全面的组织和协调企业的经营和生产活动。

安装单位与土建单位在施工活动过程中有着密切的相互依赖和制约的关系。故安排安装工程施工计划时，必须配合土建工程施工的客观要求，使彼此协调，综合安排计划，以保证安装工程任务得以顺利进行。

企业计划管理的主要任务是：

(1) 正确贯彻执行国家经济建设政策和法规；

(2) 保证国家重点项目的完成；

(3) 合理地组织使用人力、物力、财力，努力提高经济效益；

(4) 改善经营管理，提高企业素质，增强企业活力。

二、计划的组成和内容

我国在长期大量基本建设中，逐步建立的计划经济已经过时，市场经济计划在不断完善。按照计划的性质归纳为以下四种：长期计划、年度计划、季度计划和月、旬作业计划。不同阶段的计划，具有不同的作用、内容和管理方法。现简述如下：

1. 长期计划

长期计划是指导企业在长时间内（3年以上）的经营和发展方向的计划（不确定因素较多，至少每年修订一次）。在长期计划中一般规定如下内容：企业发展规模；重点施工项目；技术改造和新技术开发；工业化施工水平；职工培训与智力开发；劳动生产率的提高；多种经营；信息化管理水平；企业自身的基本建设等。

对需要若干年才能建成的大型基本建设项目，可通过承包企业的长期计划进行分年安排，有利于保持施工的连续性和均衡性，以及建设总进度的完成。长期计划又是编制年度计划的依据。

2. 年度计划

年度计划又称为施工技术财务计划，它是安装企业的生产技术和财务活动的综合计划，是贯彻企业经营方针，并指导本年度内经营和生产活动的行动纲领和考核企业经营成果的基本依据。凡列入年度计划的施工项目，必须是国家各级有关部门批准的具备开工条件的建设项目。年度计划的内容一般规定有：施工项目进度计划；劳动工资计划；物资供应计划；施工机械计划；技术组织措施计划；降低成本计划；财务计划；辅助生产计划等。

3．季度计划

季度计划是上承年度计划下接月度计划的中间计划，是实现全年目标和连续施工的重要环节。季度计划的主体是公司或分公司的季度施工项目的开工或竣工大纲，因此公司或分公司要编好此计划。它对年度计划起到分季落实的作用，对月度计划具有控制检查作用。尤其当年度计划任务不能及时确定的情况下，则安排好上半年的季度计划更为重要。根据企业的具体情况和施工条件，年度计划规定完成的任务，可在一年内四个季度计划中进行调整。

4．月度计划

月度作业计划是将年、季度计划任务具体落实到基层单位直接组织现场施工的实施性计划。使年、季度计划的完成具有组织上的保证。因此计划的任务、措施和施工条件必须具体可靠。一般列入月度作业计划的工程项目，必须是图纸已经会审，单位工程和分部分项工程施工组织设计以及施工预算已经编制，现场三通一平临时设施已经完成，主要材料、预制件和设备已经到货，施工力量已经进场的单位工程。计划要核实土建工程施工进度交付设备安装使用的具体日期。

在设备安装工程项目中，对大型设备组装、大量厂区及小区管道安装、大型锅炉安装，以及长距离输电线路架设等，根据进度要求，必要时有编制单项工程的按月分日作业计划或旬日作业计划，以保证工期及投产使用。

以上各阶段计划，共同构成完整的企业的计划体系。长期计划不稳定因素较多，其内容比较简单概括；短期计划由于计划短期，目标明确，内容比较详尽具体。长期计划对短期计划有指导控制检查作用，短期计划是长期计划的具体化和补充。

企业各阶段的计划与其施工组织设计中的各种施工进度计划的编制，有着相互依存和制约关系，图 9-1 为安装企业计划体系与施工进度计划的关系。故在编制计划时必须注意协调配合，从而保证工程任务顺利实现。

三、计划指标体系

计划指标是计划的组成部分。指标是表示一定经济现象的数值，在计划中所规定的各项计划任务，是通过一定的计划指标表示的，是企业在计划期内，在具体技术条件下，所要达到的具体目标和水平，通称技术经济指标。技术经济指标，是考核和评价企业经营成果的标准。按其作用可分为国家考核指标和企业内部考核指标，前者称为基本指标，后者称为辅助指标。

（一）国家考核指标

国家统计局、国家计委、国家经贸委对工业经济效益评价考核规定了 7 个指标：

1．总资产贡献率

总资产贡献率指标反映企业全部资产的获利的能力，是企业经营业绩和管理水平的集中体现，是评价和考核企业盈利能力的核心指标。计算公式为：

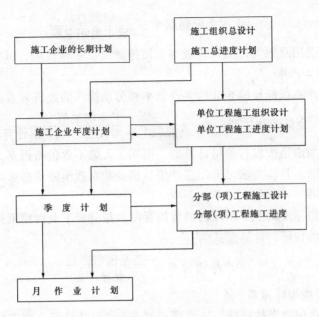

图 9-1 安装企业计划体系与施工进度计划的关系

$$总资产贡献率 = \frac{利润总额 + 税金总额 + 利息支出}{平均资产总额 \times 12/ 累计月数}$$

其中：税金总额为产品销售税金 R 附加与应交增值税之和；平均资产总额为期初期末资产总计的算术平均值。

2. 资本保值增值率

资本保值增值率指标反映企业净资产的变动状况，是企业发展能力的集中体现。计算公式为：

$$资产保值增值率 = \frac{报告期末所有者权益}{上年同期期末所有者权益}$$

所有者权益等于资产总计减负债总计。

3. 资产负债率

资产负债率指标反映企业经营风险的大小，也反映企业利用债权人提供的资金从事经营活动的能力。计算公式为：

$$资产负债率 = \frac{负债总额}{资产总额}$$

资产及负债均为报告期期末数。

4. 流动资产周转率

流动资产周转率指一定时期内流动资产完成的周转次数，反映投入工业企业流动资金的周转速度。计算公式为：

$$流动资产周转率 = \frac{销售收入}{流动资产平均余额 \times 12/ 累计月数}$$

5. 成本费用利润率

成本费用利润率反映工业投入的生产成本及费用的经济效益，同时也反映企业降低成本所取得的经济效益。计算公式为：

$$成本费用利润率 = \frac{利润总额}{成本费用总额}$$

其中：成本费用总额为产品销售成本、销售费用、管理费用、财务费用之和。

6. 全员劳动生产率

全员劳动生产率指标反映企业的生产效率和劳动投入的经济效益。计算公式为：

$$全员劳动生产率 = \frac{工业增加值}{全部职工平均人数 \times 12 / 累计月数}$$

由于工业增加值是按现行价格计算的，而职工人数不含价格因素，因此，应将增加值价格因素予以消除。具体方法可采用总产值价格变动系数消除价格影响。

7. 产品销售率

产品销售率指标反映工业产品已销售的程度，是分析工业产销衔接情况、研究工业产品满足社会需求的指标。计算公式为：

$$产品销售率 = \frac{工业销售产值}{工业总产值}$$

（二）企业考核指标体系

企业为了完成国家考核指标，还必须根据企业的具体情况，制定各自企业的内部控制指标，用以反映企业经营、生产管理活动的全面情况，包括企业对施工项目、对各职能单位；施工项目对施工班组；班、组对工人的考核指标。详见企业内部考核的主要指标，表9-1。

企业内部考核的主要指标   表 9-1

	公　司	工程处（工区）	项目经理部	幢　号	班　组
指标体系	实物工程量	实物工程量	实物工程量	实物工程量	实物工程量
	工程质量	工程质量	工程质量	工程质量	工程质量
	利　润	利　润	降低成本	直接费	工料消耗
	合同完成情况	合同完成情况	形象进度	形象进度	形象进度
	工　期	工　期	工　期	工　期	
	建安工作量	建安工作量	建安工作量	建安工作量	
	劳动生产率	劳动生产率	劳动生产率	劳动生产率	达到劳动定额（%）
	安全生产	安全生产	安全生产	安全生产	安全生产
	设备完好率	设备完好率	设备完好率		
	设备利用率	设备利用率	设备利用率		
	资金占用率	资金占用率			
	工程成本	工程成本	工程成本		
	三材节约	三材节约			

第二节　安装企业计划的编制

一、计划编制的原则

（一）计划编制的原则内容

（1）要体现社会主义市场的经营思想，在经营中一定要诚信守法，严格履行合同，以完成最佳产品为企业生产的目标；

（2）既要严格坚持施工程序，又要注意施工的连续性和均衡性；

（3）在搞好综合平衡的同时，落实施工条件；

（4）计划指标既要有科学性，又要有实际可行性，并且要留有余地。

（二）计划编制的原则要求

（1）首先企业在社会上取得质量保证、信誉保证知名度，多渠道收集市场信息。比如，利用互联网获得市场信息，承揽比较多的施工任务；

（2）施工生产要速度快，质量优，保证配套，统筹安排综合进度计划，千方百计保形象进度；

（3）各项工程准备工作列入施工计划，从计划上得到保证和监督；施工程序要符合施工工艺顺序和技术规律的要求；

（4）要做好任务与生产条件平衡，做好各项计划指标之间的平衡；

（5）要做到积极性和可能性相结合，预见性和现实性相结合。

二、安装企业中、长期计划的编制

（一）滚动式计划方法

滚动式计划方法见图 9-2。

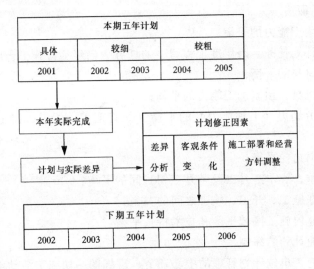

图 9-2　滚动式计划方法

说明：本期五年计划指标按 100%。每年计划指标安排五年计划指标的 19%，适当留有余地。

（二）特点和要求

（1）每次制定计划时，将原计划时期顺序向前推进一段时间，近细远粗，逐年递推，连续滚动；

（2）每滚动递推一次，都要进行调整修正，以适应实际情况变化；

（3）滚动计划可以使中、长期计划与年度计划衔接紧密，用中、长期计划指导年度计划；

（4）该方法也可用于年度计划的编制，此时，一个时期即为一个季度。

三、安装企业年、季度计划的编制

（一）安装企业年、季度计划的编制依据

1. 安装企业年度计划的编制依据

（1）安装企业长期计划；

（2）安装企业承包工程合同；

（3）安装企业工程技术计划；

（4）主要材料、设备供应合同；

（5）上年度计划完成情况；

（6）定额资料。

2. 安装企业季度计划的编制依据

（1）企业年度计划；

（2）工程项目施工图；

（3）施工组织设计；

（4）施工准备、施工条件落实情况；

（5）上季度计划完成情况；

（6）定额资料。

（二）综合平衡法

（1）任务与生产能力的平衡；

企业的年度计划任务＝跨年度工程留下的任务＋当年签订施工合同施工任务

（2）任务与材料的平衡；

（3）任务与机具，预制加工能力的平衡；

（4）任务与劳动力（工种能力）的平衡（如管道工、焊工、钳工、电工等比例要适当）；

（5）任务与财力的平衡；

（6）一年四季，一季三月（及一月三旬）间的平衡；

（7）处理好在施工、开工、竣工之间的关系；

（8）做好企业内施工区域平衡和技术特长平衡。

四、月度作业计划的编制

月度计划是施工单位计划管理的中心环节，现场的一切施工活动都是围绕着保证月度计划的完成进行的。

（一）月度作业计划编制内容

（1）各项技术经济指标汇总；

（2）施工项目的开、竣工日期，工程形象进度，主要实物工程量，建安工作量等；

（3）劳动力、机具、材料、零配件等需要的数量；

（4）技术组织措施，包括提高劳动生产率，降低成本等内容；

（5）安全技术组织措施。

月度计划表格的多少，内容繁简程度应视不同情况以满足工地需要为原则，下面给出表 9-2、表 9-3、表 9-4、表 9-5、表 9-6、表 9-7 供参考。

表 9-2，月计划指标汇总表；

表 9-3，施工项目计划表；

表 9-4，实物工程量汇总表；

表 9-5，材料需用量计划表；

表 9-6，劳动力需用计划表；

表 9-7，提高劳动生产率降低成本计划表。

(二) 月度作业计划的编制方法和程序

月度作业计划编制目的是要组织连续均衡生产，以取得较好的经济效果。编制月度作业计划，必须从实际出发，应充分考虑施工特点和各种影响因素。编制方法简要介绍如下：

月 计 划 指 标 汇 总 表   表 9-2

_____年____月

指标 单位	开 工		施 工		竣 工		工作量 万 元		全员劳动生产率 （元/人）	质量优良率 （%）	工作天数 （天）	出勤率 （%）
	项目	面积 （m²）	项目	面积 （m²）	项目	面积 （m²）	总计	自行完成				
合计												

施 工 项 目 计 划 表   表 9-3

_____年____月

建设单位 及单位工程	结构 形式	层数	开工 日期	竣工 日期	面积（m²）		上月末 进度	本月形 象进度	工作量（万元）	
					施工	竣工			总计	自行完成

实 物 工 程 量 汇 总 表   表 9-4

_____年____月

名称 \ 项目 \ 单位			

材料需用量计划表　　　　　　表 9-5

建设单位及单位工程名称	材料名称	型号规格	数量	单位	计划需用日期	平衡供应日期	备　注

劳 动 力 需 用 计 划 表　　　　　　表 9-6

_____年___月

工　种	计划工日数	计划工作天	出勤率	计划人数	现有人数	余差人数（＋）（－）	备注

提高劳动生产率降低成本计划表　　　　　　表 9-7

_____年___月

措施项目名称	措施涉及的工程项目名称及工作量	措施执行单位及负责人	措施的经济效果							降低其他直接费	降低管理费	降低成本合计
			降低材料费					降低基本工资				
			钢材	木材	水泥	其他材料	小计	减少工日	定额			

（1）在摸底排队的基础上，根据季度计划的分月指标，结合上月实际进度，制定下月度施工项目计划初步目标；

（2）根据单位工程施工组织设计进度计划，安装工程预算及月计划初步指标，计算施工项目相应部分的实物工程量、建安工作量和劳动力、材料、设备等计划数量；

（3）"六查"，即查图纸、查劳动力、查材料、查预制配构件、查施工准备和技术文件、查机械设备。在"六查"的基础上，对初步指标进行反复平衡，确定月进度计划的正式指标；

（4）根据确定的月计划指标及施工组织设计的单位工程施工进度计划中的相应部分，编制月度总施工进度计划，把月内全部施工项目作为一个系统工程，注意工种间的配合，特别是土建与安装的配合，组织工程大流水；

（5）根据月度总施工进度计划，在土建进度计划的基础上，安排安装工程施工进度；

（6）编制技术组织措施、安全组织措施，向班组签发任务书。

五、计划的执行

分级管理，统一领导；

专业分工，统一归口；

全体人员，执行计划；

发现问题，及时报告；

采取措施，切实可靠；

修改计划，请示领导；

完成计划，全面周到。

本 章 小 结

改革开放以来，由于市场化的推进，国有企业的外部环境发生了很大变化，政府对企业的计划控制逐渐削弱。根据中国社会科学院经济所 1996 年的一项企业数据调查（样本量为 796 家国有企业）表明，样本企业中政府的计划产出所占份额从 1991 年的 26.17%下降到 1995 年的 20.12%。企业的产品价格也基本上受市场调节而不再受政府的完全控制。建筑安装市场化进展最明显的是企业面临市场竞争形式愈日益激烈。

建筑安装企业要调整产品结构适应社会发展需要，在激烈的市场竞争中承揽到足够企业的施工任务。编制企业中、长期计划；年、季度计划和月度作业计划。

复 习 思 考 题

1. 计划管理任务是什么？
2. 计划的组成和内容有哪些？
3. 企业各阶段计划与其施工组织设计中的各种施工进度计划的编制是什么关系？
4. 国家考核指标有哪几项？有什么意义？
5. 如何编制安装企业中、长期计划？
6. 如何编制安装企业年、季度计划？
7. 如何编制月（旬）度作业计划？

第十章 质 量 管 理

第一节 工 程 质 量 的 概 念

一、质量

根据我国国家标准（GB/T 19000：2000）的规定，质量的定义是：一组固有特性满足要求的程度。

质量不仅指产品，而且指某项活动或过程的工作质量，还可以是质量管理体系运行的质量。

定义中质量的关注点是一组固有的特性，而不是赋予的特性。对产品来说，例如水泥的化学成分、细度、凝结时间、强度是固有特性，而水泥的价格和交货期是赋予特性，对过程来说，固有特性是过程将输入转化为输出的能力；对质量管理体系来说，固有特性是实现质量方针和质量目标的能力。

定义中的"要求"包含明确的、隐含的和必须履行的需求和愿望。

"明确要求"，一般是指在合同环境中，用户明确提出的需要或要求，通常是通过合同、标准、图纸和技术文件等所作出的明文规定，由供方保证实现。

"隐含需要"，一般是非合同环境（即市场环境）中，用户未提出或未提出明确要求，而由生产企业通过市场调研进行识别或探明的要求或需要。这是用户或社会对产品服务的"期望"，也是人们公认的，不言而喻的那些"需要"。如住宅的平面布置要方便生活，能满足人们最起码的居住功能就属于隐含的要求。

定义中的"特性"可以是定性的，也可以是定量的；特性由各种类别，如物理的（机械、力学性能），感官的（嗅觉、触觉、视觉、听觉等），时间的（可靠性、准时性、可用性等），人体工效的（生理的或有人身安全的），以及功能的（房屋采光、通风、隔热、隔声等）特性。

二、产品质量

产品被定义为："过程的结果"（GB/T 19000）。过程被定义为："一组将输入转化为输出的相互关联或相互作用的活动"。因此，产品包括服务、硬件、软件、流程性材料或它们的组合。产品分为有形产品和无形产品。有形产品是经过加工的成品、半成品、零部件，如设备、预制构件、各种原材料、施工机械、市政设施等；无形产品包括各种形式的服务，维修、国防、信息等。

产品质量是指产品固有特性满足人们在生产及生活中所需的使用价值及要求的属性。它们体现为产品的内在和外观的各种质量指标。根据质量的定义，可以从两方面理解产品质量。

第一，产品质量好坏和高低是根据产品所具备的质量特性能否满足人们需要及满足程度来衡量的。一般有形产品的质量特征主要包括：性能、寿命、可靠性、安全性、经济性等。无形产品特性强调及时、准确、圆满与友好等。

第二，产品质量具有相对性。即一方面，对有关产品所规定的要求及标准、规定等因时而异，会随时间、条件而变化；另一方面，满足期望的程度由于用户需求程度不同，因人而异。

三、工程项目质量

工程项目质量是国家现行的有关法律、法规、技术标准、设计文件及工程合同中对工程的安全使用、经济美观等特性的综合要求。工程项目一般都是按照合同条件承包建设的，因此，工程项目质量是在"合同环境"下形成的。合同条件中对工程项目的功能、使用价值及设计、施工质量等的明确规定是业主的"需要"。因而是质量的内容。

从功能和使用价值来看，工程项目质量又体现在适用性、可靠性、经济性、外观质量与环境协调等方面。由于工程项目是根据业主的要求而兴建的，不同的业主也就有不同的功能要求。所以，工程项目的功能与使用价值的质量是相对于业主的需要而言，并无一个固定和统一的标准。

任何一个工程项目都是由分项工程、分部工程和单位工程所组成，而工程项目的建设是通过每道工序来完成的，所以工程项目质量是包含工序质量、分项工程质量、分部工程质量和单位工程质量。

工程项目质量不仅包括活动和过程的结果，还包括活动或过程本身。即还要包括生产产品的全过程。因此，工程项目质量应包括工程建设中决策、设计、施工和回访保修阶段的质量及其相应的工作质量。

四、工作质量

工作质量是指参与工程的建设者，为了保证工程的质量所从事工作的水平和完善程度。

工作质量包括：社会工作质量如社会调查、市场预测、质量回访等；生产过程工作质量如政治思想工作质量、管理工作质量、技术工作质量和后勤工作质量等。工程质量的好坏是建筑工程的形成过程的各方面、各环节工作质量的综合反映，而不是单纯靠质量检验检查出来的。要保证工程质量就要求有关部门和人员精心工作，对决定和影响工程质量的所有因素严加控制，即通过工作质量来保证和提高工程质量。

第二节 ISO 9000 标准系列简介

1987 年 3 月国际标准化组织（ISO）正式发布 ISO 9000《质量管理和质量保证》系列标准后，世界各国和地区纷纷等同或等效采用该标准。我国于 1992 年发布了等同采用国际标准的 GB/T 19000—ISO 9000《质量管理和质量保证》系列标准。1994 年 7 月 1 日正式出版了 ISO 9000 系列标准的第一修订版，2000 年为了进一步改善 ISO 9000 系列标准，进行了"彻底修改"，即 2000 年大改版。这一系列国家标准的实施，标志着我国的质量管理工作开始与国际标准接轨，为企业建立完善的质量体系，增强质量意识和质量保证能力，提高综合管理素质和市场经济条件下的竞争能力，起到了积极的作用。

一、2000 版 ISO 9000 族标准的结构

1. ISO 9000：2000 质量管理体系——基本原则和术语

它是在 ISO 8402：1994《质量管理和质量保证——术语》和 ISO 9000—1：1994《质量管理和质量保证——第一部分：选择和使用指南标准》的基础上合并而成的。它规定了标准中质量管理体系的术语共 10 个部分 87 个词条，表述了质量管理体系应遵循的基本原则。

2.ISO 9001：2000 质量管理体系——要求

它在 1994 版 ISO 9001 的基础上，在标题、结构、内容上均作了重大修改。它替代了 ISO 9002：1994 和 ISO 9003：1994。新版 ISO 9001 允许有条件的剪裁，但对剪裁的规则作出了明确的规定。标准的标题发生了变化，不再用"质量保证"一词，反映标准规定的质量管理体系要求不仅是产品的质量保证，还包括使顾客满意。标准的结构从 1994 版"要素结构"变为 2000 版的"过程模式"；从产品形成各阶段的控制方式转为顾客为核心的过程导向方式。

3.ISO 9004：2000 质量管理体系——业绩改进指南

它以质量管理的八大原则为基础，使组织理解质量管理及其应用，从而改进组织的业绩。标准还给出了质量改进中的自我评价方法，并以质量管理体系的有效性和效率为评价目标。

4.ISO 19011：2000 质量和环境审核指南

本标准是关于审核的要求。

5.ISO 19012 测量控制系统

二、2000 版 ISO 9000 族标准的适用范围

1.ISO 9000：2000——GB/T 19000—2000 的适用范围

本标准表述了 GB/T 19000 族标准中质量管理体系的基础，并确定了相关的术语。本标准适用于：

（1）通过实施质量管理体系寻求优势的组织；

（2）对能满足其产品要求的供方寻求信任的组织；

（3）产品的使用者；

（4）就质量管理方面所使用的术语需要达成共识的人们（如：供方、顾客、行政执法机构）；

（5）评价组织的质量管理体系或依据 GB/T 19001 的要求审核其符合性的内部或外部人员和机构［如：审核员、行政执法机构，认证（注册）机构］；

（6）对组织质量管理体系提出建议或提供培训的内部或外部人员；

（7）制定相关标准的人员。

2.ISO 9001：2000——GB/T 19001：2000 的适用范围

（1）本标准为有下列需求的组织规定了质量管理体系要求：

1）需要证实其有能力稳定地提供满足顾客和适用法律法规要求的产品；

2）通过体系的有效应用，包括体系持续改进的过程以及保证符合顾客和适用法律法规要求，旨在增强顾客满意。

（2）应用

本标准规定的所有要求是通用的，旨在适用于各种类型、不同规模和提供不同产品的组织。当本标准的任何要求因组织及其产品的特点而不适用时，可以考虑对其进行删减。

3．ISO 9004：2000—GB/T 19004—2000 的适用范围

本标准提供了超出 GB/T 19001 要求的指南，以便考虑提高质量管理体系的有效性和效率，进而考虑开发改进组织业绩的潜能。与 GB/T 19001 相比，本标准将顾客满意和产品质量的目标扩展为包括相关方面满意和组织的业绩。

本标准适用于组织的各个过程，因此，本标准所依据的质量管理原则也可在整个组织内应用。

本标准强调实现持续改进，这可通过顾客和其他有关方的满意程度来测量。

第三节　质量管理基本工具及方法

一、质量管理的工作方式

质量管理的活动方式可分 4 个阶段、8 个步骤。

（一）四个阶段

美国戴明创造的 PDCA 循环法是一种科学的有效的质量管理方法。PDCA 循环法分计划（Plan）、实施（Do）、检查（Check）、处理（Action）4 个阶段：

第一阶段：计划阶段（即 P 阶段）。主要制订计划、方针、目标，拟定对策、措施、管理要点等。

第二阶段：实施阶段（即 D 阶段）。主要是按确定的计划实施执行。

第三阶段：检查阶段（即 C 阶段）。主要是实施结果进行必要的检查和测试，找出存在的问题，肯定成绩。

第四阶段：处理阶段（即 A 阶段）。处理检查出的问题，并肯定成功的经验，把暂时不能解决的问题移到下一个循环中去解决。

计划→实施→检查→处理，周而复始的转动，每一周转动过程都要确定解决存在的质量问题。这种呈螺旋式的循环，把工程质量不断推向新的高度（图 10-1PDCA 循环，图 10-2PDCA 循环提高示意图）。

（二）8 个步骤

为了解决工程中质量问题，把 PDCA 循环具体分为八个步骤：

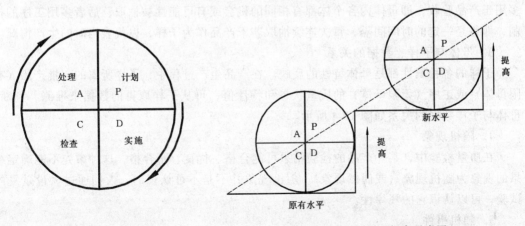

图 10-1　PDCA 循环　　　　　　图 10-2　PDCA 循环提高示意图

(1) 分析现状，找出问题；

(2) 分析各种产生原因和影响因素；

(3) 找出主要的影响因素；

(4) 针对主要影响因素，制订措施，提出工作计划并预计效果；

以上为 P（计划）阶段。

(5) 执行措施和计划，即 D（实施）阶段；

(6) 检查采取措施后的效果，即 C（检查）阶段；

(7) 总结经验，制订相应标准或制度；

(8) 提出尚未解决的问题，转入下一个 PD—CA 循环中解决。后两步为 A（处理）阶段。

4 个阶段 8 个步骤见图 10-3。

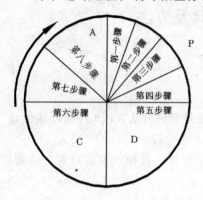

图 10-3　4 个阶段 8 个步骤

二、质量统计数据

数据是进行质量管理的基础，"一切用数据说话"才能做出科学的判断。用数理统计方法，通过收集、整理质量数据，可以帮助我们分析、发现问题，以便及时采取对策措施，纠正和预防质量事故。

利用数理统计方法控制质量的步骤是：第一，收集质量数据；第二，数据整理；第三，进行统计分析，找出质量波动的规律；第四，判断质量状况，找出质量问题；第五，分析影响质量的原因；第六，拟定改进质量的对策、措施。

（一）数理统计的几个概念

1. 母体

母体又称总体、检查批或批，指研究对象全体元素的集合。母体分有限母体和无限母体两种。有限母体为有一定数量表现，如一批同牌号、同规格的钢材或水泥等；无限母体则没有一定数量表现，如一道工序。它源源不断地生产出某一产品，本身是无限的。

2. 子样

系从母体中取出来的部分个体，也叫试样或样本。子样分随机取样和系统抽样。前者多用于产品验收，即母体内各个体都有相同的机会或有可能性被抽取；后者多用工序的控制，即每经一定的时间间隔，每次连续抽取若干产品作为子样，以代表当时的生产情况。

3. 母体与子样、数据的关系

子样的各种属性都是母体特性的反映。在产品生产过程中，子样所属的一批产品（有限母体）或工序（无限母体）的质量状态和特性值，可从子样取得的数据来推测、判断。母体与子样数据的关系如图 10-4 所示。

4. 随机现象

在质量检验中，某一产品的检验结果可能合格、优良、不合格，这种事先不能确定结果的现象为随机现象（或偶然现象）。随机现象并不是不可认识的，人们通过大量重复的试验，可以认识它的规律性。

5. 随机事件

随机事件（或偶然事件）系每一种随机现象的表现或结果，如某产品检验为"合格"，

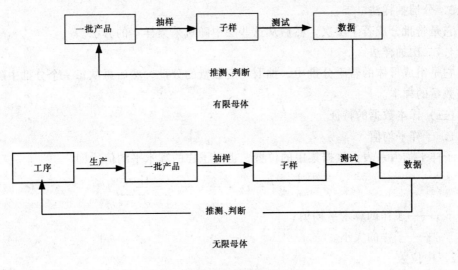

图 10-4　母体与子样数据的关系

如某产品检验为"优良"。

6. 随机事件的频率

频率是衡量随机事件发生可能性大小的一种数量标志。在试验数据中，偶然事件发生的次数叫"频数"，它与数据总数比值叫"频率"。

7. 随机事件的概率

频率的稳定值叫"概率"。如掷硬币试验中正面向上的事件设为 A，当掷币次数较少时，事件 A 的频率是不稳定的；但随着掷币次数的增多，事件 A 的频率越来越呈现稳定性。当掷币次数充分多时，事件 A 的频率大致在 0.5 这个数附近摆动，所以，事件 A 的概率为 0.5。

（二）数据的收集方法

在质量检验中，除少数的项目需进行全数检查外，大多数是按随机取样的方法收集数据。其抽样的方法较多，仅就其中的几种方法简介如下：

1. 单纯随机抽样法

这种方法适用于对母体缺乏基本了解的情况下，按随机的原则直接从母体 N 个单位中抽取 n 个单位作为样本。样本的获取方式常用的有两种：一是利用随机数表和一个六面体骰子作为随机抽样的工具，通过掷骰子所得的数字，相应地查对随机数表上的数值，然后确定抽取试样编号。二是利用随机数骰子，一般为正六面体，六个面分别标 1～6 的数字。在随机抽样时，可将产品分成若干组，每组不超过 6 个，并按顺序先排列好，标上编号，然后掷骰子，骰子正面表现的数，即为抽取的试样编号。

2. 系统抽样法

系采用间隔一定时间或空间进行抽取试样的方法。例如要从 300 个产品中取 10 个试样，可先将产品标上编号，然后每隔 30 个取 1 个，即用骰子先取 1 个 6 以内的数，若为 5，便可将编号 5，35，65，95……取作子样。

系统抽样法很适合流水线上取样。但这种方法当产品特性有周期性变化时，容易产生偏差。

3．分层抽样法

它是将批分成若干层次，然后从这些层中随机采集样本的方法。

4．二次抽样法

它是组成母体的若干分批中，抽取一定数量的分批，然后再从每一个分批中随机抽取一定数量的样本。

（三）样本数据的特征

1．子样平均值

子样平均值系表示数据集中的位置，也叫子样的算术平均值，即

$$\overline{x} = \frac{1}{n}(x_1 + x_2 + \cdots + x_n) = \frac{1}{n}\sum_{i=1}^{n} x_i$$

式中　$\overline{x}$——子样的算术平均值；

　　　n——子样的大小。

2．中位数

指将收集到的质量数据按大小次序排列，处在中间位置的数值即为中位数，又叫中值（μ）它也是表示数据集中的位置：当子样数 n 为奇数时，取中间一个数为中位数；若为偶数，则取中间 2 个数的平均值作为中位数。

3．极值

一组数按大小次序排列后，处于首位和末位的最大和最小两个数值称极值。常用 L 表示。

4．极差

一组数中最大值与最小值之差，常用 R 表示。它表示数据分散的程度。

5．子样标准偏差

系反映数据分散的程度，常用 S 表示，即：

$$S = \sqrt{\frac{1}{n-1}\sum_{i=1}^{n}(x_i - \overline{x})^2}$$

式中　S——子样标准偏差；

$(x_i - \overline{x})^2$——第 i 个数据与子样平均值$\overline{x}$之间的离差；

　　　n——子样的大小。

在正常情况下，子样实测数据与子样平均值之间的离差总是有正有负，在零的左右摆动，如果观察次数多了，则离差的代数和接近于零，就无法用来分析离散的程度。因此把离差平方以后再求出子样的偏差（即子样标准差），用以反映数据的偏离程度。

当子样较大（如 $n \geqslant 30$）时，可采用下式，即：

$$S = \sqrt{\frac{1}{n}\sum_{i=1}^{n}(x_i - \overline{x})^2}$$

6．变异系数

是用平均数的百分率表示标准偏差的一个系数，用以表示相对波动的大小，即

$$C_v = \frac{S}{\overline{x}} \times 100\% \ \text{或} \ C_v = \frac{\sigma}{\mu} \times 100\%$$

式中　C_v——变异系数；

254

S——子样标准偏差；

σ——母体标准偏差；

$\overline{x}$——子样的平均值；

$\overline{\mu}$——母体的平均值。

三、质量变异分析

（一）质量变异的原因

同一批量产品，即使所采用的原材料、生产工艺和操作方法均相同，但其中每个产品的质量也不可能丝毫不差，它们之间或多或少总有些差别，产品质量间的这种差别称为变异。影响质量变异的因素较多，归纳起来可分为两类：

1. 偶然性因素

如原材料性质的微小差异，机具设备的正常磨损，模具的微小变形，工人操作的微小变化，温度、湿度微小波动等等。偶然性因素的种类繁多，也是对产品质量经常起作用的因素，但它们对产品质量的影响并不大，不会因此而造成废品。偶然性因素所引起的质量差异的特点是数据和符号都不一定，是随机的。所以，偶然性因素引起的差异又称随机误差。这类因素既不易识别，也难以消除，或在经济上不值得消除。我们说产品质量不可能丝毫不差，就是因为有偶然因素的存在。

2. 系统性因素

又称非偶然性因素。如原材料的规格、品种有误，机具设备发生故障、操作不按规程，仪表失灵或准确性差等。这类因素对质量差异的影响较大，可以造成废品或次品；而这类因素所引起的质量差异，其数据和符号均可测出，容易识别，应该加以避免。所以系统性因素引起的差异又称为条件误差，其误差的数据和符号都是一定的，或作周期性变化。

把产品的质量差异分为系统性差异和偶然性差异是相对的，随着科学技术的发展，有可能将某些偶然性差异转化为系统性差异加以消除，但决不能消灭所有的偶然性因素。由于偶然性因素对产品质量变异影响很小，一般视为正常变异；而对于系统性因素造成的质量变异，则应采取相应措施，严加控制。

（二）质量变异的分布规律

对于单个产品，偶然因素引起的质量变异是随机的；但对同一批量的产品来说却有一定的规律性。数理统计证明，在正常的情况下，产品质量特性的分布，一般符合正态分布规律。正态分布曲线（图10-6）的数学方程是：

$$f(x) = \frac{1}{\sigma \sqrt{2\pi}} e^{-\frac{(x-\mu)^2}{2\sigma^2}}$$

式中　x——特性值（曲线的横坐标值）；

π——圆周率（$\pi = 3.1416$）；

e——自然对数底（$e = 2.7183$）；

μ——母体的平均值；

σ——母体标准偏差（要求 $\sigma > 0$）。

正态分布曲线图10-5具有以下几个性质：

（1）分布曲线对称于 $x = \mu$；

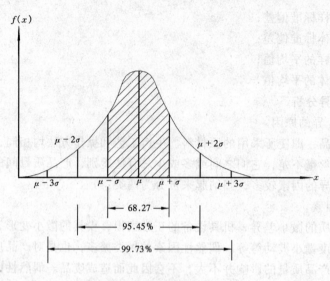

图 10-5　正态分布曲线图

（2）当 $x = \mu$ 时，曲线处于最高点；

当 x 向左右远离时，曲线不断地降低，整个曲线是中间高，两边低的形状；

（3）若曲线与横坐标轴所组成的面积等于 1，则曲线与 $x = \mu \pm \sigma$ 所围成的面积为 0.6825；与 $x = \mu \pm 2\sigma$，所围成的面积为 0.9545；与 $x = \mu \pm 3\sigma$ 所围成的面积为 0.9973。

也就是说，在正常生产的情况下质量特性在区间 $(\mu - \sigma) \sim (\mu + \sigma)$ 的产品有 68.27%；在区间 $(\mu - 2\sigma) \sim (\mu + 2\sigma)$ 的产品有 95.45%；在区间 $(\mu - 3\sigma) \sim (\mu + 3\sigma)$ 的产品有 99.73%。质量特性在 $(\mu \pm 3\sigma)$ 范围以外的产品非常少，不到 3‰。

根据正态分布曲线的性质，可以认为，凡是在 $\mu \pm 3\sigma$ 范围内的质量差异都是正常的，不可避免的，是偶然性因素作用的结果。如果质量差异超过了这个界限，则是系统性因素造成的，说明生产过程中发生了异常现象，需要立即查明原因予以改进。实践证明，以 $\mu \pm 3\sigma$ 作为控制界限，既保证产品的质量，又合乎经济原则。在某种条件下亦可采用 $\mu \pm 3.5\sigma$，$\mu \pm 2.5\sigma$ 或 $\mu \pm 2\sigma$，作为控制界限；主要应根据对产品质量要求的精度而定。当采用 $\mu \pm 2\sigma$，作为控制界限，在只有偶然因素的情况下，会有 4.55% 错误警告；采用 $\mu \pm \sigma$ 为控制界限时，将会有 31.7% 的错误警告。在生产过程中，就是根据正态分布曲线的理论来控制产品质量，但在利用正态分布曲线时，必须符合以下条件：

（1）只有在大批量生产的条件下，产品质量分布才符合正态分布曲线；对于单件、小批量生产的产品，则不一定符合正态分布。

（2）必须具备相对稳定的生产过程，如果生产不稳定，产品数量时多、时少，变化无常，则不能形成分布规律，也就无法控制生产过程。

（3）$\mu \pm 3\sigma$，的控制界限必须小于公差范围，否则，生产过程的控制也就失去意义。

（4）要求检查仪器配套、精确，否则，得不到准确数据，也同样达不到控制与分析产品质量的目的。

四、直方图

直方图又称质量分布图、矩形图、频数分布直方图。它是将产品质量频数的分布状态用直方形来表示，根据直方的分布形状与公差界限的距离来观察、探索质量分布规律，分析、判断整个生产过程是否正常。

利用直方图，可以制定质量标准；确定公差范围；可以判明质量分布情况，是否符合标准的要求。但其缺点是不能反映动态变化，而且要求收集的数据较多（50～100个以上），否则难以体现其规律。

（一）直方图的做法

现以螺栓 $\phi 8$ 直径尺寸误差的测定为例，说明直方图的作法。螺栓外径数据表见表10-1。

1. 找出最大值和最小值

首先从表列数据中找出最大值 $x_{\max}$ 和最小值 $x_{\min}$，用方框 $x_{\max}=7.938$，$x_{\min}=7.913$。

2. 求出全体数据的极差 R

$$R = x_{\max} - x_{\min} = 7.938 - 7.913 = 0.025$$

这个差值 R 就是数据的分散范围。

螺 栓 外 径 数 据 表　　　　　　　　　　　表 10-1

7.938	7.930	7.918	7.925	7.923	7.930	7.920	7.929	7.922	7.925
7.930	7.925	7.913	7.925	7.927	7.920	7.925	7.928	7.918	7.925
7.938	7.930	7.925	7.925	7.927	7.924	7.930	7.930	7.922	7.922
7.914	7.930	7.926	7.925	7.927	7.925	7.926	7.935	7.925	7.915
9.924	7.925	7.928	7.927	7.923	7.929	7.923	7.930	7.925	7.918
7.929	7.918	7.924	7.920	7.922	7.922	7.926	7.938	7.920	7.927
7.928	7.920	7.922	7.922	7.923	7.925	7.929	7.925	7.927	7.935
7.920	7.918	7.923	7.927	7.929	7.930	7.930	7.924	7.922	7.931
7.918	7.928	7.915	7.923	7.931	7.926	7.925	7.930	7.930	7.922
7.923	7.928	7.919	7.925	7.922	7.918	7.922	7.935	7.930	7.922

3. 决定组距和组数

组数 K 根据数据多少而定，一般数据在 50 个以内时为 5～7 组；数据 50～100 个时为 6～10 组；数据 100～250 个时为 7～12 组；数据 250 个以上时为 10～20 组。本例取 $K=10$。

组距 h 则为极差与组数的比值，即：

$$h = \frac{R}{K} = \frac{x_{\max} - x_{\min}}{K} = \frac{7.938 - 7.913}{10} = 0.0025 \text{mm}$$

取 $h = 0.003$

4. 确定分组的边界值

为了避免数据正好落在边界值上，通常要使各组的边界值比原测定精度高半个最小测量单位。本例边界的划分和得出的频数分布表于表 10-2 中。

5. 绘制直方图

螺栓外径误差图，如图 10-6 所示，横坐标表示分组的边界值，纵坐标为各个组间数据发生频数的若干直方矩形构成的图形。

组　　号	边界值	频数记录	频　数	频　率
1	7.9115~7.9145	丅	2	0.02
2	7.9145~7.9145	丅	2	0.02
3	7.9175~7.9205	正正正一	16	0.16
4	7.9205~7.9235	正正正下	18	0.18
5	7.9235~7.9265	正正正正下	23	0.23
6	7.9265~7.9295	正正正丁	17	0.17
7	7.9295~7.9325	正正正	15	0.15
8	7.9325~7.9355	下	3	0.03
9	7.9355~7.9385	丅	4	0.04
合　计			100	1

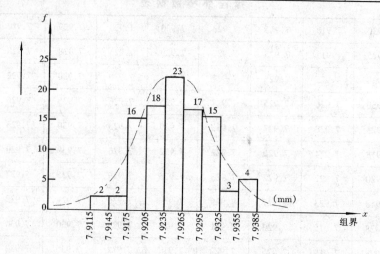

图 10-6　螺栓外径误差图

（二）计算质量特征值

1. 螺栓直径误差平均值

螺栓直径误差直方图如图 10-6 所示。本例直方图的计算如下：

$$\overline{x} = \frac{1}{n}\sum_{i=1}^{n}x_i$$

$$= \frac{7.913 + 7.914 + 7.918 + \cdots + 7.938}{100} = 7.9253$$

当子容量较大时，子样的平均值 $\overline{x}$ 接近平均值 $\overline{\mu}$。

2. 中位数

将例中数据由小到大排列：

7.913，7.914，7.915，7.918，7.919，7.920，7.922，7.923，7.924

7.925，7.926，7.927，7.928，7.929，7.930，7.931，7.935，7.938

排列结果，中位数有两个，即 7.924 和 7.925，为此，取其平均值：

$$\overline{x} = \frac{7.924 + 7.925}{2} = 7.9245$$

3．标准偏差

$$\sigma = \sqrt{\frac{1}{n}\sum_{i=1}^{n}(x_i - \overline{x})^2}$$

$$= \sqrt{\frac{1}{100}\left[(7.913 - 7.9253)^2 + (7.914 - 7.9253)^2 + \cdots + (7.938 - 7.9253)^2\right]}$$

$$= 0.0025$$

（三）观察直方图对照标准分析比较

当工序处于稳定状态时（直方图为正常型），还需进一步将直方图（图10-7为与标准对照的直方图）与规格标准进行比较，以判定工序满足标准要求的程度。主要是分析直方图的平均值$\overline{x}$与质量标准中心的重合程度，比较分析直方图的分布范围 B 同公差范围 T 的关系。图10-7在直方图中标出了标准范围 T，标准的上偏差了 T_U 和下偏差 T_L，实际尺寸范围 B。对照直方图图型可以看出实际产品分布与实际要求标准的差异。

（1）理想型——实际平均值$\overline{x}$与规格标准中心μ重合，实际尺寸分布与标准范围两边有一定余量，约为 $T/8$；

（2）偏向型——虽然在标准范围之内，但分布中心偏向一边，说明存在系统偏差，必须采取措施；

（3）陡壁型——此种图形反映数据分布过分地偏离规格中心，造成超差，出现不合格品。这是由于工序控制不好造成的，应采取措施使数据中心与规格中心重合；

（4）双侧压线型——又称无富余型。分布虽然落在规格范围之内，但两侧均无余地，稍有波动就会出现超差，出现废品；

（5）能力不足型——又称双侧超越线型。此种图形实际尺寸超出标准线，已产生不合格品；

（6）能力富余型——又称过于集中型。实际尺寸分布与标准范围两边余量过大，属控制过严，质量有富余，不经济。

以上产生质量散布的实际范围与标准范围比较，表明了工序能力满足标准公差范围的程度，也就是施工工序能稳定的生产出合格产品的工序能力。

五、排列图

排列图（图10-8）（也称巴雷特图）有两个纵坐标，左侧纵坐标表示产品频数，本例为管道焊接质量缺陷频数；右侧纵坐标表示频率，即质量缺陷累计百分数。图中横坐标表示影响产品质量的各种因素，按其影响质量程度的大小，从左到右依次排列。每个直方形的高度表示该因素影响的大小，图中曲线称为巴雷特曲线。在排列图上，通常把曲线的累计百分数分为三级，与此相对应的因素分三类：A 类因素对应于频率 0～80％，是影响产品质量的主要因素；B 类因素对应于频率 80％～90％，为次要因素；与频率 90％～100％相对应的为 C 类因素，属一般影响因素。运用排列图，便于找出主次矛盾，使错综复杂问题一目了然，有利于采取对策，加以改善。

现以管道焊接质量为例，某化工建设公司所属的焊接工段，在管道工程质量检查中，对管道焊接质量进行了排列分析。共有 6 项影响质量的因素，检查中共有 185 个焊接缺陷

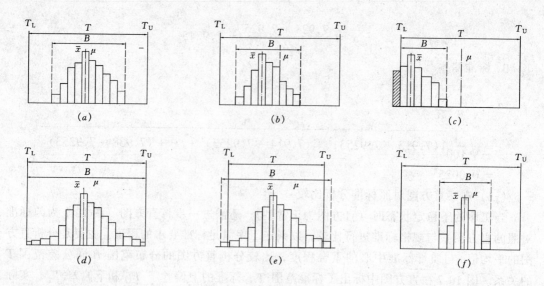

图 10-7　与标准对照的直方图

(a) 理想型；(b) 偏向型；(c) 陡壁型；(d) 无富余型；(e) 能力不足型；(f) 能力富余型

点。

　　某管道焊接质量缺陷统计表如表 10-3，可据此绘出排列图（图 10-8，某管道焊接缺陷因素排列图）。由图可知，表面缺陷为主要因素，单个气孔为次要因素，未熔合、未焊透、夹渣、密集气孔为一般因素。

六、因果分析图

　　因果分析图又叫特性要因图、鱼刺图、树枝图。这是一种逐步深入研究和讨论质量问题的图示方法。在工程实践中，任何一种质量问题的产生，往往是多种原因造成的。这些

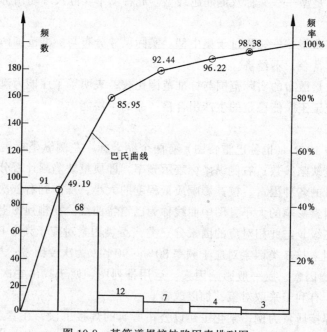

图 10-8　某管道焊接缺陷因素排列图

原因有大有小，把这些原因依照大小次序分别用主干、大枝、中枝和小枝图形表示出来，便可一目了然地系统观察出产生质量问题的原因。运用因果分析图可以帮助我们制定对策，解决工程质量上存在的问题，从而达到控制质量的目的。

某管道焊接质量缺陷统计表　　　　　　　　　　　　　　　　　表 10-3

序　号	缺陷名称	缺陷频数	频　率	累计频率
1	表面缺陷	91	49.10	49.19
2	单个气孔	68	36.76	85.95
3	未熔合	12	6.49	92.44
4	未焊透	7	3.78	96.22
5	夹渣	4	2.16	98.38
6	密集气孔	3	1.62	100
合　计		185	100	

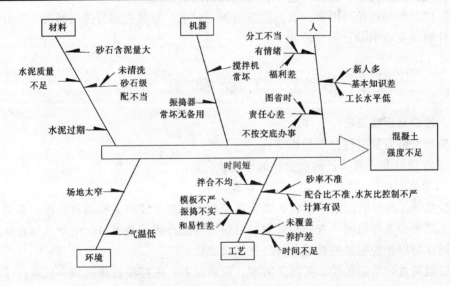

图 10-9　混凝土强度不足因果分析图

对 策 计 划 表　　　　　　　　　　　　　　　　　表 10-4

项目	序号	问题存在原因	采取对策	负责人	期限
人	1	基本知识差	对新工人进行教育； 做好技术交底工作； 学习操作规程及质量标准		
	2	责任心不强，工人干活有情绪	加强组织工作，明确分工； 建立工作岗位责任制，采取挂牌制； 关心职工生活		
工艺	3	配合比不准	实验室重新试配		
	4	水灰比控制不严	修理水箱、计量器		
材料	5	水泥量不足	对水泥计量进行检查		
	6	沙石含泥量大	组织人清洗过筛		

项目	序号	问 题 存 在 原 因	采 取 对 策	负责人	期限
设备	7	振捣器、搅拌机常坏	增加设备，及时修理		
环境	8	场地乱	清理现场		
	9	气温低	准备草袋覆盖		

现以某设备基础的混凝土强度不足的质量问题为例来阐明因果分析图的画法（图 10-10 为混凝土强度不足因果分析图）。

（1）决定特性，特性就是需要解决的质量问题，放在主干箭头的前面。

（2）确定影响质量特性的大枝。影响工程质量的因素主要是人、材料、工艺、设备和环境等五方面。

（3）进一步画中、小细枝，即找出中、小原因。

（4）发扬技术民主，反复讨论，补充遗漏的因素。

（5）针对影响质量的因素，有的放矢地制定对策，并落实到解决问题的人和时间，通过对策计划表见表 10-4，限期改正。

第四节　工程质量验收

一、检验批合格规定

检验批合格质量应符合下列规定：

1. 主控项目和一般项目的质量经抽样检验合格。

2. 具有完整的施工操作依据、质量检查记录。

检验批是工程验收的最小单位，是分项工程乃至整个建筑工程质量验收的基础。检验批是施工过程中条件相同并有一定数量的材料、构配件或安装项目，由于其质量基本均匀一致，因此可以作为检验的基础单位，并按批验收。

检验批质量合格的条件，共两个方面：资料检查、主控项目检验和一般项目检验。

质量控制资料反映了检验批从原材料到最终验收的各施工工序的操作依据，检查情况以及保证质量所必须的管理制度等。对其完整性的检查，实际是对过程控制的确认，这是检验批合格的前提。

为了使检验批的质量符合安全和功能的基本要求，达到保证建筑工程质量的目的，各专业工程质量验收规范应对各检验批的主控项目、一般项目的子项合格质量给予明确的规定。

检验批的合格质量主要取决于对主控项目和一般项目的检验结果。主控项目是对检验批的基本质量起决定性影响的检验项目，因此必须全部符合有关专业工程验收规范的规定。这意味着主控项目不允许有不符合要求的检验结果，即这种项目的检查具有否决权。鉴于主控项目对基本质量的决定性影响，从严要求是必须的。

二、分项工程合格规定

分项工程质量验收合格应符合下列规定：

1. 分项工程所含的检验批均应符合合格质量的规定。

2．分项工程所含的检验批的质量验收记录应完整。

分项工程的验收在检验批的基础上进行。一般情况下，两者具有相同或相近的性质，只是批量的大小不同而已。因此，将有关的检验批汇集构成分项工程。分项工程合格质量的条件比较简单，只要构成分项工程的各检验批的验收资料文件完整，并且均已验收合格，则分项工程验收合格。

三、分部工程合格规定

分部工程质量验收合格应符合下列规定：

1．分部工程所含分项工程的质量均应验收合格。

2．质量控制资料应完整。

3．地基与基础、主体结构和设备安装等分部工程有关安全及功能的检验和抽样检测结果应符合有关规定。

4．观感质量验收应符合要求。

分部工程的验收在其所含各分项工程验收的基础上进行。

分部工程验收合格的条件：

首先，分部工程的各分项工程必须已验收合格且相应的质量控制资料文件必须完整，这是验收的基本条件。此外，由于各分项工程的性质不尽相同，因此作为分部工程不能简单地组合而加以验收，尚须增加以下两类检查项目。

涉及安全和使用功能的地基基础、主体结构、有关安全及重要使用功能的安装分部工程应进行有关见证取样送样试验或抽样检测。关于观感质量验收，这类检查往往难以定量，只能以观察、触摸或简单量测的方式进行，并由各个人的主观印象判断，检查结果并不给出"合格"或"不合格"的结论，而是综合给出质量评价。对于"差"的检查点应通过返修处理等补救。

四、单位工程合格规定

单位（子单位）工程质量验收合格应符合下列规定：

1．单位工程所含分部工程的质量均应验收合格。

2．质量控制资料应完整。

3．单位工程所含分部工程有关安全和功能的检测资料应完整。

4．主要功能项目的抽查结果应符合相关专业质量验收规范的规定。

5．观感质量验收应符合要求。

单位工程质量验收也称质量竣工验收，是建筑工程投入使用前的最后一次验收，也是最重要的一次验收。验收合格的条件有五个：除构成单位工程的各分部工程应该合格，并且有关的资料文件应完整以外，还须进行以下三个方面的检查。

涉及安全和使用功能的分部工程应进行检验资料的复查。不仅要全面检查其完整性（不得有漏检缺项），而且对分部工程验收时补充进行的见证抽样检验报告也要复核。这种强化验收的手段体现了对安全和主要使用功能的重视。

此外，对主要使用功能还须进行抽查。使用功能的检查是对建筑工程和设备安装工程最终质量的综合检验，也是用户最为关心的内容。因此，在分项、分部工程验收合格的基础上，竣工验收时再作全面检查。抽查项目是在检查资料文件的基础上由参加验收的各方人员商定，并用计量、计数的抽样方法确定检查部位。检查要求按有关专业工程施工质量验收标准的要求进行。

最后，还须由参加验收的各方人员共同进行观感质量检查。检查的方法、内容、结论等已在分部工程的相应部分中阐述，最后共同确定是否通过验收。

五、建筑安装工程质量验收记录

建筑工程质量验收记录应符合下列规定：

1．检验批质量验收可按表 10-5，检验批质量验收记录进行。

2．分项工程质量验收可按表 10-6 进行。

3．分部工程质量验收应按表 10-7 进行。

检验批的质量验收记录由施工项目专业质量检查员填写，监理工程师（建设单位项目专业技术负责人）组织项目专业质量检查员等进行验收，并按表 10-5 记录。

检验批质量验收记录　　　　　　　　　　　　　　　　表 10-5

工程名称			分项工程名称			验收部位		
施工单位				专业工长		项目经理		
施工执行标准 名称及编号								
分包单位				分包项目经理		施工班组长		
	质量验收规范的规定		施工单位检查评定记录			监理（建设） 单位验收记录		
主控项目	1							
	2							
	3							
	4							
	5							
	6							
	7							
	8							
	9							
一般项目	1							
	2							
	3							
	4							
施工单位检查 评定结果		项目专业质量检查员：　　　　　　　　　　　年　月　日						
监理（建设） 单位验收结论		监理工程师 （建设单位项目专业技术负责人）　　　年　月　日						

264

分项工程质量应由监理工程师（建设单位项目专业技术负责人）组织项目专业技术负责人等进行验收，并按表10-6记录。

分项工程质量验收记录

表 10-6

工程名称		结构类型		检验批数	
施工单位		项目经理		项目技术负责人	
分包单位		分包单位负责人		分包项目经理	

序号	检验批部位、区段	施工单位检查评定结果	监理（建设）单位验收结论
1			
2			
3			
4			
5			
6			
7			
8			
9			
10			
11			
12			
13			
14			
15			
16			
17			

检查结论	项目专业技术负责人： 年 月 日	验收结论	监理工程师（建设单位项目专业技术负责人） 年 月 日

分部工程质量应由总监理工程师（建设单位项目专业负责人）组织施工项目经理和有关勘察、设计单位项目负责人进行验收，并按表10-7记录。

分部工程验收记录 表 10-7

工程名称		结构类型		层数	
施工单位		技术部门负责人		质量部门负责人	
分包单位		分包单位负责人		分包技术负责人	

序号	分项工程名称	检验批数	施工单位检查评定	验收意见
1				
2				
3				
4				
5				
6				
质量控制资料				
安全和功能检验（检测）报告				
观感质量验收				

验收单位	分包单位		项目经理　　年　月　日
	施工单位		项目经理　　年　月　日
	勘察单位		项目负责人　　年　月　日
	设计单位		项目负责人　　年　月　日
	监理（建设）单位	总监理工程师 （建设单位项目专业负责人）　　年　月　日	

单位工程质量竣工验收应按表10-8记录，表10-8为单位工程质量验收的汇总表与表10-7和表10-9～表10-11配合使用。表10-9为单位工程质量控制资料核查记录，表10-10为单位工程安全和功能检验资料核查及主要功能抽查记录，表10-11为单位工程观感质量检查记录。

表10-8验收记录由施工单位填写，验收结论由监理（建设）单位填写。综合验收结论由参加验收各方共同商定，建设单位填写，应对工程质量是否符合设计和规范要求及总体质量水平做出评价。

单位工程质量竣工验收记录 表 10-8

工程名称		结构类型		层数/建筑面积	／
施工单位		技术负责人		开工日期	
项目经理		项目技术负责人		竣工日期	

序号	项　目	验收记录	验收结论
1	分部工程	共　　分部，经查　　分部 符合标准及设计要求　　分部	
2	质量控制资料核查	共　　项，经审查符合要求　　项， 经核定符合规范要求　　项	

工程名称			结构类型		层数/建筑面积		/
施工单位			技术负责人		开工日期		
项目经理			项目技术负责人		竣工日期		
序号	项目			验收记录		验收结论	
3	安全和主要使用功能核查及抽查结果			共核查 项，符合要求 项，共抽查 项，符合要求 项，经返工处理符合要求 项			
4	观感质量验收			共抽查 项，符合要求 项，不符合要求 项			
5	综合验收结论						
参加验收单位	建设单位		监理单位		施工单位		设计单位
	（公章）		（公章）		（公章）		（公章）
	单位（项目）负责人 年 月 日		总监理工程师 年 月 日		单位负责人 年 月 日		单位（项目）负责人 年 月 日

单位工程质量控制资料核查记录　　　　　　　　表 10-9

工程名称				施工单位			
序号	项目	资料名称			份数	核查意见	核查人
1	建筑与结构	图纸会审、设计变更、洽商记录					
2		工程定位测量、放线记录					
3		原材料出厂合格证书及进场检（试）验报告					
4		施工试验报告及见证检测报告					
5		隐蔽工程验收记录					
6		施工记录					
7		预制构件、预拌混凝土合格证					
8		地基基础、主体结构检验及抽样检测资料					
9		分项、分部工程质量验收记录					
10		工程质量事故及事故调查处理资料					
11		新材料、新工艺施工记录					
12							
1	给水排水与采暖	图纸会审、设计变更、洽商记录					
2		材料、配件出厂合格证书及进场检（试）验报告					
3		管道、设备强度试验、严密性试验记录					
4		隐蔽工程验收记录					
5		系统清洗、灌水、通水、通球试验记录					
6		施工记录					
7		分项、分部工程质量验收记录					
8							

工程名称			施工单位			
序号	项目	资 料 名 称		份数	核查意见	核查人
1	建筑电气	图纸会审、设计变更、洽商记录				
2		材料、设备出厂合格证书及进场检（试）验报告				
3		设备调试记录				
4		接地、绝缘电阻测试记录				
5		隐蔽工程验收记录				
6		施工记录				
7		分项、分部工程质量验收记录				
8						
1	通风与空调	图纸会审、设计变更、洽商记录				
2		材料、设备出厂合格证书及进场检（试）验报告				
3		制冷、空调、水管道强度试验、严密性试验记录				
4		隐蔽工程验收记录				
5		制冷设备运行调试记录				
6		通风、空调系统调试记录				
7		施工记录				
8		分项、分部工程质量验收记录				
9						
1	电梯	土建布置图纸会审、设计变更、洽商记录				
2		设备出厂合格证书及开箱检验记录				
3		隐蔽工程验收记录				
4		施工记录				
5		接地、绝缘电阻测试记录				
6		负荷试验、安全装置检查记录				
7		分项、分部工程质量验收记录				
8						
1	建筑智能化	图纸会审、设计变更、洽商记录、竣工图及设计说明				
2		材料、设备出厂合格证及技术文件及进场检（试）验报告				
3		隐蔽工程验收记录				
4		系统功能测定及设备调试记录				
5		系统技术、操作和维护手册				
6		系统管理、操作人员培训记录				
7		系统检测报告				
8		分项、分部工程质量验收报告				

结论：

总监理工程师

施工单位项目经理　　　年　月　日　（建设单位项目负责人）　　　　　　　年　月　日

单位工程安全和功能检验资料核查及主要功能抽查记录 表 10-10

工程名称			施工单位			
序号	项目	安全和功能检查项目	份数	核查意见	抽查结果	核查（抽查）人
1	建筑与结构	屋面淋水试验记录				
2		地下室防水效果检查记录				
3		有防水要求的地面蓄水试验记录				
4		建筑物垂直度、标高、全高测量记录				
5		抽气（风）道检查记录				
6		幕墙及外窗气密性、水密性、耐风压检测报告				
7		建筑物沉降观测测量记录				
8		节能、保温测试记录				
9		室内环境检测报告				
10						
1	给排水与采暖	给水管道通水试验记录				
2		暖气管道、散热器压力试验记录				
3		卫生器具满水试验记录				
4		消防管道、燃气管道压力试验记录				
5		排水干管通球试验记录				
6						
1	电气	照明全负荷试验记录				
2		大型灯具牢固性试验记录				
3		避雷接地电阻测试记录				
4		线路、插座、开关接地检验记录				
5						
1	通风与空调	通风、空调系统试运行记录				
2		风量、温度测试记录				
3		洁净室洁净度测试记录				
4		制冷机组试运行调试记录				
5						
1	电梯	电梯运行记录				
2		电梯安全装置检测报告				
1	智能建筑	系统试运行记录				
2		系统电源及接地检测报告				
3						

结论：

施工单位项目经理　　　　年　月　日

总监理工程师
（建设单位项目负责人）　　　　年　月　日

注：抽查项目由验收组协商确定。

269

工程名称			施工单位									

序号		项　目	抽查质量状况								质量评价		
											好	一般	差
1	建筑与结构	室外墙面											
2		变形缝											
3		水落管，屋面											
4		室内墙面											
5		室内顶棚											
6		室内地面											
7		楼梯、踏步、护栏											
8		门窗											
1	给排水与采暖	管道接口、坡度、支架											
2		卫生器具、支架、阀门											
3		检查口、扫除口、地漏											
4		散热器、支架											
1	建筑电气	配电箱、盘、板、接线盒											
2		设备器具、开关、插座											
3		防雷、接地											
1	通风与空调	风管、支架											
2		风口、风阀											
3		风机、空调设备											
4		阀门、支架											
5		水泵、冷却塔											
6		绝热											
1	电梯	运行、平层、开关门											
2		层门、信号系统											
3		机房											
1	智能建筑	机房设备安装及布局											
2		现场设备安装											
3													
观感质量综合评价													

检查结论	施工单位项目经理　　　年　月　日	总监理工程师 （建设单位项目负责人）　　　年　月　日

注：质量评价为差的项目，应进行返修。

六、建筑工程质量处理规定

1. 当建筑工程质量不符合要求时,应按下列规定进行处理:

(1) 经返工重做或更换器具、设备的检验批,应重新进行验收。

(2) 经有资质的检测单位检测鉴定能够达到设计要求的检验批,应予以验收。

(3) 经有资质的检测单位检测鉴定达不到设计要求、但经原设计单位核算认可能够满足结构安全和使用功能的检验批,可予以验收。

(4) 经返修或加固处理的分项、分部工程,虽然改变外形尺寸但仍能满足安全使用要求,可按技术处理方案和协商文件进行验收。

一般情况下,不合格现象在最基层的验收单位检验批时就应发现并及时处理,否则将影响后续检验批和相关的分项工程、分部工程的验收。因此所有质量隐患必须消灭在萌芽状态,这是本标准以强化验收促进过程控制原则的体现。

2. 通过返修或加固处理仍不能满足安全使用要求的分部工程、单位工程不能验收。

第五节 建筑工程质量验收程序和组织

一、检验批及分项工程

检验批及分项工程应由监理工程师(建设单位项目技术负责人)组织施工单位项目专业质量(技术)负责人等进行验收。检验批和分项工程是建筑工程质量的基础,因此,所有检验批和分项工程均应由监理工程师或建设单位项目技术负责人组织验收。验收前,施工单位先填好"检验批和分项工程的质量验收记录"(有关监理记录和结论不填),并由项目专业质量检验员和项目专业技术负责人分别在检验批和分项工程质量检验记录中相关栏目签字,然后由监理工程师组织,严格按规定程序进行验收。

二、分部工程

分部工程应由总监理工程师(建设单位项目负责人)组织施工单位项目负责人和技术、质量负责人等进行验收;地基与基础、主体结构分部工程的勘察、设计单位工程项目负责人和施工单位技术、质量部门负责人也应参加相关分部工程验收。

工程监理实行总监理工程师负责制时,分部工程应由总监理工程师(建设单位项目负责人)组织施工单位的项目负责人和项目技术、质量负责人及有关人员进行验收。因为地基基础、主体结构的主要技术资料和质量问题是归技术部门和质量部门掌握,所以规定施工单位的技术、质量部门负责人参加验收是符合实际的。

由于地基基础、主体结构技术性能要求严格,技术性强,关系到整个工程的安全,因此规定这些分部工程的勘察、设计单位工程项目负责人也应参加相关分部的工程质量验收。

三、单位工程

1. 单位工程完工后,施工单位应自行组织有关人员进行检查评定,并向建设单位提交工程验收报告。

单位工程完成后,施工单位首先要依据质量标准、设计图纸等组织有关人员进行自检,并对检查结果进行评定,符合要求后向建设单位提交工程验收报告和完整的质量资料,请建设单位组织验收。

2．建设单位收到工程验收报告后，应由建设单位（项目）负责人组织施工（含分包单位）、设计、监理等单位（项目）负责人进行单位工程验收。

单位工程质量验收应由建设单位负责人或项目负责人组织，由于设计、施工、监理单位都是责任主体，因此设计、施工单位负责人或项目负责人及施工单位的技术、质量负责人和监理单位的总监理工程师均应参加验收（勘察单位虽然亦是责任主体，但已经参加了地基验收，故单位工程验收时，可以不参加）。

3．单位工程有分包单位施工时，分包单位对所承包的工程项目应按标准规定的程序检查评定，总包单位应派人参加。分包工程完成后，应将工程有关资料交总包单位。

由于《建设工程承包合同》的双方主体是建设单位和总承包单位，总承包单位应按照承包合同的权利义务对建设单位负责。分包单位对总承包单位负责，亦应对建设单位负责。因此，分包单位对承建的项目进行检验时，总包单位应参加，检验合格后，分包单位应将工程的有关资料移交总包单位，待建设单位组织单位工程质量验收时，分包单位负责人应参加验收。

4．当参加验收各方对工程质量验收意见不一致时，可请当地建设行政主管部门或工程质量监督机构协调处理，也可以是各方认可的咨询单位。

5．单位工程质量验收合格后，建设单位应在规定时间内将工程竣工验收报告和有关文件，报建设行政管理部门备案。

建设工程竣工验收备案制度是加强政府监督管理，防止不合格工程流向社会的一个重要手段。建设单位应依据《建设工程质量管理条例》和建设部有关规定，到县级以上人民政府建设行政主管部门或其他有关部门备案。否则，不允许投入使用。

本 章 小 结

质量管理的发展，经历了三个阶段：

（1）质量检验阶段

（2）统计质量管理阶段

（3）全面质量管理阶段

质量管理和质量保证的概念和理论是在质量管理发展的三个阶段的基础上，逐步形成的，是市场经济和社会化大生产发展的产物，是与现代生产规模、条件相适应的质量管理工作模式。因此，ISO 9000 系列标准的诞生，顺应了消费者的要求；为生产方提供了当代企业寻求发展的途径；有利于一个国家对企业的规范化管理，更有利于国际贸易和生产合作。

全面质量管理与质量管理和质量保证系列标准的目的是一致的，内涵是相近的，方法是相同的。但是，全面质量管理是一种管理思想，而系列标准是用于指导我们进行管理工作的一套管理标准。因此，我们在实际工作中，应把开展全面质量管理与贯彻实施系列标准有机的结合起来，而不能将两者对立起来，在推行全面质量管理中贯彻实施系列标准，在贯彻实施系列标准中，深化全面质量管理。把开展全面质量管理与贯彻实施系列标准融为一体，只有这样，才有利于全面质量管理的发展并使之规范化。

工程质量检验按国家标准，采用一定测试手段，尽量用数据说话。质量评定以国家技术标准为统一尺度，正确评定质量等级。

复 习 思 考 题

1. 什么是质量、产品质量、工程项目质量、工作质量?

2. 我国的 GB/T 19000《质量管理和质量保证》系列标准和国际 ISO 9000《质量管理和质量保证》系列标准是什么关系? 有哪些标准组成? 如何分类?

3. 安装施工企业如何选择质量体系标准?

4. 质量管理 PDCA 四个阶段中各自任务是什么? PDCA 循环有何特点?

5. 某安装工程,在安装前检查玻璃钢风管质量,共有 5 项影响玻璃钢风管质量因素,检查中发现 138 个缺陷点。缺陷频数频率统计表如表 10-12 所示。试做排列图,找出影响质量的主次因素。

缺陷频数频率统计表　　　　　　　　　　　　　表 10-12

缺　陷	不合格频数	频率（%）	累计频率
A	78		
B	30		
C	15		
D	10		
E	5		
合　计	138		

6. 工程质量的检查内容主要包括哪些?

7. 试述质量评定的程序和评级方法。

8. 全面质量管理与质量管理和质量保证系列标准关系如何?

第十一章 安全管理

安全管理是在施工过程中，组织安全生产的全部管理活动。通过对生产因素具体状态控制，使生产因素不安全的行为和状态减少或消除，不引发为事故，尤其是不引发使人受到伤害的事故。使施工效益目标的实现，得到充分保证。

第一节 安全管理概述

建筑安装施工企业是以施工生产经营为主业的经济实体。全部生产经营活动，是在特定空间进行人、财、物动态组合的过程，并通过这一过程向社会交付有商品性的建筑安装产品。在完成建筑安装产品过程中，人员的频繁流动、生产周期长和产品的一次性，是其显著的生产特点。这些特点决定了组织安全生产的特殊性。

安全生产是施工项目重要的控制目标之一，也是衡量施工项目管理水平的重要标志。因此，施工项目必须把实现安全生产，当作组织施工活动的重要任务。

一、安全管理的范围

安全管理的中心问题，是保护生产活动中人的安全与健康，保证生产顺利进行。

宏观的安全管理包括劳动保护、安全技术和工业卫生，这是相互联系又相互独立的三个方面：

（1）劳动保护侧重于以政策、规程、条例、制度等形式，规范操作或管理行为，从而使劳动者的劳动安全与身体健康，得到应有的法律保障。

（2）安全技术侧重对"劳动手段和劳动对象"的管理。包括预防伤亡事故的工程技术和安全技术规范、技术规定、标准、条例等，以规范物的状态，减轻或消除对人的危害。

（3）工业卫生着重于工业生产中高温、粉尘、振动、噪声、毒物的管理。通过防护、医疗、保健等措施，防止劳动者的安全与健康受到有害因素的危害。

从生产管理的角度，安全管理概括为：在进行生产管理的同时，通过采用计划、组织、技术等手段，依据并适应生产中人、物、环境因素的运动规律，充分发挥积极因素，而有利于控制事故发生的一切管理活动。如在生产管理过程实行标准化，组织安全检查，安全、合理地进行作业现场布置，推行安全操作资格确认制度，建立与完善安全生产管理制度等。

针对生产中人、物或环境因素的状态，有侧重采取控制人的具体不安全行为或物和环境的具体不安全状态的措施，往往会收到较好的效果。这种具体的安全控制措施，是实现安全管理的有力的保障。

二、施工现场的安全管理

施工现场是施工生产因素的集中点，其动态特点是多工种立体交叉作业，生产设施的临时性，作业环境多变性，人、机的流动性。

施工现场中直接从事生产作业的人密集，机、料集中，存在着多种危险因素。因此，施工现场属于事故多发的作业现场。控制人的不安全行为和物的不安全状态，是施工现场安全管理的重点，也是预防与避免伤害事故，保证生产处于最佳安全状态的根本环节。

直接从事施工操作人员，随时随地活动于危险因素的包围之中，随时受到自身行为失误和危险状态的威胁或伤害。因此，对施工现场的人、机环境系统的可靠性，必须进行经常性的检查、分析、判断、调整，强化动态中的安全管理活动。

第二节　人的不安全行为与物的不安全状态

一、人的不安全行为与人失误

不安全行为是人表现出来的，与人的心理特征相违背的非正常行为。人在生产活动中，曾引起或可能引起事故的行为，必然是不安全行为。

人出现一次不安全行为，不一定就会发生事故，造成伤害。然而不安全行为，一定会导致事故。即使物的因素作用是事故的主要原因，也不能排除隐藏在不安全状态背后的，人的行为失误的转换作用。

事故致因中，人的因素指个体人的行为与事故的因果关系。个体人的行为就是个体人遵循自身的生理原理而表现的行动。任何人都会由于自身与环境因素的影响，而对同一事故有不同的反应和表现，出现行为差异。

不同的个体人在一定动机驱动下，为了某些单纯目的，表现的处理行为很不一致。然而，不同的个体人都遵循同一程序，即行为起因（动机）——激励（因素影响）——目的（目标）。

人的自身因素是人的行为根据、内因。环境因素是人的行为外因，是影响人的行为的条件，甚至产生重大影响。

（一）人的信息处理过程

人在自身因素基础上，对环境因素刺激程度的处理，是决定人的行为性质的关键。人对环境因素或外界信息刺激的处理过程，可简单编成输入（知觉、选择、记忆）——处理（识别比较、判断、决策）——输出（行为指导）程序。

人能够正确的执行决策所确定的行为，对创造良好的人机控制条件是非常重要的。

（二）人失误

已造成事故的行为，必定是不安全行为。

人失误指人的行为结果，偏离了规定的目标或超出可接受的界限，并产生了不良影响的行为。在生产作业中，往往人失误是不可避免的副产物。

1. 人失误具有与人能力的可比性

工作环境可诱发人失误。由于人失误是不可避免的，因此，在生产中凭直觉、靠侥幸，是不能长期成功维持安全生产的。

当编制操作程序和操作方法时，侧重考虑了生产和产品条件，忽视人的能力与水平，有促使发生人失误的可能。

2. 人失误的类型

在各种性质、类型的生产活动中，从事生产活动的各类操作人员，都可能发生人失误。而操作者的不安全行为，则能导致人失误而发生事故。可以认为事故也是人失误直接导致的结果。发生于管理者的人失误，表现为决策或管理失误，这种人失误具有更大的危险性。

人失误在不同条件下，不同的起因所引发的人失误、不属于同一类型。

（1）随机失误。由人的行为、动作的随机性质引起的人失误，属于随机失误。

（2）系统失误。由系统设计不足或人的不正常状态引发的人失误属于系统失误。

3．人失误的表现

一般是出现失误结果以后才觉察到，是很难预测的。比如遗漏或遗忘现象，把事弄颠倒，没按要求或规定的时间操作，无意识动作，调整错误，进行规定外的动作等。

4．人的信息处理过程失误

可以认为，人失误现象是人对外界信息刺激反应的失误，与人自身的信息处理过程和质量有关，与人的心理紧张程度有关。

信息处理失误倾向，都可能导致人失误。在工艺、操作、设备等进行设计时，采取一些预防失误倾向的措施，对克服失误倾向是极为有利的。

5．心理紧张与人失误的关联

人的大脑意识水平降低，直接引起信息处理能力的降低，影响人对事物注意力的集中，降低警觉程度。意识水平的降低是发生人失误的内在原因。

工作要求与人的信息处理能力相适应时，人处在最优的心理紧张状态，此时，人的心理紧张程度最优，大脑意识水平处于能动状态，处理信息的能力极高而失误最少。

经常进行教育、训练、合理安排工作，消除心理紧张因素，有效控制心理紧张的外部原因，使人保持最优的心理紧张度，对消除人失误现象是十分重要的。

6．人失误的致因

造成人失误的原因是多方面的，有的人因自身因素对过负荷不适应，如超体能、精神状态、熟练程度、疲劳、疾病时的超荷操作，以及环境过负荷，心理过负荷，人际立场负荷等都能使人发生操作失误。也有的因外界刺激要求不一致时，出现要求与行为的偏差，在这种情况时，可能出现信息处理故障和决策错误。此外，还由于对正确的方法不清，有意采取不恰当的行为等，出现完全错误的行为。

人的能力是感觉、注意、记忆、思维和行为能力等的综合信息处理能力。人的能力直接影响活动效率，具有使活动顺利完成的个性心理特征。人的能力随其自身的硬件、心理、软件的状态变化而改变。

7．不安全行为的心理原因

个体人经常、稳定表现的能力、性格、气质等心理特点的总和，称为个性心理特征。这是在人的先天条件基础上，受到社会条件影响和具体实践活动，接受教育与影响而逐渐形成、发展的。一切人的个性心理特征，不会完全相同。人的性格是个性心理的核心，因此性格能决定人对某种情况的态度和行为。鲁莽、草率、懒惰等性格，往往成为产生不安全行为的原因。

非理智行为在引发为事故的不安全行为中所占比例相当大，在生产中出现的违章、违纪现象，都是非理智行为的表现，冒险蛮干则表现的尤为突出。非理智行为的产生，多由于侥幸、逞能、逆反、凑兴等心理所支配。在安全管理过程中，控制非理智行为的任务是相当重的，也是非常严肃、非常细致的一项工作。

二、物的不安全状态和安全技术措施

（一）物的不安全状态

人机系统把生产过程中发挥一定作用的机械、物料、生产对象以及其他生产要素统称为物，物都具有不同形式、性质的能量，有出现能量意外释放，引发事故的可能性。由于物的能量可能释放引起事故的状态，称为物的不安全状态。这是从能量与人的伤害间的联系所给以的定义。如果从发生事故的角度，也可把物的不安全状态，视为曾引起或可能引起事故的物的状态。

物的不安全状态的运动轨迹，一旦与人的不安全行为的运动轨迹交叉，就是发生事故的时间与空间。所以，物的不安全状态是发生事故的直接原因。因此，正确判断物的具体不安全状态，控制其发展，对预防、消除事故有直接的现实意义。

针对生产中物的不安全状态的形成与发展，在进行施工设计、工艺安排、施工组织与具体操作时，采取有效的控制措施，把物的不安全状态消除在生产活动进行之前，或引发为事故之前，是安全管理的重要任务之一。

消除生产活动中物的不安全状态，既是生产活动所必须的，也是"预防为主"方针落实的需要，同时，也体现了生产组织者的素质状况和工作才能。

（二）安全技术措施的标准

安全技术是改善生产工艺，改进生产设备，控制生产因素不安全状态，预防与消除危险因素对人产生的伤害的科学武器和有力手段。安全技术包括为实现安全生产的一切技术方法与措施，以及避免损失扩大的技术手段。

安全技术措施重点解决具体的生产活动中危险因素的控制，预防与消除事故危害。发生事故后，安全技术措施应迅速将重点转移到防止事故扩大，尽量减少事故损失，避免引发其他事故方面。这就是安全技术措施在安全生产中，应该发挥的预防事故和减少损失两方面的作用。

安全技术与工程技术具有统一性，是不可割裂的。强行割裂则是一种严重错误。不符合"管生产同时管安全"的原则。

安全技术措施必须针对具体的危险因素或不安全状态，以控制危险因素的生成与发展为重点，以控制效果作为评价安全技术措施的惟一标准。其具体标准有如下几个方面：

1. 防止人失误的能力

是否能有效的防止工艺过程、操作过程中，导致产生严重后果的人失误。

2. 控制人失误后果的能力

出现人失误或险情，也不致发生危险。

3. 防止故障或失误的传递能力

发生故障、出现失误，能够防止引起其他故障和失误，避免故障或失误的扩大与恶化。

4. 故障、失误后导致事故的难易程度

至少有两次相互独立的失误、故障同时发生，才能引发事故的保证能力。

5. 承受能量释放的能力

对偶然、超常的能量释放，有足够的承受能力，或具有能量的再释放能力。

6. 防止能量蓄积的能力

采用限量蓄积和溢放，随时卸掉多余能量，防止能量释放造成伤害。

（三）安全技术措施的优选顺序

预防是消除事故最佳的途径。针对生产过程中已知的或已出现的危险因素，采取的一切消除或控制的技术性措施，统称为安全技术措施，在采取安全技术措施时，应遵循预防性措施优先选择，根治性措施优先选择，紧急性措施优先选择的原则，依次排列。以保证采取措施与落实的速度，也就是要分出轻、重、缓、急。安全技术措施的优选顺序：

根除危险因素→限制或减少危险因素→隔离、屏蔽、联锁→故障——安全设计→减少故障或失误→校正行动。

屏蔽：约束、限制能量意外释放，防止能量与人体接触的措施，统称为屏蔽。

1. 根除、限制危险因素

选择合理的设计方案、工艺，选用理想的原材料，本着设备安全，并控制与强化长期使用中的状态，从根本上解决对人的伤害作用。

2. 隔离、屏蔽

以空间分离或物理屏蔽，把人与危险因素进行隔离，防止伤害事故或导致其他事故。

3. 故障——安全设计

发生故障、失误时，在一定时间内，系统仍能保证安全运行。系统中优先保证人的安全，依次是保护环境，保护设备和防止机械能力降低。故障——安全设计方案的选定，由系统故障后的状态决定。

4. 减少故障和失误

安全监控系统、安全系数、可提高可靠性是经常采用的减少故障和失误的措施。

5. 警告

生产区域内的一切人员，需要经常的意识或注意：生产因素变化、警惕危险因素的存在。采用视、听、触警告，以校正危险的行动。警告是提醒人们"注意"的主要方法，是校正人们危险行动的措施。

第三节 安全管理措施

安全管理措施是安全管理的方法与手段，管理的重点是对生产各因素状态的约束与控制。根据安装工程施工生产的特点，安全管理措施带有鲜明的行业特色。

一、落实安全责任、实施责任管理

安装工程施工项目承担控制、管理施工生产进度、成本、质量、安全等目标的责任。因此，必须同时承担进行安全管理、实现安全生产的责任。

（1）建立、完善以经理为首的安全生产领导组织，有组织、有领导地开展安全管理活动，承担组织、领导安全生产的责任。

（2）建立各级人员安全生产的责任制度，明确各级人员的安全责任。抓制度落实、抓责任落实，定期检查安全责任落实情况，及时报告。

（3）施工项目应通过监察部门的安全生产资质审查，并得到认可。

一切从事生产管理与操作人员，依照其从事的生产内容，分别通过企业、施工项目的安全审查，取得安全操作认可证，持证上岗。

特种作业人员，像安装电工、焊工和起重工等除经企业的安全审查，还需按规定参加考核，取得监察部门核发的《安全操作合格证》，坚持"持证上岗"。施工现场出现特种作业无证操作现象时，施工项目必须承担管理责任。

（4）施工项目负责施工生产中物的状态审验与认可，承担物的状态漏验、失控的管理责任。承受由此而出现的经济损失。

（5）一切管理、操作人员均需与施工项目签订安全协议，向施工项目做出安全保证。

（6）安全生产责任落实情况的检查，应认真、详细地记录，作为分配、补偿的原始资料之一。

二、安全教育与训练

进行安全教育与训练，能增强人的安全生产意识。提高安全生产知识，有效地防止人的不安全行为，减少人失误。安全教育、训练是进行人的行为控制的重要手段和方法。因此，进行安全教育、训练要适时、宜人，内容合理、方式多样，形成制度。组织安全教育、训练做到严肃、严格、严密、严谨，讲求实效。

（一）人员条件

一切管理、操作性人员除应具有基本条件外，尚应有较高的素质。

（二）安全教育、训练的目的与方式

（1）安全知识教育：使操作者了解、掌握生产操作过程中潜在的危险因素及防范措施。

（2）安全技能训练：使操作者逐渐掌握安全生产技能，获得完善化、自动化的行为方式，减少操作中的失误现象。

（3）安全意识教育：在于激励操作者自觉坚持实行安全技能。

（三）安全教育的内容随实际需要而确定

（1）新工人入场前应完成三级安全教育。对学徒工、实习生的入场三级安全教育，重点偏重一般安全知识，生产组织原则，生产环境，生产纪律等。

（2）结合施工生产变化，适时进行安全知识教育。一般每10天组织一次较合适。

（3）结合生产组织安全技能训练，干什么训练什么，反复训练，分步验收。以达到出现完善化、自动化的行为方式，划为一个训练阶段。

（4）安全意识教育的内容不易确定，应随安全生产的形势变化。确定阶段教育内容。可结合事故，进行增强安全意识，坚定掌握安全知识与技能的信心，接受事故教训的教育。

（5）受季节、自然变化影响时，针对由于这种变化而出现生产环境、作业条件的变化进行教育，其目的在于增强安全意识，控制人的行为，尽快地适应变化，减少人失误。

（6）采用新技术，使用新设备、新材料，推行新工艺之前，应对有关人员进行安全知识、技能、意识的全面安全教育，激励操作者实行安全技能的自觉性。

（四）加强教育管理，增强安全教育效果

（1）教育内容全面，重点突出，系统性强，抓住关键反复教育、反复实践。

（2）使每个受教育的人，了解自己的学习成果。鼓励受教育者树立坚持安全操作方法的信心，养成安全操作的良好习惯。

（3）告诉受教育者怎样做才能保证安全，而不是不应该做什么。

（4）奖励、促进、巩固学习成果。

（5）进行各种形式、不同内容的安全教育，都应把教育的时间，内容等，清楚地记录在安全教育记录本或记录卡上。

三、安全检查

安全检查是发现不安全行为和不安全状态的重要途径。是消除事故隐患，落实整改措施，防止事故伤害，改善劳动条件的重要方法。

安全检查的形式有普遍检查，专业检查和季节性检查。

（一）检查内容

安全检查的内容主要是查思想、查管理、查制度、查现场、查隐患、查事故处理。

（二）安全检查的组织

（1）建立安全检查制度，按制度要求的规模、时间、原则、处理、报偿全面落实。

（2）成立由第一责任人为首，业务部门人员参加的安全检查组织。

（3）安全检查必须做到有计划、有目的、有准备、有整改、有总结、有处理。

（三）安全检查的准备

（1）思想准备。发动全员开展自检，自检与制度检查结合，形成自检自改，边检边改的局面。使全员在发现危险因素方面得到提高，在消除危险因素中受到教育，从安全检查中受到锻炼。

（2）业务准备。确定安全检查目的、步骤、方法。成立检查组，安排检查日程。分析事故资料，确定检查重点，把精力侧重于事故多发部位和工种的检查，规范检查记录用表，使安全检查逐步纳入科学化、规范化轨道。

（四）安全检查方法

常用的有一般检查方法和安全检查表法。

（1）一般方法。常采用看、听、嗅、问、测、验、析等方法。

看：看现场环境和作业条件，看实物和实际操作，看记录和资料等。

听：听汇报、听介绍、听反映、听意见或批评、听机械设备的运转响声或承重物发出的微弱声等。

嗅：对挥发物、腐蚀物、有毒气体进行辨别。

问：对影响安全问题，详细询问，寻根究底。

查：查明问题、查对数据、查清原因，追查责任。

测：测量、测试、监测。

验：进行必要的试验或化验。

析：分析安全事故的隐患、原因。

（2）安全检查表法。是一种原始的、初步的定性分析方法，它通过事先拟定的安全检查明细表或清单，对安全生产进行初步的诊断和控制。

安全检查表通常包括检查项目、内容、回答问题、存在问题、改进措施、检查措施、检查人等内容。

（五）安全检查的形式

（1）定期安全检查。

（2）突击性安全检查。

（3）特殊检查。

（六）消除危险因素的关键

安全检查的目的是发现、处理、消除危险因素，避免事故伤害，实现安全生产。消除危险因素的关键环节，在于认真的整改，真正的、确确实实的把危险因素消除。对于一些由于种种原因而一时不能消除的危险因素，应逐项分析，寻求解决办法，安排整改计划，尽快予以消除。

安全检查后的整改，必须坚持三定和不推不拖，不使危险因素长期存在而危及人的安全。

三定即定具体整改责任人，定解决与改正的具体措施，限定消除危险因素的整改时间。在解决具体的危险因素时，态度必须积极主动，凡靠自己的力量能够解决的，不推不拖、不等不靠，坚决的组织整改；自己解决有困难时，也应积极主动寻找解决的办法，争取外界支援以尽快整改。不把整改的责任推给上级，也不拖延整改时间，以尽量快的速度，把危险因素消除。

四、生产技术与安全技术的统一

生产技术工作是通过完善生产工艺过程、完备生产设备、规范工艺操作，发挥技术的作用，保证生产顺利进行的。包含了安全技术在保证生产顺利进行的全部职能和作用。两者的实施目标虽各有侧重，但工作目的完全统一在保证生产顺利进行、实现效益这一共同的基点上。生产技术、安全技术统一，体现了安全生产责任制的落实，具体的落实"管生产同时管安全"的管理原则。具体表现在：

（一）完成施工设计

施工生产进行之前，了解产品的特点、规模、质量，生产环境，自然条件等；摸清生产人员流动规律，能源供给状况，机械设备的配置条件，需要的临时设施规模，以及物料供应、储放、运输等条件；完成生产因素的合理匹配计算，完成施工组织设计和现场布置。

施工组织设计和现场布置。经过审查、批准，即成为施工现场中生产因素流动与动态控制的惟一依据。

（二）完成作业方案

施工项目中的分部、分项工程，在施工进行之前，针对工程具体情况与生产因素的流动特点，完成作业或操作方案。这将为分部、分项工程的实施，提供具体的作业或操作规范。方案完成后，为使操作人员充分理解方案的全部内容，减少实际操作中的失误，避免操作时的事故伤害。要把方案的设计思想、内容与要求，向作业人员进行充分交底。

交底既是安全知识教育的过程，同时，也确定了安全技能训练的时机和目标。

（三）在生产技术工作中纳入安全管理

从控制人的不安全行为、物的不安全状态，预防伤害事故，保证生产工艺过程顺利实施去认识，生产技术工作中应纳入如下的安全管理职责：

（1）进行安全知识、安全技能的教育，规范人的行为，使操作者获得完善的、自动化的操作行为，减少操作中人的失误。

（2）参加安全检查和事故调查，从中充分了解生产过程中，物的不安全状态存在的环节和部位、发生与发展、危害性质与程度。摸索控制物的不安全状态的规律和方法。提高对物的不安全状态的控制能力。

（3）严把设备、设施用前验收关，不使有危险状态的设备、设施盲目投入运行，预防人机运动轨迹交叉而发生的伤害事故。

五、正确对待事故调查与处理

事故是违背人们意愿的，一旦发生事故，关键在于对事故的发生要有正确认识，并用严肃、认真、科学、积极的态度，处理好已发生的事故，尽量减少损失。采取有效措施，避免同类事故重复发生。

（1）发生事故后，以严肃、科学的态度去认识事故，实事求是地按照规定、要求报告。不隐瞒、不虚报，不避重就轻。

（2）积极抢救负伤人员的同时，保护好事故现场，以利于调查清楚事故原因，从事故中找到生产因素控制的差距。

（3）分析事故，弄清发生过程，找出造成事故的人、物、环境状态方面的原因。分清造成事故的安全责任，总结生产因素管理方面的教训。

（4）以事故为例，召开事故分析会进行安全教育。使所有生产部位、过程中的操作人员，从事故中看到危害，使他们认清坚持安全生产的重要性，从而在操作中自觉地实行安全行为，主动地消除物的不安全状态。

（5）采取预防类似事故重复发生的措施，并组织彻底的整改；使采取的预防措施，完全落实。经过验收，证明危险因素已完全消除时，再恢复施工作业。

（6）未造成伤害的事故，习惯的称为未遂事故。未遂事故就是已发生的，违背人们意愿的事件，只是未造成人员伤害或经济损失。然而其危险后果是隐藏在人们心理上的严重创伤，其影响作用时间更长久。

未遂事故同样暴露安全管理的缺陷、生产因素状态控制的薄弱。因此，对未遂事故要如同已经发生的事故一样看待，调查、分析、处理妥当。

本 章 小 结

安全管理的中心问题，是保护生产活动中人的安全与健康，保证生产顺利进行。1986年国务院安全生产委员会把安全生产方针简化为"安全第一，预防为主"的八字方针。这个方针是所有生产单位必须遵循的基本方针。

我们研究施工现场事故发生的规律。是物的不安全状态的运动轨迹，一旦与人的不安全行为的运动轨迹交叉，就是发生事故的时间与空间。所以，物的不安全状态是发生事故的直接原因。针对生产中物的不安全状态的形成与发展，在进行施工设计、工艺安排、施工组织与具体操作时，采取有效的控制措施，把物的不安全状态消除在生产活动进行之前，是安全管理的重要任务之一。在安全生产责任制中，国务院确定了两条重要原则，一是各级领导人员在管理生产的同时，必须负责管理安全工作的原则；二是在计划、布置、检查、总结、评比生产工作时，同时计划、布置、检查、总结、评比安全工作。

安全管理是在施工过程中，组织安全生产的全部管理活动。采取行之有效地安全管理措施，通过对生产因素具体状态控制，使生产因素不安全的行为和状态减少或消除，使施工效益目标能实现，并得到充分保证。

复习思考题

1.安全管理的范围包括哪三个方面？各自侧重的内容有哪些？

2.施工现场是施工生产因素的集中点，其动态特点是什么？

3.人的不安全行为是怎样表现出来的？人失误包括哪七个方面？不安全行为的心理原因是什么？

4.正确判断物的不安全状态，控制其发展，对预防事故有什么意义？安全技术措施标准包括哪六个方面？

5.安全技术措施如何优选顺序？

6.如何落实安全责任、实施责任管理？

7.安全检查的方法有哪几种？

8.安全检查的形式有哪几种？如何消除危险因素？

9.生产技术与安全技术如何统一？如何落实？

10.我国的安全生产的方针是什么？

11.安装工程作业中如何保证安全生产？

12.安全工作与生产进度等发生矛盾时，应如何正确地处理？

第十二章 经 营 管 理

建筑安装企业作为建筑安装商品的生产者和经营者，要在社会主义市场商品经济环境中谋求生存和发展，适应社会和建筑市场变化和发展的需要，企业必须做好建筑市场的经营预测、经营决策工作。企业要实现其经营计划目标，首先要搞好建筑安装工程的投标工作以及合同管理工作。这就是本章要介绍的内容。

第一节 预 测

一、预测的基本概念

所谓预测就是依据历史的实际资料和现在掌握的情况，运用一定的科学方法，对未来进行预计和推测的一种管理行为。简单地讲，预测就是根据过去和现在，预计未来。预测是掌握和认识事物发展趋势的一种工具，这里说的预计和推测，是根据已有数据和资料，进行科学的计算和综合分析，再结合预测人员的主观经验和判断力，对未来做出推断。

从上可见，预测是两方面工作的结合：一方面是数据的科学计算，另一方面是进行经验判断。单凭决策人员和专业咨询机构的专职人员主观判断，而忽视科学方法计算，预测的准确程度很难保证。如果排斥经验判断的作用而只讲科学计算方法，也是不全面的。应该把这两方面很好地结合起来。

企业之所以要进行预测，是因为企业生产经营的重点在于经营，关键问题是决策，而预测正是为决策提供重要依据。预测可以保证决策的不失误，使决策有扎实的基础，减少盲目性；预测可以保证决策的及时性，使企业不失时机地利用有利的发展机会，较早地发现环境变化对企业可能带来的不利影响，及时采取防范措施；预测还可以保证决策的稳定性，外界环境多变，企业为了避免大起大落，决策时应区分暂时和长期的趋势，为此就要求有长期预测作为依据。如果没有预测，就会在飞速发展的经济形势面前束手无策，最后使企业处于被动状态。

建筑安装企业要投标承包任务，实行自主经营，预测的重要性显得愈来愈重要。

二、预测的分类

建筑安装企业有关经营管理方面的预测，是围绕提高经济效益这个中心进行的。企业的预测，按其范围划分，可分为宏观预测和微观预测。前者是对整个国民经济或部门经济发展趋势的推断，如固定资产的投资方向，建筑产品的结构比例预测等。后者则是对企业经济活动状态和能力的估计，如承包能力，资源需求预测等。

按方法划分，可分为定性预测和定量预测两种。定性预测是指利用直观材料，依据决策人员或咨询机构专职人员主观经验判断的能力，对未来状况进行估计。定量预测则是依据历史资料、应用数理统计方法或者利用事物内部的因果联系，推断事物的发展状况。

按时间划分，可分为短期预测、中期预测、长期预测3种。短期预测是指期限在一年或一年以内，它为当前生产经营计划或实施具体计划提供依据。中期预测的期限为一年以上，三年以内，其目的在于制定较为切实的企业发展计划。长期预测的期限在三年以上，它是有关生产能力、产品系列、服务构成变化等远景方面的预测。

三、建筑安装企业经营预测的内容

经营预测要为企业制订发展规划和经营决策提供依据，根据这一要求，它的内容包括以下几个方面：

（一）建筑安装产品市场预测

随着经济体制的改革和招、投标承包制的推行，建筑市场的开放，建筑安装企业和市场的联系将更加密切，建筑市场预测的问题也就愈来愈显得突出。建筑市场预测一般包括：

（1）建筑产品的方向和需求量。如国家、部门、地方投资的方向，自筹资金投资的方向。如新建性质的建筑产品，为国民经济技术改造和挖、革、改服务的建筑产品，以及建筑维修、加固和建筑劳务、技术服务等方面的需求量。

（2）建筑产品的类型和构成。如对生产性建筑产品与非生产性建筑产品，工业建筑产品和民用建筑产品各占比重如何？包括什么类型等的预测。

（3）建筑产品的质量要求、功能要求、配套性要求等。

通过以上内容的预测，可为企业确定经营目标、经营策略和制订经营计划提供依据。

（二）企业所需资源预测

资源预测主要指企业对所需原材料、人力、设备、资金等的需求数量、供应来源、配套情况、满足程度和供应条件等的预测。还包括对未来采用的新材料预测。它是企业制定生产经营计划、材料物资采购供应计划和确定合理库存的依据。

（三）企业生产能力预测

企业生产能力，通常是通过劳动生产率来衡量的。所以主要考虑各工种生产能力和机械设备生产能力需求变化发展情况。它为企业制订人员配备和培养计划、技术改造及自身基本建设计划、机械设备配备计划提供依据。

（四）企业技术发展预测

企业技术发展预测包括施工工艺、企业适用技术和企业技术改造方向的预测等。它是企业制订技术改造规划、科研和新工艺、新技术试验计划和新技术工人培训计划的依据。

（五）企业多种经营方向预测

企业多种经营方向预测包括企业多种经营产品的市场需求量，所需资源、能源及其来源的预测等。它是企业多种经营业务规划和组织的依据。

（六）企业利润、成本预测

企业利润、成本预测是指对企业和本行业不同类型建筑产品的利润和成本的变化范围和趋势的估计。它是企业确定经营目标、经营策略、制定利润计划并组织实施的依据。

四、预测的步骤

预测的基本过程如图 12-1 所示。

根据上述预测过程，预测的基本步骤如下：

（1）根据经营决策需要解决的问题确定要预测的问题、希望达到的目标及期限。

（2）收集和整理有关的数据资料，初步分析和判断，提出合理的假设。

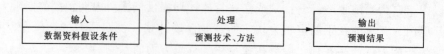

图 12-1 预测的基本过程

（3）采用先进的预测技术，选择适当的预测方法，并得出预测结果。

（4）对预测结果进行分析和评价，对预测值进行必要的调整，以提高预测的可靠性。

五、预测的方法

（一）定性预测方法

定性预测法即经验判断法，是在基本数据缺乏的情况下，运用一定程序，借助个人经验、知识和判断能力的预测方法。这种预测方法的优点是简单易行，节省时间，应用范围较广，常用于产品需求预测、技术发展预测等。其缺点是主观因素较多，准确性较差。定性预测法通常有专家判断法、函询法、预期调查法等。本节重点介绍专家判断法。

专家判断法，是指以专家个人为索取意见的对象进行预测的方法。这里所说的专家，是指知识和经验丰富，有分析预见能力的各类专业人才。这些专家不仅对预测的问题有足够的见识，而且对与预测问题相关的各方面知识都十分熟悉。所以，这种预测方法的准确性，主要决定于专家个人知识和经验的广度和深度。

1. 专家判断法的工作步骤

首先准备好有关资料，确定约请的有关人选，向专家提供资料及要求回答的问题。专家根据得到的资料，结合自己的学识和经验，进行综合分析和判断，提交问题的答卷。

2. 数据处理

专家个人意见和判断是以数字来表达的，这就提出一个数据的合理处理问题。现结合实例加以说明。

（1）加权平均法

【例1】 某施工企业要预测下半年劳动生产率的增长。先将去年和今年上半年劳动生产率的统计资料发给 10 位专家，请他们提出下半年劳动生产率的增长估计值。回收的意见中，2 人预测增长 9%，3 人预测增长 8%，1 人预测增长 7%，各有 2 人预测增长 10% 和 5%。

现采用加权平均法进行数据整理得：

$$\frac{10\% \times 2 + 9\% \times 2 + 8\% \times 3 + 7\% \times 1 + 5\% \times 2}{10} = 7.9\%$$

即：下半年预计增长 7.9%。

（2）算术平均法

【例2】 某施工企业提出 4 个技术发展方向的预测方案，约请 8 位专家进行预测。专家给各方案评分列于表 12-1。

现采用简单术平均法进行整理如下：

方案一得分：$\dfrac{7+8+9+4+5+7+6+5}{8} = 6.375$

方案二得分：$\dfrac{8+9+6+7+7+9+9+7}{8} = 7.75$

方案三得分：$\dfrac{5+7+7+6+8+8+5+9}{8}=6.875$

方案四得分：$\dfrac{6+5+8+5+9+4+4+6}{8}=5.875$

据以上结果，方案二应当选。

各 方 案 评 分 表　　　　　　　　　　　　表 12-1

3	专家的评分							
	A	B	C	D	E	F	G	H
一	7	8	9	4	5	7	6	5
二	8	9	6	7	7	9	9	7
三	5	7	7	6	8	8	5	9
四	6	5	8	5	9	4	4	6

（3）算级数和法

【例3】　某企业对一特殊工程规划的施工组织方案进行预测。现提出三个规划方案，约请 8 位专家分别按其优劣定出 1、2、3 个等级。各方案等级表见表 12-2。

各 方 案 等 级 表　　　　　　　　　　　　表 12-2

方案	定 出 的 等 级							
	A	B	C	D	E	F	G	H
一	1	2	2	3	1	1	3	2
二	3	3	1	1	3	2	1	3
三	2	1	3	2	2	3	2	1

以下按等级和的方法进行整理：

方案一等级数和 $=1+2+2+3+1+1+3+2=15$

方案二等级数和 $=3+3+1+1+3+2+1+3=17$

方案三等级数和 $=2+1+3+2+2+3+2+1=16$

由于 1 级最优，故等级数总和最小的方案最优，即方案一作为预测该工程规划中的施工组织方案。

（二）定量预测方法

1. 时间序列分析法

在一定时间范畴内，同一现象的相继观测值，按时间顺序排列的数列叫时间序列。如某企业各月、各季完成的交竣工面积、工程量、工作量等均可形成一个时间序列。

时间序列分析法，是指通过研究预测对象随时间变化的趋势来预测未来变化的方法。也称其为趋势外推法。包括以下几种基本方法：

（1）简单平均数法：是以过去一定时期统计数据的简单算术平均数作为预测值的方法。

其计算公式如下：

$$\overline{x}=\dfrac{\displaystyle\sum_{i=1}^{n}x_i}{n} \tag{12-1}$$

式中　$\overline{x}$——算术平均数（预测值）；

　　　x_i——第 i 个统计数据；

　　　n——统计数据的个数。

【例4】　某管道安装工程队在某市安装煤气管道，一至五月份完成的管道安装工程量分别为 700m、720m、760m、780m、740m，预测六月份完成管道安装工程量（均为等直径管）。

采用简单平均数法预测，实质是计算 1~5 份产量的算术平均数。具体计算为：

$$\overline{x} = \frac{700 + 720 + 760 + 780 + 740}{5} = 740\text{m}$$

此法虽然计算简单，但反映不出数据变化的规律性，误差大，故较少采用。

（2）移动平均数法也称滑动平均数法：是在简单算术平均数法基础上的一种改进。它是采用相邻的几个周期的数据的平均值。随着预测周期向前移动，相邻的几个周期数据也依次向前移动，逐一求出不同——周期的预测值。其计算公式为：

$$M_{i+1} = \frac{x_i + x_{i-1} + x_{i-2} + \cdots + x_{i-n+1}}{n} \tag{12-2}$$

式中　i——周期数；

　　M_{i+1}——第 $i+1$ 周期的实际数据；

　　　n——每移动段中的数据个数。

表 12-3 是当 $n=5$ 时，用移动平均数法求预测值的示例。例如：

$$M_6 = \frac{x_5 + x_4 + x_3 + x_2 + x_1}{5} = \frac{45 + 52 + 60 + 45 + 50}{5} = 50.4$$

$$M_7 = \frac{x_6 + x_5 + x_4 + x_3 + x_2}{5} = \frac{51 + 45 + 52 + 60 + 45}{5} = 50.6$$

计算所得 $n=5$ 时的全部数据，计入表 12-3 移动平均数法计算示例表第三列。

移动平均数法计算示例　　　　　　　　　　　　　表 12-3

周期数 I	实际数据 x	预测值 $M_{i=1}$（$n=5$）	周期数 I	实际数据 x	预测值 $M_{i=1}$（$n=5$）
1	50		6	51	50.4
2	45		7	60	50.6
3	60		8	43	53.6
4	52		9	57	50.2
5	45		10	40	51.2

用移动平均法时，每段包括多少数据，要视具体情况而定。n 选择得小，对新数据的反应快；n 选择得大，则对新数据的反应慢。反应快容易把意外因素混同为趋势；反应慢又会缺乏适应性，灵活度差。

（3）加权移动平均数法：移动平均数法虽然比较简单，但只把远期和近期数据等量齐观，没有充分考虑近期变化趋势。实际上，近期数据更能反映下期趋势。为此，可以加大近期资料对平均值的影响，这就出现了加权移动平均数法。其计算公式如下：

$$M_{i+1} = \frac{\sum\limits_{i=1}^{n} C_i x_i}{\sum\limits_{i=1}^{n} C_i} \qquad (12\text{-}3)$$

式中　C_i——相邻各期数据的权数。

权数 C 应根据该期资料对预测值的影响程度大小确定。现按表 12-3 数据，并假设相邻五期的权数分别为 5、4、3、2、1，计算加权平均数如下：

$$M_6 = \frac{5 \times 45 + 4 \times 52 + 3 \times 60 + 2 \times 45 + 1 \times 50}{5 + 4 + 3 + 2 + 1} = 50.2$$

2．直线回归分析法

也称一元回归分析法。回归分析是一种从事物变化的因果关系出发的预测方法。研究事物内部的因果关系，也是处理自变量和因变量之间关系的数学方法，所以精度较高。如果研究两个变量之间的因果关系，即因变量的值是如何随自变量的值变化而变化，就称之为直线回归分析。

线性回归分析方法，分析的过程是依据一定时期经济变量的 n 个散布点，找出一条最能代表这些点变化趋向的直线，这条直线称为回归直线，可用下列方程式表示：

$$y = a + bx \qquad (12\text{-}4)$$

式中　y——代表长期预测趋势（因变量）；

　　　x——自变量；

　a，b——常数。

确定这条直线方程，就要根据实际问题所确定的数据，找到 a、b。根据最小二乘法原理，可以推导出各数据点 a、b 的等量关系式如下：

$$a = \frac{\Sigma y_i - b\Sigma x_i}{n} \qquad (12\text{-}5)$$

$$b = \frac{n\Sigma(x_i y_i) - \Sigma x_i \Sigma y_i}{n\Sigma x_i^2 - (\Sigma x_i)^2} \qquad (12\text{-}6)$$

式中　x_i——历史各期相关因素的数值；

　　　y_i——预测项目历史各期的数值；

　　　n——历史的期数。

若自变量 x 代表时间变量，为简化 a、b 的计算过程，可以取 n 为奇数，$\Sigma x_i = 0$，此时，a、b 的计算公式（12-5）、（12-6）可简化为：

$$a = \frac{\Sigma y_i}{n} \qquad (12\text{-}7)$$

$$b = \frac{\Sigma x_i y_i}{\Sigma x_i^2} \qquad (12\text{-}8)$$

由上述公式求出回归系数 a 和 b 后，即可得出回归方程，然后根据给出的 x_i 值算出 y_i 值，即为对应的预测值。

【例 5】　据某建筑安装公司统计资料，其建筑安装总产值见表 12-4，试预测 2000 年建筑安装总产值?

某公司建筑安装总产值（万元） 表 12-4

年份（n）	年总产值（y_i）	x_i	x_iy_i	x_i^2
1992	3500	-3	-10500	9
1993	4000	-2	-8000	4
1994	2500	-1	-2500	1
1995	5000	0	0	0
1996	4500	1	4500	1
1997	5500	2	11000	4
1998	6500	3	19500	9
$n = 7$	$\Sigma y_i = 31500$	$\Sigma x_i = 0$	$\Sigma x_iy_i = 14000$	$\Sigma x_i^2 = 28$

根据表 12-4 所列数据和公式（12-7）、（12-8），计算回归系数 a 和 b。

$$a = \frac{1}{n}\Sigma y_i = \frac{1}{7} \times 31500 = 4500$$

$$b = \frac{\Sigma x_iy_i}{\Sigma x_i^2} = \frac{14000}{28} = 500$$

则所求回归方程为：

$$y = 4500 + 500x$$

2000 年时，$x = 4$ 代入回归方程则有：

$$y = 4500 + 500 \times 5 = 7000$$

故预测 2000 年建筑安装总产值约为 7000 万元。

第二节 决 策

一、决策的概念

随着经济体制的改革、企业自主经营，并承担经济责任，因而企业管理中的经营决策问题，就越来越显得重要。企业经营决策正确，企业会欣欣向荣；决策失误，企业将遭受重大损失，甚至倒闭。经营决策问题将得到企业管理者的高度重视。

所谓决策，就是为了实现某一目标，根据客观的可能性，在掌握一定信息资料的基础上，通过一定的程序和方法，从可供选择的若干方案中，选取一个最佳方案的过程。

由此可见，科学的决策，一定要根据对客观规律性和内外环境条件的认识，提出符合客观且可能达到的目标；二是要有若干个可供选择的方案；三是要讲求科学的决策程序和方法。

二、决策的分类

由于企业的经营决策贯穿于企业管理的各方面和全过程，因而，决策的类型是多种多样的。

（一）按照决策的重要程度划分

可划分为经营决策（也称战略决策）、管理决策（也称战术决策）、业务决策（也称战斗决策）三种。

经营决策，是指企业方向性的、全局性的和远景方面的重大决策。如企业经营目标、长期规划等。

管理决策，是指与实现战略目标有关手段的选择。如对人力、物力、财力资源及施工组织等方案的选择。这类决策虽不决定企业的全局，但它的正确与否，将在很大程度上影响企业战略目标的实现。

业务决策，是指企业保证实际工作效率方面的决策。如各种定额水平的确定，施工中安全、劳动保护、施工现场管理等方面的决策。这类决策对企业的影响是局部的。

（二）按照决策的可靠程度划分

可划分为肯定型、风险型、不肯定型决策三种。

肯定型决策，是指可以明显地判断出方案实施后的结果所进行的决策。这种决策信息资料掌握比较充分，每种方案所达到的效果均可确切计算出来。

风险型决策，是指决策者对某方案的结果很难确定，但对各种情况或结局可能发生的概率可以估计的决策，这种决策在很大程度上取决于对概率的估计，其正确程度与决策者占有历史资料的数量有关，与决策者的经验、判断能力和对风险的看法和态度有关。

不肯定型决策，是指各种方案的后果未知，又无法判断和估计其概率的决策。这种决策具有更大的冒险性。

（三）按照经营管理业务划分

可划分为经营计划决策、生产决策、投标决策、技术装备决策、资源决策等。

三、建筑安装企业管理决策的内容

企业管理决策的内容非常广泛，企业管理决策内容见图 12-2 所示。

（一）基本战略决策

基本战略决策是涉及企业整体活动的全局性的问题的决策。它包括：

1．发展战略决策

它是企业如何优化，选用其拥有的经营资源，持久地发挥企业的优势，以获取尽可能大的经营效益。通过发展战略决策，正确确定企业的经营目标、经营方向和产品结构。

2．专业化结构决策

它是指企业内部专业化发展的战略决策。实行专业化，是生产发展的必然趋势，在不同的时间、地点条件下，专业化应有不同的形式、程度和层次，在建筑安装企业内部，正确进行专业化结构决策，适应社会生产发展的需求，才能获取更大的经济效益。

3．多种经营决策

它是指企业根据社会和用户对建筑产品的需求和自身条件，由单一经营向多样化经营转化，向哪些方向转和扩展业务等方面的决策。

（二）机能战略决策

机能战略决策是指企业的某一方面活动的战略决策。它与基本战略决策的区别在于涉及的范围和活动的领域要相对小些。它包括：

1．投标决策

它是指企业在选择承包工程对象、确定投标报价时的决策，以保证企业既能中标，任务饱满，又能获取尽可能大的利润。

2．生产战略决策

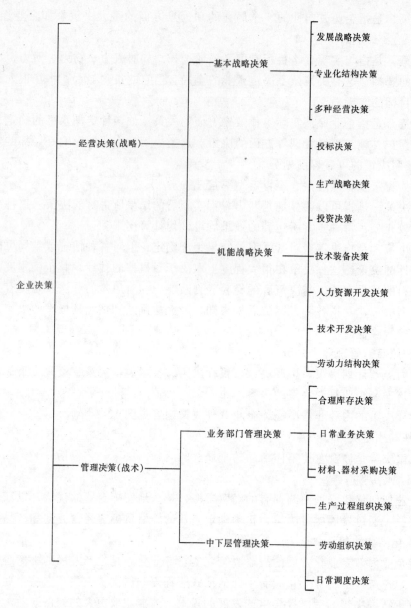

图 12-2 企业管理决策内容

　　它是指企业在既定生产能力条件下，如何在企业范围内布置生产任务，既保证工程合同期，又尽可能做到生产的均衡性。

　　3. 投资决策

　　它是指企业如何合理利用资金，在投资方向、投资结构以及资金筹措等方面的合理决定，以保证获取尽可能优的投资收益。

　　4. 技术装备决策

　　它是指企业根据生产发展、技术开发的需要，如何合理确定技术装备方针、装备方式和选择机械设备型号。

　　5. 人力资源开发决策

它是指企业提高职工素质方面的目标和措施规划。

6．技术开发决策

它是指企业为了不断提高适应能力、竞争能力和经济效益，在生产工艺和技术方面的研究和措施的规划，以及选择适用技术体系的决定。

7．劳动力结构决策

它是指企业如何根据任务要求和自身条件，合理确定合同工、临时工的结构。

四、决策的程序

决策是一个提出问题、分析问题和解决问题的系统过程，要做出有效的决策，应遵循正确的决策程序。决策的基本程序如图12-3所示。

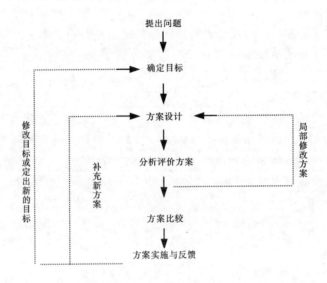

图 12-3　决策的基本程序

（一）提出问题

通过对企业经营的内外环境分析，提出决策所要解决的问题，并收集所有解决问题有关的信息资料。

（二）确定目标

它是根据企业提出有关决策的问题和收集的信息资料，确定企业经营上预期达到的目标。决策目标在时间上可分为近期、中期、远期三个阶段；在数量上可分为低限、中限、高限三档；在经济活动内容上可分为产量、质量、成本、利润等不同方面。在多目标决策时，还需确定目标的优先顺序，确定目标还应力求达到指标化和定量化。

（三）方案设计

它是指根据信息情报和目标要求，设计各种可能的方案。为了择优选取方案，要从各个不同的角度设想方案，设计多种可供选择的方案。每一个方案要包括选择后会得到多大的经济效果，需要消耗什么，花多大的代价，还存在什么问题等内容。

（四）分析评价方案

它是指对各备选方案进行定性和定量分析，在对每一方案进行可行性充分论证的基础上，做出综合评价。论证要突出技术上的先进性，经济上的合理性和实现方案的可行性。

（五）方案比选

它是指根据方案的分析评价结果和决策人的经验、知识和胆识，从方案中选出一个最佳方案。如需要对原方案进行综合或局部修改，修改后的方案应重新进行分析和评价。

（六）方案实施与反馈

作出决策后，还需将决策的内容具体化，通过编制经营计划去组织实施。实施过程对决策成败影响重大，需随时掌握决策实施情况，采取各种应急措施，保证决策目标的实现。

以上表明，科学的决策是一种科学的逻辑思维过程，是一种动态的，系统化的工作过程。

五、决策方法

由于科学技术的发展，以及经营管理问题的错综复杂，只靠人的思维和判断很难做出非常准确的决策，必须借助于众多科学方法和先进工具，对多因素及其组合进行定量分析。决策的方法很多，这里只介绍风险型简单的定量决策方法。

（一）期望值法

期望值法是把每个行动方案的期望值求出来，加以比较。如果决策目标是效益最大，则选择期望值最大的方案。如果决策目标是损失最小，则应选定期望值最小的行动方案。这里所谈的期望值，是概率论中离散型随机变量的数学期望。只介绍数学期望的计算公式，求得行动方案的期望值如下：

$$E = \sum_{i=1}^{n} P_i x_i \tag{12-9}$$

式中　x——变量，方案的益损值；

　　　P_I——未来状态出现的概率；

　　　n——未来状态数。

【例6】 某钢结构厂，决策下一计划期内产品的生产批量。根据以往经验，并通过市场调查和预测，已知产品销售可能出现三种情况，即销路好、销路一般和销路差。三种情况出现的可能性分别为 0.3、0.5、0.2（概率）。产品采用大、中、小批量生产，可能获得的效益价值也可相应地计算出来，见经济效益与产品销路表 12-5。试决策企业应采用何种批量生产。

期望值法的步骤是：

（1）根据（12-9）式计算各可行方案的期望值；

（2）比较各期望值的大小，选择方案。

收益问题选择最大期望值的方案为最优方案，损失的情况结论相反。

各可行方案的期望值为：

$$E(A_1) = 20 \times 0.3 + 12 \times 0.5 + 8 \times 0.2 = 13.6 \text{千元}$$

$$E(A_2) = 16 \times 0.3 + 16 \times 0.5 + 10 \times 0.2 = 14.8 \text{千元}$$

$$E(A_3) = 12 \times 0.3 + 12 \times 0.5 + 12 \times 0.2 = 12.0 \text{千元}$$

比较期望值的大小：

$$\because E(A_2) > E(A_1) > E(A_3)$$

$$\therefore A_2 \text{ 为最优方案}$$

效益值　自然状态　方案	产品　销路		
	销路好	销路一般	销路差
自然状态概率	0.3	0.5	0.2
A_1（大批量生产）	20	12	8
A_2（中批量生产）	16	16	10
A_3（小批量生产）	12	12	12

（二）决策树法

运用树型图来形象地表示决策目标、可行方案及自然状态，并通过计算期望值，供决策者择优取舍的一种决策方法。

1．决策树的构成

决策树具有 5 项要素：

（1）决策点：用正方形小框□表示，表明在此处需进行方案的比较与判断。

（2）方案枝：由决策点引出，方案枝的个数表明可行的独立方案个数。

（3）自然状态点：用小圆圈○表示，是方案枝和状态枝的交点。

（4）状态枝（概率枝）：由自然状态点引出，状态的个数，表明了某一可行方案自然状态的个数，状态枝上要表标明状态概率。

（5）结点：用正三角△表示，标志着决策树的结束，在结点处要表明在某状态下的益损值。

决策点和状态点又统称为节点，画好决策树后，要进行节点标号，标号的次序是从左向右，从上到下。

视决策点个数，可将决策树分为单级决策树，即只含一个决策点和多级决策树（有多个决策点）。单级决策一般都很简单，多级决策相对复杂。

由于这种方法是借助树形图来进行，能直观反映决策有关的各种信息，有利于决策者进行分析比较，特别是对多阶段的复杂问题，决策树法更显优势，因此决策树法是企业进行风险型决策的有力工具。

2．用决策树法进行决策的步骤

（1）画决策树：画树是本方法的关键，因此，必须充分审题，确保决策树的准确；

（2）预计事件可能发生的概率，并标于树上；

（3）计算各节点的期望值，顺序是标号由大到小；

（4）根据期望值的大小，剪枝决策。

3．应用实例

如上例

（1）画树。

（2）根据公式 12-9 计算各节点的期望值，并标于树上。

$$E（A_4）=0.3\times12+0.5\times12+0.2\times12=12$$
$$E（A_3）=0.3\times16+0.5\times16+0.2\times10=14.8$$
$$E（A_3）=0.3\times20+0.5\times12+0.2\times8=13.6$$

（3）比较期望值，剪枝决策。

如图 12-4，决策树示意图，由于 $E（A_3）>E（A_2）>E（A_4）$ 剪去 A_2 与 A_4，A_3 为最终选择方案

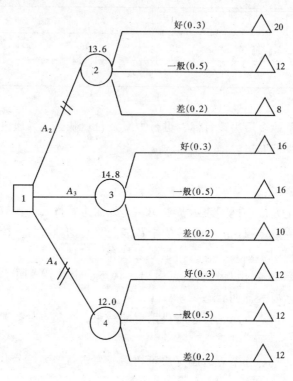

图 12-4　决策树示意图

第三节　工程招标与投标

一、工程招标、投标的概念

工程投标是在国家的法律保护和监督下法人之间的经济活动，是在双方自愿基础上的一种交易行为。

工程招标是指招标人以项目建造的期望价为尺度，择优选择投标人的一种交易活动。

工程投标是指具有合法资格和能力的投标人根据招标条件，以投标报价形式争取获得工程任务的一种经济活动。

二、工程招标的方式

为了规范招标投标活动，保护国家利益和社会公众利益以及招标投标活动当事人的合法权益，《招标投标法》规定，招标方式分为公开招标和邀请招标两种方式。

（一）公开招标

公开招标是指招标人以招标公告的方式邀请不特定的法人或者其他组织投标。招标公告可以通过报刊、广播、电视等新闻媒体发布。

（二）邀请招标是指招标人以投标邀请书的方式邀请特定的法人或者其他组织投标。邀请特定的法人或者其他组织一般是指选择在社会上享有一定的信誉并经常承担类似工程项目，在技术装备、施工能力、工程质量和经营管理方面均能适应拟建项目建设的施工单位，被邀请单位一般以 5~7 家为宜，但不应少于 3 家。

三、工程招标、投标程序

工程招标是一个连续完整的过程，必须根据一定的程序进行。工程招标、投标程序如图 12-5 所示。

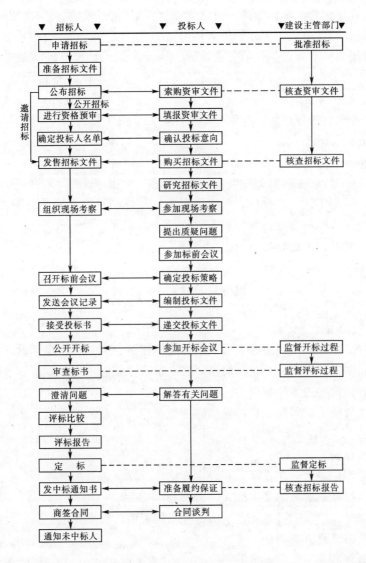

图 12-5　工程招标、投标程序

（一）工程招标主要工作内容

工程招标过程可概括为招标准备阶段、招标投标阶段和决标议标阶段三方面。

1. 招标准备阶段的主要工作内容

招标准备阶段的工作由招标人单独完成，投标人不参与。主要工作包括以下几个方面。

(1) 工程报建

建设项目的立项文件获得批准后，招标人需向建设行政主管部门履行建设项目报建手续。只有报建申请批准后，才可以开始项目的建设。报建时应交验的文件资料包括：立项批准文件或年度投资计划；固定资产投资许可证；建设工程规划许可证和资金证明文件。

(2) 选择招标方式

1) 根据工程特点和招标人的管理能力确定发包范围。

2) 依据工程建设总进度计划确定项目建设过程中的招标次数和每次招标的工作内容。如监理招标、设计招标、施工招标、设备供应招标等。

3) 按照每次招标前准备工作的完成情况，选择合同的计价方式。如施工招标时，已完成施工图设计的中小型工程，可采用总价合同；若为初步设计完成后的大型复杂工程，则应采用估计工程量单价合同。

4) 依据工程项目的特点、招标前准备工作的完成情况、合同类型等因素的影响程度，最终确定招标方式。

(3) 申请招标

招标人向建设行政主管部门办理申请招标手续。申请招标文件应说明：招标工作范围；招标方式；计划工期；对投标人的资质要求；招标项目的前期准备工作的完成情况；自行招标还是委托代理招标等内容。

(4) 编制招标有关文件

招标准备阶段应编制好招标过程中可能涉及的有关文件，保证招标活动的正常进行。这些文件大致包括：招标广告、资格预审文件、招标文件、合同协议书，以及资格预审和评标的方法。

2. 招标阶段的主要工作内容

公开招标时，从发布招标公告开始，若为邀请招标，则从发出投标邀请函开始，到投票截止日期为止的期间称为招标投标阶段。在此阶段，招标人应做好招标的组织工作，投标人则按招标有关文件的规定程序和具体要求进行投标报价竞争。招标人应当合理确定投标人编制投标文件所需的时间，自招标文件开始发出之日起到投标截止日止，最短不得少于 20 日。

(1) 发布招标公告

招标公告的作用是让潜在投标人获得招标信息，以便进行项目筛选，确定是否参与竞争。招标公告或投标邀请函的具体格式可由招标人自定，内容一般包括：招标单位名称；建设项目资金来源；工程项目概况和本次招标工作范围的简要介绍；购买资格预审文件的地点、时间和价格等有关事项。

(2) 资格预审

对潜在投标人进行资格审查，主要考察该企业总体能力是否具备完成招标工作所要求的条件。公开招标时设置资格预审程序，一是保证参与投标的法人或其他组织在资质和能力等方面能够满足完成招标工作的要求；二是通过评审优选出综合实力较强的一批申请投标人，再请他们参加投标竞争，以减小评标的工作量。

（3）招标文件

招标人根据招标项目特点和需要编制招标文件，它是投标人编制投标文件和报价的依据，因此应当包括招标项目的技术要求、对投标人资格审查的标准（邀请招标的招标文件内需写明）、投标报价要求和评标标准等所有实质性要求和条件，以及拟签订合同的主要条款。招标文件通常分为投标须知、合同条件、技术规范、图纸和技术资料、工程量清单几大部分内容。

（4）现场考察

招标人在投标须知规定的时间组织投标人自费进行现场考察。设置此程序的目的，一方面让投标人了解工程项目的现场情况、自然条件、施工条件以及周围环境条件，以便于编制投标书；另一方面也是要求投标人通过自己的实地考察确定投标的原则和策略，避免合同履行过程中他以不了解现场情况为理由推卸应承担的合同责任。

（5）标前会议

投标人研究招标文件和现场考察后会以书面形式提出某些质疑问题，招标人可以及时给予书面解答，也可以待标前会议上解答。标前会议是投标截止日期以前，按投标须知规定时间和地点召开的会议，又称交底会。标前会议上招标单位负责人除了介绍工程概况外，还可对招标文件中的某些内容加以修改（需报经招投标管理机构核准）或予以补充说明，以及对投标人书面提出的问题和会议上即席提出的问题给予解答。会议结束后，招标人应将会议记录用书面通知的形式发给每一位投标人。补充文件作为招标文件的组成部分，具有同等的法律效力。

3．决标成交阶段的主要工作内容

从开标日到签订合同这一期间称为决标成交阶段，是对各投标书进行评审比较，最终确定中标人的过程。

（1）开标

公开招标和邀请招标均应举行开标会议，体现招标的公平、公正和公开原则。开标应当在招标文件确定的提交投标文件截止时间的同一时间公开进行，开标地点应当为招标文件中预先确定的地点。所有投标人均应参加开标会议，并邀请项目有关主管部门、当地计划部门、经办银行等代表出席，招标投标管理机构派人监督开标活动。开标时，由投标人或其推选的代表检验投标文件的密封情况。确认无误后，如果有标底应首先公布，然后由工作人员当众拆封，宣读投标人名称、投标价格和投标文件的其他主要内容。所有在投标致函中提出的附加条件、补充声明、优惠条件、替代方案等均应宣读。开标过程应当记录，并存档备查。开档后，任何投标人都不允许更改投标书的内容和报价，也不允许再增加优惠条件。

在开标会议上如果发现有下列情况之一，应宣布投标书为废标：

1）投标书未按招标文件中规定封记；

2）逾期送达的标书；

3）未加盖法人或委托授权人印鉴的标书；

4）未按招标文件的内容和要求编写、内容不全或字迹无法辨认的标书；

5）投标人不参加开标会议的标书；

6）一份投标书有多个报价。

（2）评标

评标是对各投标书优劣的比较，以便最终确定中标人，由评标委员会负责评标工作。

1）评标委员会

评标委员会由招标人的代表和有关技术、经济等方面的专家组成，成员人数为5人以上单数，其中招标单位外的专家不得少于成员总数的三分之二。专家人选应来自于国务院有关部门或省、自治区、直辖市政府有关部门提供的专家名册，或从招标代理机构的专家库中以随机抽取方式确定。所有确定的专家不得与投标单位有利害关系，以保证评标的公平和公正。

2）评标工作程序

小型工程由于承包工作内容较为简单、合同金额不大，可以采用即开、即评、既定的方式由评标委员会及时确定中标人。大型工程项目的评标因评审内容复杂、涉及面宽，通常需分成初评和详评两个阶段进行。评标委员会以招标文件为依据，审查各投标书是否为响应性投标，确定投标书的有效性。

详评。评标委员会对各投标书实施方案和计算进行实质性评价与比较。评审时不应再采用招标文件中要求投标人考虑因素以外的任何条件作为标准。设有标底的，评标时应参考标底。

评审方法可以分为定性评审和定量评审两大类。对于标的额较小的中小型工程评标可以采用定性比较的专家评议法，评标委员对各标书共同分项进行认真分析比较后，以协商和投票的方式确定候选中标人。这种方法评标过程简单并在较短时间内即可完成，但科学性较差。大型工程应采用"综合评分法"或"评标价法"对各投标书进行科学的量化比较。

3）评标报告

评标报告，是评标委员会经过对各投标书评审后向招标人提出的结论性报告，作为定标的主要依据。

（3）定标

1）定标程序

确定中标人前，招标人不得与投标人就投标价格、投标方案等实质性内容进行谈判。招标人应该根据评标委员会提出的评标报告和推荐的中标候选人确定中标人，也可以授权评标委员会直接确定中标人。中标人确定后，招标人向中标人发出中标通知书，同时将中标结果通知所有未中标的投标人并退还他们的投标保证金或保函。中标通知书对招标人和中标人具有法律效力，招标人改变中标结果或中标人拒绝签订合同均要承担相应的法律责任。

中标通知书发出后的30天内，双方应按照招标文件和投标文件订立书面合同，不得作实质性修改。招标人不得向中标人提出任何不合理要求作为订立合同的条件，双方也不得私下订立背离合同实质性内容的协议。

确定中标人后15天内，招标人应向有关行政监督部门提交招标投标情况的书面报告。

2）定标原则

《招标投标法》规定，中标人的投标应当符合下列条件之一：

第一，能够最大限度地满足招标文件中规定的各项综合评价标准；

第二，能够满足招标文件的实质性要求，并且经评审的投标价格最低，但是投标价格低于成本的除外。

（二）工程投标主要工作内容

1．申请投标和投递资格预审书

企业一旦获得招标信息并确定了投标目标，就要向该招标项目的业主提出投标申请并购买资格预审书。申请的方式，本地区的项目以直接递送投标申请报告为宜，外地或国外项目，可采用电传、电报或信函的方式向招标人提交投标报告。资格预审是取得投标资格的关键。施工企业应不断地把本企业的信息传给社会，增加取得投标资格或被邀请投标的机会。平时应准备好宣传材料，最好把企业历年完建和在建的工程彩印成册，随同资格预审表提供给招标人。当招标人对本企业还不够了解时，企业负责人应主动登门介绍情况，并邀请招标人参加本企业已建和在建工程，使他们了解自己，争取获得良好印象。

一般情况下，投标人应提交如下材料：

（1）公司章程，公司在当地的营业执照；

（2）公司负责人名单及任命书，主要管理人员和技术人员名单，公司组织管理机构；

（3）近5年内完成的工程清单（要附有已完工程业主签署的证明）；

（4）正在执行的合同清单；

（5）公司近期财务情况、资产现值、大型机械设备情况；

（6）银行对本公司的资信证明。

在上述资料中，业主比较看重的是近5年内完成的工程清单，以了解投标人是否承担过类似工程，有时甚至了解投标人是否在国外承担过类似工程。有类似工程经历的投标人不仅可以比较顺利地通过资格预审，而且在业主评标时也占有优势。因此，投标人在平时就要注意积累本地区本企业完建工程的资料。在业主可以接受时，这种资料也可以请有关单位（如国内类似工程的业主或主管部门）为自己出具证明。

需要指出的是，一般情况下，业主规定投标人通过资格预审后才能购买标书。但也有的业主允许先购买标书，并要求投标人同时提交资格预审材料，待评标时，再将投标人的资信作为首要条件考虑。

2．购买与研究招标文件

施工企业只有接到招标人发出的投标通知书或邀请书后，才具有参加该项目投标竞争的资格，才可按指定日期和地点，凭资格预审合格通知和有关证件去购买标书，或采用汇款邮寄方式购买标书。国外工程常采用后一种方式，国内项目以派专人去购买为宜。

购得标书后，承包人必须先对标书进行全面透彻的研究。研究内容包括投标须知、合同一般条款和特殊条款、工程技术质量要求、工程说明书及施工图纸等。其目的在于弄清承包人的责任和报价范围、工程规模和复杂程度、设计深度及资料完整性，各项技术要求、地质资料能否满足施工要求、施工工期是否足够、合同中的财务条款及支付程序、申诉仲裁和解决争议的方式是否公平合理等。以便最后判断是否投标。

因为获得标书至投标截止日期的时间有限，因而在审核过程中，一旦发现问题或把握不准之处，应及时用书面形式向招标人询问。

研究标书要求全面消化，既不放过任何一个细节，又要特别注意一些重点问题。有的投标人草率地对待标书，可能认为通用条款比较标准化，有的甚至未对发包人给承包人规定的专用条款予以应有的重视。一旦中标签约，由于承包人对自己的责任范围认识不清，很可能陷入被动，甚至导致经济损失或破产。

3．参加现场踏勘和情况介绍会

标书不可能包括所有需要知道的实际情况，投标人必须深入现场收集有关资料，做好分析研究工作。通过现场调查，可以拟定与施工有关的措施，降低费用，减少施工困难。勘察要特别重视收集如下资料：

（1）现场的地质、水文、气象条件；

（2）现场的交通运输、供电、供水条件；

（3）工程总体布置，主要包括交通道路、料场，施工生产和生活用房的场地选择，是否有现成的房屋可以利用；

（4）工程所需材料在当地的来源和储量；

（5）当地劳动力的来源及技术水平；

（6）当地施工机械修配能力、生产供应条件；

（7）周围环境对施工的限制情况，如周围建筑物是否需要围护，施工振动、噪声、爆破的限制等。

招标人还要召开情况介绍会，进一步说明招标工程情况，或补充修正标书中的某些问题，同时解答投标人提出的问题。投标人必须参加上述招标会议，否则就被视为退出投标竞争而取消其投标资格。

4．编制投标文件

在研究标书，参加现场踏勘和招标会议及调查工作基本完成之后，投标人应立即着手组织有关人员进行施工组织设计，拟定施工方案，确定轮廓进度，对工程成本作出估算，在工程成本估算的基础上初步定出标价，最后填写投标文件。

投标文件的内容为：（1）概述；（2）工程量清单，包括单价、单位工程造价、工程总价和价格组成分析；（3）计划开工、竣工及交付使用的日期；（4）施工组织与工程进度计划；（5）主体工程施工方法和选用的施工机械；（6）工程质量达到的等级、保证工期和质量的措施。

招标文件的编制步骤应包括：（1）进行市场、经济、有关法规等的调查；（2）复核或计算工程量；（3）制订施工规划；（4）计算工程成本；（5）确定投标报价；（6）编写投标书。

（1）做好各项调查工作

现场勘察只是对招标项目现场与施工有关的问题进行调查。而在填写投标文件之前还要做好其他各项调查，包括对当地市场和法律的调查。

市场调查主要解决标价中的价格问题。构成标价的主要价格因素是工资、材料、设备、施工机械和其他费用。

法规调查，是在国外进行工程承包必不可少的工作。

（2）复核工程量和编制施工计划

标书中一般都附有工程量清单。工程量清单是否基本符合实际，关系到投标成败和能否获利。因此，必须对标书中所列工程量进行复核，这对固定总价合同的房建、水利、水电等工程尤为重要。如果标书中提出的工程量少了，投标时按此工程量报价，无疑将减少盈利甚至导致亏损。如按标书中列多了的工程量计算标价，则将竞争不过那些对工程量清单做了修正的承包商，从而失去得标机会。

复核工程量必须吃透图纸要求，改正错误、检查疏漏，必要时要实地勘察，取得第一手资料，掌握与工程量有关的一切数据，进行如实核算。

当发现标书的工程量清单与图纸有较大差异时，投标人不要随便改动工程量清单，而要提请工程师（或业主）改正。如没有答复，可在标函中附备忘录，声明某一项工程量有误，要求按实际完成量计算。

有的标书没有工程量清单，则需要投标人根据设计图纸自行计算。

（3）编写投标文件

投标人对招标工程作出报价决策之后，即应编制标函，也就是"投标者须知"中规定投标人必须提交的全部文件。这些文件包括下列主要内容：

（1）已填好的投标书及附件；

（2）按工程量表填写单价、合价、单位工程造价、全部工程总价及必要的单价分析表；

（3）施工组织设计，包括主体工程施工方案，主要施工机械设备、主要材料、劳力需要量等；

（4）计划开工及竣工日期，施工总工期及进度安排；

（5）工程质量保证体系和保证进度、安全的主要措施；

（6）工程施工现场组织结构及项目经理和主要管理人员及技术人员名单；

（7）工程临时设施用地要求；

（8）招标文件要求的其他内容和其他应说明的事项，如银行出具的投标保函等；

（9）投标人认为有必要的其他文件，如"建议方案"等。

5．投标

全部投标文件编好之后，经校核无误，由负责人签署，按"投标须知"的规定分装并密封之后即成为标函——投递（或邮寄）的投标文件。标函要在投标截止期之前送到招标人指定的地点，并取得收据。标函一般要派人专送。如必须邮寄，应充分考虑函件在途中时间，避免迟到作废。国外投标可发电传或快件寄出。

标函以正式递交招标人的为正本。此正本应以投标人的名义签署，其中若有添字或删改处，应由投标单位的主管负责人在此处签字盖章。

投标文件发出后，在投标截止期或开标日前可以修改其中事项，但应以信函形式发给招标人。

6．参加开标会

投标人必须按标书规定时间和地点派人出席开标会议，否则即被认为退出投标竞争。开标宣读标函前，要复验其密封情况。宣读标函过程中，投标人应认真记录其他投标人的标函内容，特别是报价。有的投标人用录音机录下开标会议全过程，以便对本企业报价，各竞争对手报价和标底进行比较，判断中标的可能性，了解各对手实力，为今后竞争积累资料。

宣读标函后，投标人还要及时回答招标人要求补充说明的问题，但不能修改标价、工期等实质性内容。

开标会议后到决标前，往往有一个评标过程，这时投标人还要随时准备就招标人提出的问题进行答辩，使招标人进一步了解标函的含意。

7. 谈判定标

开标以后，业主把各投标人的报价和其他条件加以比较，从中选出几家，就价格和工程有关问题进行面对面谈判，然后择优定标。也就是进行商务谈判或定标答辩会。

8. 谈判签约

在中标后，业主即发出中标通知书，中标人一旦收到通知，就应在规定期限内与招标人谈判。谈判目的是把前阶段双方达成的书面和口头协议，进一步完善和确定下来，以便最后签订合同协议书。

中标后，中标人可以利用其被动地位有所改善的条件，积极地有理有节地同业主谈判，尽可能争取有利的合同条款。如认为某些条款不能接受，还可退出谈判，因为此时尚未签订合同，尚在合同法律约束之外。

当业主和中标人对全部合同款没有不同意见后，即签订合同协议书。合同一旦签订，双方即建立了具有法律保护的合作关系，双方必须履约。我国招标投标条例规定，确定中标人后，双方必须在 30 个工作日内谈判签订承包合同。借故拒绝签订承包合同的中标单位，要按规定或投标保证金金额赔偿对方的经济损失。

投标单位若接到失标通知，即结束了在该招标工程中与业主的招投标关系，终止了招标文件的法律效力。

四、工程报价的计算与确定

1. 工程报价的计算依据

招标工程的标底按定额编制，反映行业平均水平。报价是企业自定的价格，反映企业的水平。建筑施工企业的管理水平、装备能力、技术力量、劳动效率和技术措施等均影响工程报价。因此，同一工程不同企业作出的报价是不同的。计算报价的主要依据有：

（1）招标文件，包括工程范围和内容、技术质量和工期的要求等；

（2）施工图纸和工程量清单；

（3）现行的建筑工程预算定额、单位估价表及取费标准；

（4）材料预算价格、材差计算的有关规定；

（5）施工组织设计或施工方案（项目管理规划大纲）；

（6）施工现场条件；

（7）影响报价的市场信息及企业内部相关因素。

2. 工程报价的费用组成分析

工程报价的费用一般由企业成本、风险费用、利润和税金组成。

（1）企业成本：按照惯用的施工图预算方法计算完成某工程所需的费用。

（2）风险费用。又称不可预见费。是指承包企业对一项具体工程施工中可能发生风险的估价。风险费估价太大会降低中标概率，风险费估计太小，一旦发生风险，就会使企业利润降低，甚至亏损。因此，确定风险费是一个非常复杂的问题。一般情况下，通常考虑以下几方面因素：工程成本估价精确程度；工程量计算准确程度；施工中自然环境的不测因素；市场竞争中价格波动的风险；工程项目的技术复杂程度；对工程的熟练程度；工期长短情况；建设单位的社会和商业信誉及其合作关系等。

(3) 工程利润的确定。在投标报价中，如何合理确定利润，不仅要考虑在投标竞争中获胜，还要考虑争取获得满意利润这个经营目标。因此，在确定某项工程的利润目标时，要视竞争对手的情况、工期、环境、风险和投标企业对招标工程的"积极性"，在各行业平均利润率的基础上来综合确定利润的高低。

(4) 税金按国家规定税收法律、法规的规定确定。

五、投标报价策略

(一) 投标报价的类型

对于建筑施工企业，不同时期，不同竞争环境，其所确定的长期利润目标和近期利益目标是不相同的。而不同的利润目标，又决定着企业参加投标竞争时，采用不同的报价策略。就利润目标来说，施工企业的报价类型如下：

(1) 以获得较大利益为投标目的。在施工企业的经营业务处于长期比较饱和的情况下，或信誉、实力比较强时，其参加投标的战略思想，往往是以考虑中长期利润目标和经营效果为主，以获得"自己满意"的利润为目的。这种企业投标时，往往不是压价投标，而是投"中标"或"高标"。

(2) 以保本或微利为投标目的。建筑企业在业务不饱满的情况下，为解决企业"窝工"现象，其参加投标的战略思想往往是以保本或微利为主。这种企业投标时，可能会投与成本相同或稍高于成本的低标。

(3) 以开拓新业务及某地区或国家建筑市场为投标目的。建筑市场的开放，打破了行业和地区的界限，为施工企业开辟了广阔的竞争舞台。建筑企业为开拓新业务或为打入某行业、某地区和某国家的建筑市场，并创造良好的社会信誉，往往会采取微利或保本的低报价。

施工企业还要根据建筑市场、竞争对手和本企业的主客观情况，决定自己的报价类型。

(二) 投标报价策略

报价策略是指投标工作中针对具体情况而采取的报价技巧。它与一般确定报价的方法不同，也不能代替确定报价的细致工作。不论是国内投标，还是国际投标，研究并掌握报价艺术，对夺取投标胜利，起重要作用。

综合各国的投标报价策略，主要有如下几种。

(1) 修改设计以降低造价取胜。这是投标报价竞争中的一个有效方法。投标人在编制投标文件的过程中，应仔细研究设计图纸。如果发现改进某些不合理的设计或利用某项新技术可以降低造价时，投标人除按原设计提出报价外，还可另附一个修改设计的比较方案及相应的低报价。这往往能得到业主的赏识而达到出奇制胜的效果。如法国布维克公司在科威特布比延桥工程的投标中，提出了采用预应力混凝土梁和双柱式排架桩的新方案，不但使造价降低了三分之一，还缩短了工期，从而一举夺标。

(2) 标函中附带优惠条件制胜。在投标中能给业主一些优惠条件，比如贷款、提供材料设备等，解决业主的某些困难，有时是投标取胜的重要因素。如某电厂主厂房基础打桩工程招标中，投标人获得业主缺乏钢板桩的信息，就在标函中提出可以垫借 12000 根钢板桩给业主，并可力争提前 15 天完工（工期与对手一样），解决了业主材料短缺的燃眉之急。虽然报价比对手高，却中了标。

（3）不平衡单价法。采取不平衡单价是国际投标报价常见的一种手法。所谓不平衡单价，就是在不影响总标价水平的前提下，某些项目的单价定得比正常水平高些，而另外一些项目的单价比正常水平低些。但要注意避免显而易见的畸高畸低，以免降低中标机会或成为废标。

（4）多方案报价法。这是利用工程说明书或合同条款不公正或不明确之处，争取达到修改工程说明书和合同为目的的一种报价方法。合同条款和工程说明书不公正或不明确，投标人往往要承担很大风险。为了减少风险就须扩大工程单价，增加"不可预见费"，但这样做又会因报价过高而增加被淘汰的可能性。这时可采用多方案报价法，即在标函上报两个单价。一是按原工程说明书和合同条款报价，二是加以注解："如工程说明书或合同条款作某些改变，则可降低多少费用"。既吸引业主修改说明书和合同条款，又使报价较低。

第四节　建设工程施工合同

一、施工合同概述

（一）施工合同的概念

施工合同即建筑安装工程承包合同，是发包人和承包人为完成商定的建筑安装工程，明确相互权利、义务关系的合同。依据施工合同，承包方应完成一定的建筑、安装工程任务，发包人应提供必要的施工条件并支付工程价款。

施工合同是建设工程的主要合同，是施工单位进行建设工程进度管理、质量管理、费用管理的主要依据之一。在市场经济条件下，通过合同把建筑市场主体之间相互的权利义务关系确定下来，这对规范建筑市场有很大作用。1999年10月1日实施的《中华人民共和国合同法》对施工合同做了专章规定，1998年实施的《中华人民共和国建筑法》、2000年1月实施的《中华人民共和国招标投标法》也有许多涉及建设工程施工合同的规定。这些法律、法规及部门规章都是我国建设工程施工合同管理的依据。

施工合同的当事人是发包人和承包人，双方是平等的民事主体。所谓发包人，可以是具备法人资格的国家机关、事业单位、国有企业、集体企业、私营企业、经济联合体和社会团体，也可以是依法登记的个人合伙、个体经营户或个人，即一切以协议、法院判决或其他合法手续取得发包人的资格，承认全部合同文件，能够而且愿意履行合同规定义务的合同当事人。承包人应是具备与工程相应资质和法人资格的、并被发包人接受的合同当事人及其合法继承人。

（二）施工合同的特点

1. 合同标的物的特殊性

施工合同标的物是各类建筑产品，而建筑产品是固定的，其基础部分与土地相连，这就决定了每个施工合同标的物都是特殊的，相互间不可替代。另外，建筑产品的类别多样，形成了其产品的个体性和生产的单件性，这也决定了施工合同标的物的特殊性。

2. 合同履行周期的长期性

由于建筑产品的体积庞大，结构复杂，建设周期都较长，不同用途、不同特点的建设工期长短也不同，少则几月，多则数年。在工程施工过程中，还可能因不可抗力、工程变更、拖延材料供应时间等原因而延误工期。所有这些情况，决定了施工合同的履行周期具有长期性。

3. 合同条款内容的多样性和复杂性

施工合同条款内容除《合同法》规定的条款外，还有很多具体内容，如有关工程范围和内容、涉及保证工程质量方面的规定等。此外，还应对安全施工，工程分包，不可抗力，工程设计变更，材料设备的供应、运输、验收等内容作出规定，所有这些都决定了施工合同的内容具有多样性和复杂性。

4. 合同涉及面的广泛性

施工合同除了从法律、行政法规方面涉及面广外，从施工合同监督方面还涉及到许多部门：如工商行政管理部门、建设工程行政主管部门；合同履行中产生纠纷还要涉及仲裁委员会或人民法院、税务部门及公证部门。

（三）施工合同的类型

施工合同按其计价方式划分主要有固定价格合同、可调整价格合同、成本加酬金合同三种。

1. 固定价格合同

固定价格合同是指在约定的风险范围内价款不再调整的合同，这种合同的价款并不是绝对不可调整的，而是约定范围内的风险由承包人承担。

2. 可调整价格合同

可调整价格合同是指合同价格可以调整，合同双方应当在专用条款内约定合同价款的调整方法。

4. 成本加酬金合同

成本加酬金合同是由发包人向承包人支付工程项目的实际成本，并按事先约定的某一种方式支付酬金的合同类型。

（四）施工合同的作用

1. 明确建设工程在施工阶段发包人和承包人的权利和义务

建设工程施工合同一经生效，即具有法律效力，工程发包人和承包人双方就产生法律上的关系。承发包双方通过签订施工合同，能清楚地认识到自己一方和对方在施工合同中各自应承担的义务和享有的权利，以及双方之间的权利和义务的相互关系。双方都应以施工合同为依据，认真履行各自的义务，任何一方都无权变更或解除施工合同，任何一方若违反合同规定，都必须承担相应的法律责任。

2. 施工合同是建设工程施工阶段实行监理的依据

监理人员除了加强对合同中所规定的工程量、工程费用的计量与支付管理外，还要对合同中所规定的其他费用加强监督与管理。监理人员应根据合同条款，制定工程计量与支付程序，使工程费用监督与管理做到科学化、规范化。

3. 施工合同是保护建设工程施工阶段发包人和承包人权益的依据

依法成立的施工合同，对建设工程的发包人和承包人都从法律上进行保护：一经签订施工合同，承发包双方都要严格履行各自的义务，一旦任何一方不履行义务，就要承担民事责任；承发包双方若任一方出现违约，权利受到侵害的一方，要以施工合同为依据，依据有关法律，追究对方的法律责任；当施工合同发生争议时，特别是施工合同争议由人民法院受理立案，原告人除履行诉讼程序外，还要提供有关合同文本，以利人民法院依据合同，根据法律进行调解、审理和判决。

二、建设工程施工合同示范文本概述

建设部、国家工商行政管理总局于 1999 年 12 月 24 日印发了《建设工程施工合同示范文本》(以下简称《施工合同示范文本》)。《施工合同示范文本》是对国家建设部、国家工商行政管理总局 1991 年 3 月 31 日发布的《建设工程施工合同示范文本》的修订，适用于各类公用建筑，民用住宅，工业厂房，交通设施及线路、管道的施工和设备安装的施工合同文本。

(一)《施工合同示范文本》的组成

《施工合同示范文本》是由《协议书》、《通用条款》、《专用条款》三部分组成的，并有三个附件：附件一是《承包方承揽工程项目一览表》；附件二是《发包方供应设备一览表》；附件三是《房屋建筑工程质量保修书》。

1．协议书

协议书是《施工合同示范文本》中总纲性的文件，虽然其文字量并不大，但它规定了合同当事人双方最主要的权利和义务，规定了组成合同的文件及合同当事人对履行合同义务的承诺，并且合同当事人要在文本上签字盖章，因此具有很强的法律效力。《协议书》的内容包括工程概况、工程承包范围、合同工期、质量标准、合同价款、组成合同的文件及双方的承诺等。

2．通用条款

通用条款是根据《合同法》、《建筑法》等法律对承发包双方的权利和义务作出的规定，除了经双方协商一致对其中的某些条款作了修改、补充或取消外，它是将建设工程施工合同中共性的一些内容抽象出来编写的一份完整的合同文件。《通用条款》的通用性很强，所以基本适用于各类建设工程，共由 11 个部分 47 条组成，这 11 个部分的内容是：

(1) 词语定义及合同文体。

(2) 双方一般权利和义务。

(3) 施工组织设计和工期。

(4) 质量与检验。

(5) 安全施工。

(6) 合同价款与支付。

(7) 材料设备供应。

(8) 工程变更。

(9) 竣工验收与结算。

(10) 违约、索赔和争议。

(11) 其他。

3.《专用条款》

由于建设工程的内容各不相同，其造价也相应随之变动，承包人和发包人各自的能力、施工现场的环境和条件也各不相同，所以《通用条款》不能完全适用于每个具体工程。因此《通用条款》和《专用条款》成为双方统一意愿的体现。《专用条款》的条款号与《通用条款》一致，但《专用条款》主要是空白，由当事人根据工程的具体情况以明确或者对《通用条款》进行修改、补充。

4.《施工合同文本》附件

它是对施工合同当事人权利义务的进一步明确，并使施工合同当事人的有关工作一目了然，便于执行和管理。

（二）词语定义

1.发包人

发包人指在协议书中约定，具有承发包主体资格和支付工程价款能力的当事人以及取得该当事人资格的合法继承人。发包人可以是法人，也可以是自然人或非法人的其他组织。

2.承包人

承包人指具有工程承包主体资格并被发包人接受的当事人及其合法继承人。承包人必须是具备建筑工程施工资质证书的企业法人。

3.项目经理

项目经理指承包人在专用条款中指定的负责施工管理和合同履行的代表。《建筑施工企业项目经理资质管理办法》规定，承包人在承包工程时，应向发包人提供负责该工程的项目经理情况。

4.设计单位

设计单位指发包人委托的负责本工程设计并取得相应工程设计资质等级证书的单位。设计单位受发包人委托负责工程设计，提交设计文件，按设计合同的要求履行有关义务，并遵守国家关于工程设计的有关规定。

5.工程师

工程师指本工程监理单位委派的总监理工程师或发包人指定的履行本合同的代表，其具体身分和职权由发包人、承包人在专用条款中约定。工程师的身分视工程的具体情况而定。在发包人完全委托监理并由监理单位全权负责合同履行的情况下，工程师指监理单位委派的总监理工程师；在不实行监理的情况下，工程师指发包人指定的履行合同的代表；在发包人将部分职责委托监理而又指定代表负责合同履行时，工程师可指定总监理工程师或发包人代表任何一方，但双方职责应在专用条款中写明，并不得交叉。

6.工程造价管理部门

工程造价管理部门指国务院有关部门、县级以上人民政府建设行政主管部门或其委托的工程造价管理机构。

7.费用

费用指不包含在合同价款之内的应当由发包人或承包单位承担的经济支出。

8.工期

工期指发包人、承包人在协议书中约定的按总日历天数（包括法定节假日）计算的承包天数。

9.开工日期

开工日期指发包人、承包人在协议书中约定，承包人开始施工的绝对或相对的日期。

10.竣工日期

竣工日期指发包人、承包人在协议书中约定，承包人完成承包范围内的工程的绝对或相对的日期。

11. 图纸

图纸指由发包人提供或承包人提供，并经过发包人批准，满足承包人施工需要的所有图纸。

12. 施工场地

施工场地指由发包人提供的用于工程施工的场所以及发包人在图纸中具体指定的供施工使用的任何其他场所。施工场地应由发包人提供，为保证施工正常进行，双方应在图纸中指定或在专用条款内详细约定施工场地的范围及不同场地在施工中的用途。

13. 书面形式

书面形式指合同书、信件和数据电文（包括电报、电传、传真、电子数据交换和电子邮件）等可以有形的表现所载内容的形式。

14. 违约责任

违约责任指合同一方不履行合同义务和履行合同义务不符合约定所应承担的责任。

15. 索赔

索赔指在合同履行过程中，对于并非自己的过错，而应由对方承担责任的情况造成的实际损失，向对方提出经济补偿和（或）工期顺延的要求。

16. 不可抗力

不可抗力指不能预见、不能避免并不能克服的客观情况，不可抗力事件包括某些自然现象，例如地震、火山爆发、雪崩、洪灾、飓风等，也包括一些社会现象，如政府禁令、战争等。

17. 小时或天

本合同条款中规定按小时或天计算时间的，从事件有效开始时计算（不扣除休息时间）；规定按天计算时间的，开始当天不计入，从次日开始计算。时限的最后一天是休息日或者其他法定节假日的，以节假日的次日为时限的最后一天。时限的最后一天截止时间为当日 24 时。

（三）施工合同文件的组成及解释顺序

组成建设工程施工合同的文件包括：

（1）施工合同协议书。

（2）中标通知书。

（3）投标书及其附件。

（4）施工合同专用条款。

（5）施工合同通用条款。

（6）标准、规范及有关技术文件。

（7）图纸。

（8）工程量清单。

（9）工程报价单或预算书。

合同履行中，发包人承包人有关工程的洽商、变更等书面协议或文件视为本合同的组成部分。

组成合同的文件是相互补充说明的，当出现不一致时，应按照本款给出的优先顺序进行解释。双方可以在专用的条款中对组成合同进行补充，也可以对解释的优先顺序进行调整，但不得违反有关法律的规定。

（四）语言文字和适用法律、标准及规范

1．语言文字

本合同条件使用汉语语言文字书写、解释和说明，如专用条款约定使用两种以上（含两种）语言文字时，汉语应为解释和说明本合同的标准语言文字。

在少数民族地区，双方可以约定使用少数民族的语言文字书写和解释、说明本合同。

2．适用法律和法规

本合同文件适用国家的法律和行政法规，需要明示的法律和行政法规，由双方在专用的条款中约定。

3．合同使用标准和规范

按照施工合同示范文本规定，施工合同当事人双方应在专用条款中约定适用国家标准、规范的名称；没有国家标准、规范，但有行业标准、规范的，约定适用行业标准、规范的名称；没有国家和行业标准规范的，约定使用工程所在地的地方标准、规范的名称。同时发包人应按专用条款约定的时间向承包人提供一或两份约定的标准、规范。

国内没有相应的标准、规范的，由发包人按专用的条款约定时间向承包人提出施工技术要求，承包人按约定的时间和要求提供施工工艺，经发包人认可后执行。发包人要求使用国外标准、规范的，应负责提供中文译本。

因购买、翻译和制定标准、规范或制定施工工艺的费用，由发包人承担。

4．图纸

在施工合同管理中的图纸是指由发包人提供或者由承包人提供经工程师批准、满足承包人施工需要的所有图纸，包括配套说明和有关资料。

1．发包人提供图纸

在我国目前的建设工程管理体制中，施工中所需要的图纸主要是由发包人提供。承包人未经发包人同意，不得将本工程图纸转发给第三人。工程质量保修期满后，除承包人存档需要的图纸外，应将全部图纸退还给发包人。承包人应在施工现场保留一套完整图纸，供工程师及有关人员进行工程检查时使用。

2．承包人提供图纸

有些工程施工图纸的设计或与工程配套的设计可能由承包人完成，如合同中有这样的约定，则承包人应当在其设计资质允许的范围内，按工程师的需求完成这些设计，经工程师确认后使用，发生的费用由发包人承担。

三、FIDIC 合同条件简介

（一）国际咨询工程师联合会

FIDIC 是国际咨询工程师联合会（International Federation of Consulting Engineers）的法文名称的缩写，它是各国咨询工程师协会的国际联合会。

FIDIC 最早是于 1913 年由欧洲三个国家的咨询工程师协会组成。自 1945 年第二次世界大战结束以来，已有全球各地 60 多个国家和地区的成员加入了 FIDIC，中国是在 1996年正式加入的。可以说 FIDIC 代表了世界上大多数独立的咨询工程师，是最具有权威性的咨询工程师组织，它推动了全球范围内的高质量的工程咨询服务业的发展。

FIDIC下属有两个地区成员协会：FIDIC亚洲及太平洋地区成员协会（ASPAC）；FIDIC非洲成员协会集团（CAMA）。FIDIC下设许多专业委员会，如业务咨询工程师关系委员会（CCRC）；土木工程合同委员会（CECC）；电气和机械合同委员会（EMCC）；职业责任委员会（PLC）等。

（二）FIDIC系列合同条件

1.《土木工程施工合同条件》（简称FIDIC"红皮书"）

该合同条件是基本的合同条件，适用于土木工程施工的单价合同形式。该合同条件的第一部分是通用条件，内容是工程项目普遍适用的规定，包括20条163款，其内容包括：一般规定；业主；工程师；承包商；指定分包商；职员和劳工；工程设备、材料和工艺；开工、延误和暂停；竣工检验；业主的接收；缺陷责任；测量和估价；变更和调整；合同价格和支付；业主提出中止；风险和责任；保险；承包商提出暂停和终止；不可抗力；索赔；争端和仲裁。第二部分专用条件可以说明与具体工程项目有关的特殊规定。世界银行、亚洲开发银行和非洲开发银行规定，所有利用其贷款的工程项目都必须采用该合同条件。

2.《业主/咨询工程师标准服务协议书》（简称FIDIC"白皮书"）

该条款适用于与业主与咨询工程师之间就工程项目的咨询服务签定协议书，用于投资前研究、可行性研究、设计及施工管理、项目管理等服务。

3.《电气与机械工程合同条件》（简称"黄皮书"）

该合同条件是FIDIC为机械与设备的供应和安装而专门编写的，它是用于业主和承包商就机械与设备的供应和安装而签定的电气与机械工程的标准合同条件格式，该合同条件在国际上也得到广泛采用。

4.《设计——建造与交钥匙工程合同条件》（简称"橘皮书"）

该合同条件是为了适应国际工程项目管理方法的新发展而最新出版，适用于设计——建造与交钥匙工程，在我国一般称为总承包工程项目，该条件适用于总价合同。

5.《土木工程分包合同条件》

该合同条件适用于国际工程项目中的工程分包，与《土木工程施工合同条件》配套使用。

（三）FIDIC系列合同条件的特点

1.国际性、通用性、权威性

FIDIC的合同条件是在总结各个地区、国家的业主、咨询工程师和承包商各方经验的基础上编制出来的，是国际上一个高水平的通用性文件。既可用于国际工程，稍加修改后可用于国内工程。一些国际金融组织的贷款项目和一些国家和地区的国家工程项目也都采用FIDIC合同条件。

2.公正合理、职责分明

FIDIC大量地听取了各方的意见和建议，因而其合同条件中的各项规定也体现了在业主和承包商之间风险合理分担的精神，并且在合同条件中倡导合同各方以坦诚合作的精神去完成工程。

3.程序严谨、易于操作

在处理各种问题的程序中，合同条件都有严谨的规定，并且强调要及时处理和解决问题，以免由于任何一方延误而产生新的问题，另外还特别强调各种书面文件及证据的重要性，使条款中的规定易于操作和实施。

4．通用条件和专用条件的有机结合．

在合同中，凡专用条件和通用条件不同之处均以专用条件为准。专用条件的条款号与通用条件相同，这样合同条件的通用条件与专用条件共同构成一个完整的合同条件。

（四）FIDIC《土木工程施工合同条件》

1．合同概述

FIDIC 每隔 10 年左右的时间对其编制的合同条件进行一次修订。1999 年 FIDIC 正式出版了新的《土木工程施工合同条件》（又称"新红皮书"）。

（1）合同的法律基础

合同的法律基础，是适用于合同关系的法律。FIDIC 第二部分即专用条件中必须指明，使用哪个国家或州的法律解释合同，该法律即为本合同的法律基础。

（2）合同语言

合同语言，是用以拟订合同文本的一种或几种语言，也应在专用条件中予以指定。合同文本如果使用一种以上的语言编写，则还应指明，以哪种语言为合同的"主导语言"。当不同语言的合同文本的解释出现不一致时，应以"主导语言"的合同文本的解释为准。

（3）合同文件

合同文件包括的范围、构成合同的几个文件之间应能互相解释。合同文件解释和执行的优先次序为：

1）合同协议书。

2）中标函。

3）投标书。

4）FIDIC 条件第二部分，即专用条件。

5）FIDIC 条件第一部分，即通用条件。

6）合同的其他文件，如规范、图纸、工程量表等。

如果在工程实施过程中，合同有重大的变更、补充、修改，则应说明他们的内容、与原合同文件的差异。

（4）合同类型

该 FIDIC 合同为业主与承包商之间签订的土木工程施工合同，属于单价合同，同时工程必须实行监理制度，即业主聘请并全权委托监理工程师进行工程管理，它适用于大型复杂工程的承包方式。

2．业主、承包商及工程师的权利、业务和职责

（1）业主的权利

1）业主要求承包商按照合同规定的工期提交质量合格的工程。

2）批准合同转让。

3）指定分包商。

4）在承包商无力或不愿意执行工程师指令时有权雇佣他人完成任务。

5）除属于业主风险和特殊风险外，业主对承包商的设备、材料和临时工程的损失不

承担责任。

6）在一定条件下，业主可以终止合同。

7）业主有权提出仲裁。

（2）业主的义务

1）委派工程师管理工程施工。

2）编制双方实施的合同协议书。

3）承担拟订和签订合同的费用和多于合同规定的设计文件的费用。

4）批准承包商的履约担保、担保机构及保险条件。

5）配合承包商做好协助工作。

6）按时提供施工现场。

7）按合同约定时间及时提供施工图纸。

8）按时支付工程款。

9）移交工程的照管责任。

10）承担风险。

11）对自己授权在现场的工作人员的安全负全部责任。

（3）承包商的权利

1）对已完工程有按时得到工程款的权利。

2）有提出工期和费用索赔的权利。

3）有终止受雇或暂停工作的权利。

4）有提出仲裁的权利。

（4）承包商的义务

1）遵纪守法。

2）承认合同的完备性和正确性。

3）对工程图纸和设计文件应承担的责任。

4）提交进度计划和现金流量估算。

5）任命项目经理。

6）放线。

7）对工程质量负责。

8）必须执行工程师发布的各项指令并为工程师的各种检验提供条件。

9）承担其负责范围内的相关费用。

10）按期完成施工任务。

11）负责对材料、设备等的照管工作。

12）对施工现场的安全、卫生负责。

13）为其他承包商提供方便。

14）及时通知工程师在工程现场发现的意外事件并作出响应。

（5）工程师的权利和职责

1）工程师的三个层次。通用条件中将施工阶段参与监理工作的人员分为工程师、工程师代表和助理三个层次。

2）工程师的权利。

a. 质量管理方面。主要包括：对运抵施工现场的材料、设备质量的检查和检验；对承包商施工过程中的工艺操作进行监督；对已完成工程部位质量的确认或拒收；发布指令要求对不合格工程部位采取补救措施。

b. 进度管理方面。主要包括：审查批准承包商的施工进度计划；指示承包商修改施工进度计划；发布开工令、暂停施工令、复工令和赶工令。

c. 支付管理方面。主要包括：批准使用暂停定金额和计日工；确定变更工程的估价；签发各种给承包商的付款证书。

d. 合同管理方面。主要包括：解释合同文件中的矛盾和歧义；批准分包工程；发布工程变更指令；签发"工程移交证书"和"解除缺陷责任证书"；审核承包商的索赔；行使合同内必然引申的权利。

3）工程师的职责。

a. 认真地按照业主和承包商签订的合同工作，这是工程师最根本的职责。

b. 协调施工的有关事宜，包括合同方面的管理、工程质量及技术问题的处理、工程支付的管理等。

本 章 小 结

建筑安装企业的经营机制是企业生存的最根本问题，无论是国有、民营还是股份制企业，其经营机制都是由企业领导层制定的。制定经营机制时应牢牢抓住建筑安装企业先交易后有商品这个特点。由于僧多粥少，企业竞争激烈。外部竞争是客观的，国家及地方的各项政策对绝大部分企业也是平等的。适应社会和建筑市场变化和发展的需要，企业必须作好建筑市场的经营预测、决策工作。企业要实现其经营计划目标，首先要搞好建筑安装工程的投标工作以及合同管理工作。外树形象，诚信守法，内部加强管理。一个建筑安装企业的好坏，完全取决于企业领导的经营策略。

复 习 思 考 题

1. 什么叫预测？建筑安装企业经营预测的内容包括哪些？

2. 什么叫决策？怎样分类？

3. 建筑安装企业经营决策主要包括哪些内容？

4. 某城市历年人口统计数字如下：

1995 年	261 万人
1996 年	272 万人
1997 年	281 万人
1998 年	298 万人
1999 年	315 万人
2000 年	327 万人
2001 年	326 万人
2002 年	341 万人

现根据以上统计资料预测 2010 年的人口数量。

5. 某建筑安装企业搞多种经营，拟规划建厂，在可行性研究中，提出了三个方案：

（1）新建大厂，需投资 300 万元。据初步估计，销路好时每年可获利 100 万元，销路不好时亏损 20

万元，服务期限 10 年。

（2）新建小厂，需投资 140 万元。销路好时每年可获利 40 万元，销路不好时也可获利 30 万元，服务期限 10 年。

（3）先建小厂，三年后销路好时再扩建，投资 200 万元，服务期限 7 年，每年估计可获利 95 万元。

市场销售形势预测，产品销路好的概率为 0.7，销路不好的概率为 0.3。所需投资是从银行贷款年利率 $i = 5\%$。根据以上情况选择最佳方案。

6. 实行招投标的意义是什么？

7. 什么是招标与投标？

8. 建设工程招标方式有哪几种？

9. 招标工作的一般程序是什么？

10. 建设工程招标应具备什么条件？

11. 对企业投标有什么要求？投标的一般程序是什么？

12. 参与投标竞争应注意哪些问题？

13. 什么是建设工程施工合同？施工合同的作用有哪些？

14. 施工合同有哪些类型？签署施工合同应具备什么条件？

15. 实行合同《示范文本》有什么意义？

16. 什么是施工合同的公证、鉴证、履行、变更、解除？